KB235205

우주 창생 신화의 수수께끼

- 열두 번째 행성에서 지구 문명까지 -
그 신화의 수수께끼를 풀다!

김진영 지음

대원출판

열두 번째 행성에서 지구 문명까지
우주 창생 신화의 수수께끼

지은이 김진영

초판 1쇄 발행/단기4332(1999)년 9월 1일
초판 3쇄 발행/단기4336(2003)년 1월 10일
발행처 - 대원출판
발행인 - 안병섭
등록번호 - 제27호
136-617 서울 강남우체국 사서함 1775호
전화 518-2531 / 전송 549-1607

www.daewonbooks.com
edit@daewonbooks.com

© 1999, 김진영
ISBN 89-7261-033-X

값 9,000원

잘못된 책은 구입하신 서점에서 바꾸어 드립니다.

우주 창생 신화의
수수께끼

김진영

1944년 서울생으로 경기도 화성군에서 30여 년 간 영농에 종사하며,
고대 동양과 오리엔트 역사와 신화에 관해
체계적인 독서를 하면서 역사, 신화, 과학 일반 등에
관심을 가지고 연구해 왔다.

번역서로는
『달과 UFO *Moongate*』,
『UFO와 별에서 온 여인 *Light Years*』,
『마야의 예언 *The Mayan Prophecy*』,
『시리우스 커넥션 *Sirius Connection*』 (대원출판, 1998) 등이 있고

저서로는
『수수께끼의 외계문명』 (넥서스, 1995),
『수수께끼의 고대문명』 (넥서스, 1996) 등이 있다.

■ 차례

■ 차례 ─────────

나는 몇 년 전부터 오랫동안 관심을 갖고 탐구해 왔던 분야에 관한 지식과 나름대로의 견해와 판단을 정리하여 두 책을 펴낸 바 있다. 이 책 『우주 창생 신화의 수수께끼』는 그러한 일련의 저술 작업을 잇는 세 번째 책으로서 우주 창생 신화를 포함한 역사, 신화, 종교, 신앙, 과학, 현대 문명에 대한 비판(단편적이지만) 등 다방면에 걸친 여러 주제들을 소개하여 독자들에게 흥미와 더불어 신선하고 유익한 정보를 제공하려는 데 목적을 두었다. 그러나 필자는 이 주제들을 결코 산만하게 되는 대로 늘어놓지 않을 것이며, 이를테면 고대 신화와 현대의 첨단 과학을 비교하여 분석, 평가하려고 시도할 것이다.

여기에서 특히 독자들에게 얘기하고 싶은 것은, 필자의 의도가 단순한 지식과 견해, 그리고 필자 나름의 판단과 결론을 전달하려는 것을 넘어서 자신의 독자적, 학문적 패러다임(paradigm)을 정립하여 소개하려는 의지도 내포하고 있다는 점이다. 이것은 어쩌면 독자들에게 주제넘은 생각으로 보일 수도 있다. 아직 학문적으로 어느 분야에서도 제대로 알려지지 않은 자가 어찌 감히 그런 시도를 하려는 것인가 하고 ……. 그러나 확신하건대 학자는 물론 어떤 분야를 깊이 천착해 본 무명의 연구자라도 누구나 낡은 기존 학설이나 이론에 얽매이지 않고 언제든지 대담한 가설을 세워 일대 지적인 모험을 하며, 나아가 나름대로의 신념체계 또는 학문의 패러다임의 창립을 주장할 권리가 있다고 보기 때문이다.

예를 들어 필자는 인류 문명의 외계 기원설을 주장하는 졸저 『수수께끼의 외계 문명』을 출간한 뒤 여러 언론 매체로부터 과감하다, 터무니없다, 아직 서구에서도 조심스럽게 시도되고 있는 주제를 비약하는 논리로써 접근했다, 지나치게 신비스럽다는 등 온갖 평을 들었다. 그렇지만 정녕 태고적 지구 문명이 반드시 자생적(自生的) 요소와 동기에 의해서만 발전했던 것일까?

더 구체적인 예를 들어 1950년대 초기에 일본 큐슈 해안의 고지마 섬에서 일어났던 이른바 '100번째 원숭이 현상'과 같은 방법으로써만 문명이 시작되었던 것인가? (이 현상은 영국의 동물 행동 학자 라이엘 왓슨의 『생명조류 Lifetide』에 인용된 것으로, 99마리의 원숭이들이 흙이 묻은 고구마를 그대로 먹고 있었는데, 100번째 놈이 바닷물에 깨끗이 씻어 먹기 시작하자, 단지 그 주변만이 아니라 멀리 떨어진 다른 섬의 원숭이들도 '일제히' 이것을 따랐다는 일화에서 나온 것이다).

혹은 글리세린의 결정화(crystal-ization) 현상과 같은 정신 작용으로 일어났던 것일까? (이 현상은 1900년대 초 오스트리아에서 런던으로 보내진 글리세린이 운송 도중 기묘하게 굳어서 안정된 결정 상태로 변화했으며, 더욱이 런던의 과학자들이 이것을 나누어 각자 실험실로 가져 가자마자 다른 모든 글리세린도 거의 동시에 결정화되었다는 뜻밖의 놀라운 사실에서 처음으로 나타난 것이다. 이것은 단순한 물리 현상을 초월하여 그 무엇인가 '정신 작용', 곧 무생물 사이에서 예기치 못한 일종의 텔레파시에 의한 힘이 가해져서 일어났던 것으로 추측되었다).

이에 반해 다른 것도 아닌 '인간'에 의한 '항성간(interstellar)' 문명 전파를 주장하는 지구 문명의 외계 기원설은, 결론부터 말하지만 결코 성급하고 얼치기 같은 가설이 아니다. 그것은 위의 100

번째 원숭이 현상 혹은 글리세린의 결정화 현상처럼 길고 복잡한 우회적 방식이 아니라, 훨씬 자연스럽고 이해하기 쉬운 데다가 아직까지 살아 있는 수많은 민속 전승과 고대 기록에 의해 입증되며 보완되고 있는 가설이다.

이러한 가설을 제대로 검토해 보지도 않은 채 부인하는 태도로 일관한 일반 과학자들은, 대개 자신의 전공이나 관심 영역 밖에 있는 비논리적 사물이나 현상, 예컨대 신화 전승과 같은 것을 배척하는 편협함을 보여 주지만, 이것은 크게 잘못된 태도이다. 신화야말로 진정한 의미의 인간의 역사이며 인간 존재의 뿌리가 되는 이야기이다. 비록 직설적이지 않고 상징적, 비유적, 비합리적 방식으로 표현되고 있지만…….

이 책의 핵심으로 나오는 수메르의 우주 창생 신화는, 필자의 독자적 연구에 의해서가 아니라 『열두 번째 행성 *The Twelfth Planet*』의 저자인 제카리아 시친 Zecharia Sitchin의 저서에서 그 중심 뼈대를 인용했으며, 단 여기에 부가된 내용이나 설명은 그 많은 부분을 필자가 기술했음을 알려 둔다. 특히 위의 저서가 출간된 1976년 이래 20년간 집적된 과학 · 기술 정보와 자료들은 대부분 필자의 노력으로 수집, 정리되어 이 책에 수록되었다.

Z. 시친은 1928년 옛 소련에서 태어난 유대인으로 유년기에 팔
레스타인으로 이주하여 성장한 뒤, 제 2차 세계대전이 끝난 다음
영국 런던대학 부설 London School of Economics and Political
Science에서 저명한 사회철학자 칼 포퍼(『열린 사회와 그 적들』의
저자), 정치학자 해럴드 라스키 및 고고역사학자 V. 고든 차일드
등 명성 있는 교수진 밑에서 경제사를 전공하였다. 졸업 후 저널리
스트의 길을 밟아 미국에서 거주하며 활약하면서 30년 넘게 고대
근동 문명, 곧 메소포타미아, 아시리아, 헤브라이, 이집트 등의 고
대사와 『성서』 등을 철저하게 연구하며, 가장 오랜 중동 언어인 수
메르어를 독자적으로 습득하였다.

그 결과, 1978년에 펴낸 첫 저서 『열두 번째 행성』에서 1995년
에 나온 『신과의 조우 *The Divine Encounter*』에 이르는 6권의
무게 있는 넌픽션물을 출판하여 이를 "지구 연대기 Earth
Chronicles"라고 명명하였다. 전세계를 통틀어 50명 정도밖에 안
된다는 수메르학 학자들을 제외하면 그는 보기 드문 수메르어 해
독자로서, 저서를 집필하기 위해 옛 동독의 도서관을 포함한 거의
전세계의 도서관과 아시리아학 관계 문헌을 섭렵하고 탐색해 왔
다.

그의 첫 저서인 『열두 번째 행성』에서 그는, 현대 문명의 근원을 사라진 태양계 행성의 마지막 멤버였다는 열두 번째 별에서 찾는다(현대 천문학의 입장에서 보면 이 별이 열 번째 행성이지만, 태양, 달을 포함한 열두 번째 별로 그는 규정한다). 고대 중동과 이집트, 페르시아 등지의 전승과 서사 문학에서는 이 별이 '별들 가운데 별', '신들의 왕인 별'로 끊임없이 나타나고 있다. 특히 신학과 예술, 문학에서 옛 수메르의 문화 전통을 많이 물려받은 히브리의 『구약성서』에서는 〈창세기〉, 〈솔로몬의 아가(雅歌)〉, 〈아모스서〉, 〈이사야서〉, 〈욥기〉 등에 이 별에 관련된 이야기가 등장한다.

그에 의하면, 태고적 옛날 제 5행성이었던 '티아마트'에 먼 외계에서 온 '니비루' — 제 12행성 — 별이 충돌하여 생겨난 큰 조각으로 지구를 '창조'했으며, 달은 이 제 5행성의 전(前) 위성이었다고 한다. 또한 고대의 신들인 외계인들이 지구에 원정대를 보내어 금을 채굴하기 시작했고, 최초로 '호모 사피엔스'를 창조했으며, 마지막 날 대홍수 — 노아의 대홍수 — 때 지구에서 일시 탈출했다가 다시금 돌아와 남아 있던 인류에게 문명의 기술을 전수해 주었다는 흥미진진한 이야기로 끝을 맺는다.

그의 주장의 근본 요지는, 고대의 신들이란 다름아닌 '데우스

엑스 마키나(Deus ex Machina)’, 곧 ‘기계 장치를 갖춘 신’이었
다는 데 있다. 이 신들의 행적이 전승과 서사시로 몇 천 년이라는
오랜 세월 동안 전해 오면서 불합리하게 보이는 신화 이야기로 변
질되었으며, 자신은 이것을 올바르게 원형대로 ‘복원’했다는 것이
다. 예를 들어 수메르/메소포타미아 전승에 나오는 신들의 낙원인
‘틸문 TIL. MUN’은 실제로는 외계인들의 지구 이착륙 기지였다
는 것이다(주류 신화학자들도 이 틸문 이야기가 전설인 줄 알면서
도 그 지리적 위치에 대해 — 예컨대 걸프 만의 바레인 섬, 페르시
아, 인도 혹은 이집트 등 — 실제로 다양한 학설을 제시하고 있다).
또 이쉬타르 여신 — 고대 중동의 가장 중요한 여신 — 의 ‘하계
(下界) 여행’이 실제로는 지리적 위치로 보아 ‘아래 쪽’인 남아프
리카로 ‘비행’한 것을 가리킨다고 주장한다. 그러나 주류학계에서
는 이 여행을 사자(死者)의 나라에의 영혼의 왕복이라고 주장하면
서, 그녀가 이 지하 세계(冥界, the nether world)에 가자, 지상의
온갖 식물들이 시들어 죽고, 다시 돌아오자 소생했다는 것을 농경
사회의 계절적 식물의 번성과 소멸을 빗댄 비유로 해석한다.
　이에 대비되는 그의 주장을 다시 요약해 말하자면, 신들도 우리
인간과 똑같이 행동하고 똑같은 삶을 가졌으며, 그들에 관련된 신

화의 많은 부분이 그들 자신과 또 인간들의 투쟁 이야기였다는 것이다. 그러면서 마지막 저서 『신과의 조우』에서는, 지상의 인간과 천상의 신들이 어떻게 서로 의사를 교환했고(communion) 조우했는가를 설명하면서 신과 인간 사이의 관계에 형이상학적이고 종교적 의미를 부여한다.

그 과정에서 그는 이를테면 '영웅 전설'과 같은 주류 학자들이 선호하는 신화의 소재에 대해서도 그 나름대로 분석하고 있다. 영웅 신화는 예컨대 호메로스가 묘사했던 헤라클레스 같은 옛 그리스의 영웅들, 인도의 〈라마야나〉의 용사들, 메소포타미아의 〈길가메쉬 이야기〉의 영웅들, 모세, 알렉산드로스, 관운장 등 신화의(또는 신화화된 실제의) 영웅들에 대한 구전이나 전설이다. 이들은 대개 반신반인의 초인적 인물로 문명, 국가, 통치제도, 신에의 제의(祭儀), 예술 등 각종 문물을 발명했거나 창안했고, 또 악귀, 괴물을 물리치며 민중을 구제하여 왕가 또는 명문 집안의 선조가 되었다든지, 상징적인 가치의 신화적 대표자(예를 들어 관운장이 무신(武神)이 된 것 등)가 되었다는 전승이다. 물론 이런 전승에는 원초적 진실의 뼈대에 오랜 세월 동안 민중의 상상력이란 살이 붙어서 흥미가 크게 늘어난 것이 사실이다.

Z. 시친은 특히 고대 중동의 영웅 전설에 있어서 그 원초적 실체를 파헤친 점에서 단연 돋보인다. 예컨대 그가 묘사한 〈길가메쉬 이야기〉의 주인공들은, 마치 오늘날 환상적인 SF 영화나 혹은 TV 어린이 프로그램에 나오는 초현실적인 외계인들과 원시인들과의 싸움처럼 흥미진진하게 이야기를 이끌어 나간다. 또 사르곤 대왕(4천 3백 년 전 수메르 · 아카드 제국의 창립자)이나 여신 이난나/이쉬타르의 사랑 이야기에서, 사르곤은 마치 상자에 담긴 채 버려진 영웅 모세처럼 구원되고 또 장성하여 국가의 지도자가 된 다음, 여신 이난나와 '계산된' 결합을 한다는 이야기이다. 곧 여신은 스스로 지상의 민중이 으뜸 신으로 받들어 모시는 신이 되기 위하여, 사르곤은 사르곤대로 가능한 한 넓은 영토를 점령하고 통치하는 '세계 사방 지역의 왕'이 되기 위해 서로 이용하려고 결합한다는 것이다. 신화의 핵심에는 이처럼 세속적인 인간(및 인간과 같은 신들)의 이야기가 은밀하게 내포되어 있는 것이다.

그러나 이처럼 기발하고 풍부한 상상력을 보여 주는 그에게도 약점이 없을 수는 없다. 이 점을 요약하자면, 그는 고대 메소포타미아/오리엔트(중동) 역사와 문명에 생소한 거의 대부분의 일반 독자들의 무식을 틈타서 빈틈없이 자신의 주장을 펼쳐 보이는 것 같은 느낌을 준다. 실제로 그는 고대 중동사에 대해서는 정통한 반면, 그 밖의 고대 세계의 여러 문명에 대해서는 무지하거나 혹은 고의로 자신의 저서에서 무시하고 있는 듯한 느낌을 지울 수 없다.

예를 들어 그는, 고대에 남아메리카 안데스 지역의 주석 광산 — 청동 제조의 주원료다 — 을 수메르인들이 처음으로 채굴했다고 그럴 듯한 증거를 내세워 주장하지만 이것은 사실과는 다른 것이며, 또 인더스 문명이 수메르의 영향을 받았다는 것과 일본의 태양신 아마테라스 오미카미(天照大神)가 수메르의 12신 판테온의 멤버였던 태양신 샤마쉬의 영향으로 등장했다는 등, 근거없는 설까지 제시하고 있다.

〔고대사에 있어서 문명의 흐름은 '빛은 동방에서'(ex Oriens Lux)라는 말처럼 동에서 서로 유입되었지, 그 반대가 아니었다. 고대 중국 문명의 원류도 동방인 옛 조선 땅에서 먼저 일어나 중원(中原)으로 들어가 뒤에 번성했던 것이다. 고대 그리스 – 로마 문명도 '동방'의 영향으로 일어났던 것이다.〕

그러한 그의 저서를 제대로 읽고 그 잘잘못을 비판할 수 있는 안목을 가지려면 실로 상당한 지적 능력이 필요하다. 그런 까닭에 필자는 이 책에 인용되는 그의 이론이나 주장을 조심스럽게 취사선

택하여 독자들로 하여금 가능한 한 객관적으로 사실을 파악하게끔 상당한 노력을 기울였다. 예컨대 천문학 전반에 걸친 그의 주장은, 지난 20여 년 간 집적된 정보에 의해 대체되거나 수정되었음을 밝혀 둔다.

그렇다고 하더라도 필자는 제카리아 시친을 고대 오리엔트 역사의 한 부분에 관한 한 전혀 새로운 하나의 패러다임을 세우려는 연구가로 인정하고 싶다. 비록 그의 지적 능력이 제한되었을지라도, 그는 적어도 예를 들어 현대 서구 문명의 정신적 기반인 기독교 신앙과 신학에 대해 나름대로 도전하고 분석하여 '(기독교의) 신의 실체'를 인간의 위치로 끌어내리려는 의도와 노력을 보여 주었다. 그리고 학자들이 아닌 일반 대중을 위해 저서를 집필했을지라도 적어도 에리히 폰 대니켄과 같은 조잡하고 수준 낮은 연구가는 결코 아니다.

필자가 보기에 그보다 더 문제가 되는 것은, 그의 문제 제기(고대 오리엔트 문명에 관한)에 대해 기존 학계의 주류 학자들이 이를 근거 없이 무시하고 있다는 사실이다. 과감한 새 이론이나 학설은 아무리 그 나름대로 합리적이며 과학적인 근거를 제시한다고 해도 편협한 기존 학계의 반발을 우선 각오해야 하는 것이다.

　이 책은 많은 부분을 천문학에 할애하였다. 천문학이야말로 현대에 있어서 가장 낭만적인 과학이자, 인류 역사상 가장 역사가 오랜 학문이었다. 결국 우리 인류와 문명은 원래 '하늘'(외계)에서 유래하여 이 지상에 수천 수만 년 동안 다양하게 꽃피었던 사피엔스적(的), 곧 지적(知的)인 결실이었던 것이다.

　또한 이 책에서는 비교언어학의 연구 성과도 많이 반영하였다. 고대 수메르어는 마치 히브리어와 고대 바빌로니아어인 아카드어의 관계와 같이 대조할 다른 언어가 없어서, 이 언어의 계통을 밝히는 것은 불가능하다는 것이 지금까지 아시리아학을 연구해 온 학자들의 결론이었다. 그러나 한국인으로 161종의 언어에 통달한, 한국고전고문헌연구소 소장 박기용(朴起用) 박사는 수메르어와 한국어 사이에 서로 대조할 수 있는 문법 범주가 상당히 많이 발견되고 있음을 최근에 발견하였다. 곧 이 두 언어는 문법 범주상의 유사성을 비롯하여 갖가지 언어유형론적 공통점을 가지고 있으므로, 나아가서는 이를 근거로 두 언어의 계통을 함께 확인할 수 있는 가능성이 높다는 것이다.

　이러한 주장은 아직 비교언어학적으로 계통이 충분히 확인되지 않고 있는 두 언어를 함께 묶어 동일 계통의 언어로서 확인하려는 시도이다. 만일 이러한 시도가 성공한다면……? 언어 구조가 동일하다는 것은 민족의 기원이 동일하다는 가장 확고한 증거가 아닌가……? 우리 재야 사학자들 가운데 일부 학자들이 주장한 한국 – 수메르 공통 문명설(또는 동일 문명 기원설)은 결정적으로 빛을 보게 되는 것이 아닐까?

필자는 이 책에서 특히 인류의 오래 된 고전 기록들과 전승들이 애초부터 이 '하늘'과 어떤 연관을 가지고 있었는가를 설명하면서, 특히 후반부에서는 최신의 천문학 정보와 지식의 틀(framework)을 각기 고대 전승과 연관시켜 독자의 흥미를 이끌려고 시도하였다. 그렇게 하기 위해서 필자는 많은 부분에서 비교신화학적 자료를 제시하며, 또한 동·서양의 신화 전승의 유사성을 소개하려 한다. 예컨대 '물'에 얽힌 신화 전승은 메소포타미아나 동양(중국, 한국)이 서로 놀랄 만큼 유사하다는 것 등이다.

이 모든 접근은 매우 광범위한 신화학에 관한 독서와 사색을 반드시 필요로 했던 힘든 작업이었다. 결론지어 말하자면, 필자가 생각하기에 인간이란 신화적 동물(homo mythicus)이다. 인간 행위의 모든 것이 신화를 구성하는 단위이며, 신화를 잃어 버리는 순간 인간은 존재하기를 멈추는 것이다.

제 1 장

역사학과 신화학의 패러다임을 바꾸자

1 | 패러다임의 전환

하버드, MIT 등에서 과학사를 가르쳤던 토머스 S. 쿤(1922~ 1996)은 1962년 학문의 사회학에 관한 사상사에 있어서 일대 기념 비적 역작이 된 『과학혁명의 구조 *The Structure of Scientific Revolutions*』를 출간하여 처음으로 패러다임(paradigm)이란 개념을 제안하였다. 그에 의하면, 패러다임의 전환(轉換, shift)이란 요컨대 기존 정상과학이 자체의 모순이나 결점을 드러낼 때 마치 공장의 기계를 새로 바꾸는 것과 비슷한 것이다. 곧 처음에는 기계의 교체 비용이 기대 이익을 초과하는 것처럼 보일 수 있다. 곧 '고장이 없으면 고칠 것도 없다' 는 식이다.

그러나 이렇게 교체함으로써 경쟁 사회에서 더 많은 문제를 해결할 수 있다면, 모든 기업은 불가피하게 이 새로운 '기계 = 새로운 패러다임' 을 채용하지 않을 수 없게 된다. 하지만 경쟁의 힘이 학문으로서 과학에 즉각적인 효과를 가져 오는 것은 아니다. 단지 기존 패러다임의 맹점들이 새로운 패러다임에 의해 해결된 뒤에야 비로소 과학자들은 옛 이론을 다시 바꿀 것을 고려하기 시작할 뿐이다. 이러한 위기가 발생하지 않는 한, 그들의 옛 방식은 이미 고정화되어 문제 해결을 위한 장악력을 계속 상실했으면서도 그 패러다임은 마치 전가의 보도인 양 휘둘러지게 마련이다.

예를 들어 보자. 1600년대 초, 코페르니쿠스는 서기전 알렉산더 대왕 시대부터 등장했던, 낡고 결점투성이가 된 프톨레마이오스의 우주론(천동설)을 여전히 고집하고 있었던 당시의 학계와 교계의 위협을 두려워하여 생애의 마지막에 가서야 지동설을 발표했다. 19세기 중엽, 다윈의 진화론도 학계와 교계에서 똑같은 반발과 증오를 받아야만 했다. 이처럼 과학 문제(그 밖의 많은 분야의 학문에서도 마찬가지지만)에 대한 새로운 해결을 위한 사상적, 사회적 준거의 틀(framework)은 역사상 처음부터 반대에 직면했었다. 그것도 그나마 자연과학 분야에서 17~18세기의 뉴턴/데카르트 시대 이후에야 완화되기 시작했고, 19세기의 모든 발견들을 거쳐 20세기에 이르러 아인슈타인의 상대성 이론과 W. 하이젠베르크의 불확정성 원리 및 현대에 이르기까지의 소립자 물리학의 눈부신 진보로 인해 비로소 시대에 적응하는 과학적 준거의 틀이 보완되고 있는 것이다.

더욱이 오늘날에는 과학을 그 자체로서 독립된 학문이 아니라, 우주와 인간을 포괄하여 상호 관련시키는 전일적(全一的, holistic) 준거의 틀로 끌어올리려는 노력이 특히 '신과학 운동'의 일환으로 진행되고 있다. 그 예로서 요즈음 과학계에서 점차 주목받고 있는 기(氣)를 들 수 있다. 기는 우주에 충만해 있는, 우주의 모든 존재를 규정짓는 것이라고 할 수 있다. 동시에 기는 살아서 마음과 물질 두 가지를 겸해서 가진 것이며, 정신에 가장 가까운 것이다.

기를 현대 물리학의 지식으로 조심스레 분석하려는 움직임은 결국 과학계에 종전과는 전혀 다른 새로운 인식론적 패러다임을 정립하게 될지도 모른다.

2 | 고고역사학과 신화학에도 새로운 '틀'을

자연과학은 그렇다고 할지라도 인문과학, 특히 고고역사학과 신화학(神話學, mythology)은 근대 이후 여러 세기 동안 전세계에 걸친 수많은 발굴과 새로운 문헌의 발견, 해독에도 불구하고, 어느 면에서는 더욱 완고하게 패러다임의 전환을 거부하는 것같이 보인다. 역사학이란 무엇인가? 그것은 지난 세기 베를린 대학의 레오폴트 폰 랑케(1795~1886)의 말처럼, '그것이 진정 어떠했는가?(Wie es eigentlich gewesen)', 곧 진정한 과거의 사실을 검증, 확인하는 학문이다. 이러한 명백한 정의(定義)에도 불구하고 많은 관련 학자들은 진보를 지향하는 진중한 학문적 노력보다도 기존의 권위에 안주하여 낡은 패러다임을 고집하려는 보수성을 보임은 물론, 학문의 방법론에도 많은 문제점이 드러난다.

예를 들어 현대의 실증주의 역사학자들은 오직 자료의 실증성만을 중시하여 자신이 확인하지 않거나 취향에 맞지 않는 문헌을 배척하며, 실증적 자료만으로도 역사가 스스로 말을 한다는 논리를 내세운다. 예컨대 그들은 혹시 어떤 색다른 역사 자료나 문헌이 발견되거나 인용되면 처음부터 위서(僞書)로 단정하고 신비주의니 공상적인 이야기니 하며 냉소적으로 대하게 마련이다. 이쯤 되면 역사는 말이 없고 오직 역사가들에 의해 가장 '합리적'으로 만들어지게 되는 것인지도 모르겠다. 역설적으로 말해 역사가가 갖춰야 할 제일의 덕목이 무지(無知)라는 야유가 생길 정도다.

이 주제에 관해 먼저 서구의 예를 들어 본다. 그 전형적인 보기로서 이집트학의 역사와 현실을 살펴보자. 18세기부터 본격적으로 시작된 이집트학(Egyptology)은 1822년 프랑스의 언어학자 J. F. 샹폴리옹의 로제타 돌 연구에 의한 고대 이집트어 해독으로 본 궤도에 올랐다. 뒤이어 1850년대에 프랑스의 오귀스트 F. F. 마리에트에 의한 이집트 정부 직할 고고국의 설립과 그에 의한 체계적 유적 발굴이 시작되었으며, 이와 동시에 K. R. 레프시우스에 의한 이집트/에티오피아 답사 연구가 발표되었다. 19세기 중반 이후 이집트학은 연구의 기반이 잡히고 발전에 박차가 가해져서 서구 각국에 전문 기관이 설립되고, 현지 발굴과 본국에서의 과학적 연구가 상당히 진전되었다.

영국에서는 19세기 말 ~ 20세기 초에 이집트학 학자 E. A. 월리스 버지 경의 기념비적인 역작 『히에로글리프 사전』이 완성되었고, 고대 이집트의 신화 및 신들에 관한 연구 업적이 상당히 집적되었으며, 그를 뒤이어 1930년대부터 런던 대학의 W. B. 에머리 등에 의해 이집트학은 전성기에 이르렀다. 그 결과, 오늘날 서구에서는 매 3년마다 1회씩 독립적인 국제 이집트학 회의가 개최되고 있다.

또한 고대 이집트의 정교한 과학과 건축 공학기술의 정화라고 할 수 있는 피라미드와 스핑크스의 실측과 연대기의 탐색사 연구도 실제로 19세기 초 이집트학의 태동과 궤를 같이 하여 20세기 말인 지금까지 지속적으로 치밀하게 진행되어 왔다. 그런데 최근 1980년대에 들어 미국의 로버트 스코치 교수, 존 A. 웨스트, 영국의 로버트 보발(벨기에 태생), 에이드리언 길버트, 그레이엄 핸콕 등의 학자, 아마추어 연구가, 작가들이며, 또한 폴란드계로 프랑스의 알사스 출신 재야 연구가 슈왈레 드 뤼비츠 등은 제각기 피라미드와 스핑크스의 기원과 역사에 관해 전에 없던 새로운 발견들을 발표하기에 이르렀다.

이들의 견해를 집약해 보면, 이집트의 거석 건조물들은 메소포타미아의 지구라트나 중남미 마야의 피라미드와는 전혀 다르게 우리가 알고 있는 역사 시대 이전인, 적어도 서기전 10,000년 무렵(1만 2천 년 전) 분명히 현대 인류를 훨씬 능가하는 지성을 가졌던 인류들 — 이를테면 사라진 아틀란티스인이거나 외계인들이든지 또는 다른 어떤 인류 — 에 의해 건축된 것이 아닐까 하는 점이다. 이것이 사실이 아닐지라도 그들 별종의 인류와 대략 6천 년 전(서기전 4000년경)에 시작되었던, 기록된 인류 문명의 역사 사이에 커다란 틈새가 있어서 편의상 그들의 문명을 '초고대 문명'이라고 부르게 된 듯하며, 그것을 순전한 신화가 아닌 사실에 기초한 인류 문명의 역사에 적절하게 편입시키려는 것이 그들 연구가들의 일치된 최종 목표인 것 같다. 이것은 지금까지 철옹성같이 쌓아 올린 거대한 역사학의 성벽을 일부나마 허물고 거기에 새로운 역사의 패러다임을 정립하려는 엄청난 도전인 것처럼 보인다.

이들은 더욱이 파리미드가 왕의 분묘가 아니라 지구 자체의 과학적, 수학적 연구 성과의 축약물인 동시에 그 각각의 정상이 밤 하늘의 특정한 별들을 — 예컨대 오리온 성좌 — 지향하는 천문학적, 우주론적 형이상학의 상징물이며, 가장 단순한 재료와 건축 형태로써 건립하여 후손들에게 남겨 준 일종의 타임 캡슐임을 시사하고 있다. 이로써 그들이 정립하고자 하려는 새로운 역사의 패러다임의 모습이 한층 명백하게 드러난다. 곧 고작해야 지난 6천 년 전으로 소급되는 인류 문명이 아마도 그보다 엄청나게 효율적이었고 심오했던 사라진 초고대의 미지의 문명의 시대까지 소급되어야 한다는 의미다.

이들은 연구 방법상 철저하게 억측을 배제한 합리적 방법을 동원했는데, 예를 들어 피라미드와 그 건조 당시의 특정한 천체(별)와의 관계는 '스카이글로브' 컴퓨터 시스템을 사용했고, 피라미드 내부의 알려지지 않은 통풍구 같은 소형 통로를 관측하는 데 미니 로봇을 이용하는 등 첨단 과학 기구를 동원하였다. 작가 그레이엄 핸콕의 말을 빌자면, "예외(exceptions)가 있을 리 없다는 고대 이집트 문명사에서 연구가 존 A. 웨스트는 너무나 많은 예외들을 발견하였다."고 할 정도이다. 그만큼 주류 고대 역사학자들의 주장에 오류가 많았다는 것이다.

이런 부류의 연구가들 중에는 우리의 예상을 훨씬 넘는, 기발하기까지 한 제안을 하고 있는 인사들도 있다. 예를 들어 슈왈레 드 뤼비츠는 고대 이집트인들의 시리우스 숭배에 관해 언급하면서, 시리우스가 단지 그들의 달력의 기준점이 되는 천체였을 뿐 아니라, 한참 더 나아가 그들이 아마도 시리우스 태양계와 우리 태양계 사이의 천체역학적(天體力學的) 연관까지도 상상했을는지 모른다고 기술하였다. 곧 예를 들어, 지구로 치면 북경에서의 나비의 날개짓이 뉴욕에서 폭풍을 일으킨다는, 이른바 혼돈(chaos) 이론의 '나비 효과'(butterfly effect)와 똑같은 천체 간의(곧 두 태양계 행성 간의) 우주적 나비 효과를 상상했을 정도다.

그럼에도 불구하고 기존 이집트학계의 학자들은 대개 이 같은 연구 성과에 대해 침묵하거나 무시하든지 반발하고 있다. 그들의 이러한 태도는 단지 학문적 신중함 때문만이 아니다. 그보다도 그들은 전혀 색다른 이집트학과 똑같은 고고역사학의 새로운 패러다임의 정립을 두려워하고 있다고 보아야 한다. 하지만 필자는 확신하건대, 이들 새로운 연구가들의 노력과 의도가 반드시 성공하리라고 믿는다. 현대인들의 마음이 그만큼 개방되어 새로운 견해를 호기심 있게 주시하며 환영하려는 의식과 경향이 생겨났기 때문이다.

이러한 새로운 역사적 정보나 지식을 추구하려는 의식의 밑바탕에는 루마니아 태생의 종교학자 미르치아 엘리아데(1907~1986)

의 말대로 아마도 "아득한 태초 그 때에(in illo tempore) 우주의 창조자이자 최고신이 지상의 온갖 존재와 생물을 창조하고 인간을 다스리며 존재했던 '황금시대'에 대한 인류의 잠재의식"이 깔려 있다고 볼 수 있다. 또한 심층 분석심리학자 칼 G. 융의 말을 빌리자면 (현대라는 정신적 극한 상황 가운데서) 잃어 버린 신화적, 영적 고향을 되찾으려는 무의식 심리가 그 밑바닥에 깔려 있는 것처럼 보인다. 이런 관점에서 보더라도, 앞서 언급한 전위적인 이집트 연구가들은 현대의 학문적 방법론을 벗어나지 않으면서도 이집트에 관한 새로운 진실에 접근하려는 부류들이다. 이들은 역사학자 E. H. 카(『역사란 무엇인가?』의 저자)가 설정했던 '가상 학파(might-have-been school)'가 결코 아닌 것이다.

3   우리나라 역사 연구의 경우

　기존의 고고역사학에 도전하여 새로운 패러다임을 확립하려는 노력은 우리나라의 경우 특히 최근에 들어 활발하게 진행되고 있는 듯한 느낌을 준다. 예를 들어 필자가 초등학교~중학교 재학 시절이었던 50~60년대에 사학계에서는 단군왕검이 실재했던 인물이 아닌 순전히 신화적 인물이라는 학설이 정립(?)되었던 적이 있었다. 이는 분명히 일제의 식민지 사관(史觀)의 영향 탓이었다. 그러나 이런 주장은 차차 근거를 상실하였으며, 그 한 예로서 지난 1996년 11월 8일 서울 세종문화회관에서 제 9회 국제 학술 심포지엄이 개최되어 고조선사와 단군에 관해 한·중·일 3국 학자들이 모여 열띤 토론을 가졌다. 여기에서는 그 누구도 단군이 가공의 '신화적' 존재라고 주장한 학자가 나타나지 않았다.

　일반 독자의 호기심을 끄는 이야기지만, 많은 재야 사학자들이 우리 역사의 지평을 넓히는 데 시기적으로는 1만 년 전까지, 지역

적으로는 중앙아시아를 넘어 심지어 서쪽으로 터키, 이라크, 레바
논에서 고대 이란 동부의 파르티아 왕국, 파키스탄 북부의 헬레니
즘 문명의 영역이었던 박트리아 왕국까지 확장시킨다(그러나 공통된
확장 영역은 북중국 일대와 시베리아의 바이칼 호 부근, 서역, 몽골 및 동남아까
지 이른다). 그러나 역사학의 아마추어인 필자가 보기에도 이들의 주
장은 대부분 자료를 아전인수격으로 인용하였을 뿐 아니라, 각국,
각 지역과 시대에 따라 서로 다른 문헌적, 실증적 연결 고리(links)
를 완결하는 데 충실치 못하여 일부를 제외하면 공상적이고 공허
해 보인다.

그런데도 이러한 역사의 확장 의욕이 두드러진 이유는 필시 일제
의 침탈과 점거 뒤에 황국사관으로 세뇌된 위축된 역사관에 대한
반발과 함께 더욱 최근의 정치적, 경제적 침체에 대한 반동 의식의
발로인 것 같다.

독일의 경제사회학자인 베를린 대학의 베르너 좀바르트 교수
(1863~1941)의 표현을 빌리자면, "우리를 인도할 안락한 공식
(formula), 곧 장대한 고대 역사를 착잡한 현실의 소용돌이 가운데
에서 상실했을 때 … 우리는 새 디딤돌을 찾아낼 때까지 마치 사실
(事實)의 거대한 바다에 빠진 듯한 환상을 겪고 있는" 것인지도 모
른다. 그런 까닭에 주류 국사학자들로부터 국수주의 사관이니 근
거 없는 과대망상적 역사 확장이니 하는 평을 듣는 것 같다. 이처럼
"신화가 다수의 사람들에 의해 공유되면 현실이 된다."는 영국의
심리학자 로렌스 블레어의 말과 같이 (잘못된 신화도 신화라고 치

고) 아직 우리의 역사 의식이 한반도 주변에서 완전히 벗어나고 있지 않은 현재, 결코 간과해서는 안 될 뚜렷한 각성과 학문적 진보의 싹이 움트고 있음이 최근에 점차 두드러지고 있다.

원로 사학자이며 하버드 대학 인류학과 객원 교수를 역임한 바 있는 단국대의 윤내현(尹乃鉉) 교수는 1994년 905쪽의 방대한 분량인 『고조선 연구』에서, 고조선을 한국사에 처음 등장한 국가로 인식하고 서기전 2500년 무렵 건국하여 2천 3백 년 동안 존속했다고 설명하였다.

그는 특히 경기도 양평군 양수리와 전남 영암군 장천리 주거 유적지에서 발견된 청동기와 고인돌 유적을 방사성 탄소 연대 측정법으로 측정한 결과, 고조선의 건국 시기와 거의 일치된 시기에 만들어졌음을 입증하였다. 또한 한반도 남해안인 전남 영암군에서 고조선 유물인 비파형 동검(길이가 기름하고 끝이 뾰족하며 좌우 폭이 다소 넓은 비파잎 모양의 동검)이 출토되었음은 이 지역까지 고조선의 영토가 확장되었음을 의미한다고 덧붙였다. 더욱이 당시 비파형 동검은 양질의 청동을 제조하는 기술적 비법과 함께 군장(君長)의 권력 유지를 위해 절대적으로 필요한 상징 이상의 것으로서, 결코 교역을 통해 중국에서 들어온 것이 아니라고 하였다.

중국 고대의 상주사(商周史)를 전공한 그로서는, 이 청동 제품이 당시 중국의 상(商) 곧 은(殷) 시대 보다도 훨씬 앞섰음을 입증하기란 어려운 일이 아니었을 것이다[은 시대는 대략 서기전 16 · 17세기~서기전 11세기 중반까지로 알려졌고, 지배 영역은 주로 지금의 산동, 산서성에서

서쪽으로 서안(西安)까지로 추측된다). 은 시대는 갑골문과 함께 인류사
상 보기 드문 정교하고 예술적인 청동기 문명의 전성기였던 것이
다.

　윤 교수의 주장이 사실이라면, 고조선의 청동기 문명은 멀리 서
방의 수메르의 그것에 비해 그다지 늦은 것이 아닐 뿐만 아니라, 한
때 아시아 지역에서 가장 오래된 청동기 유적으로 인식되었던 타
이 동북부의 반치앙 유적(서기전 30세기 무렵)에 뒤이어 가장 오래
된 것이다(게다가 이 약 5천 년 전의 청동기 유적은 그 주인들이 누구였으며,
또 후계자(후계 문명)가 누구였는지 전혀 알려지지 않은, 고립된 문명의 흔적으
로 알려졌다). 더욱이 은 왕조의 지배적 민족이 고조선의 주된 구성
종족이었던 우리 동이족이었다는 사실을 고려한다면, 은 시대의
청동기 문명의 주역이 한족(漢族), 곧 고대 중국인이 아닌 우리 민
족이었음을 상상하게 된다. 그리고 이 같은 주장이 실제로 사실로
받아들여진다면, 이는 재야 사학자들의 주장 곧 동이족이 북중국
을 포함한 동아시아 고대 제국(桓國)의 주역이었다는 주장이 결코
과장이나 허구가 아닌 사실임을 인정하게 되는 것이다.

　청동기뿐 아니라 철기도 결코 다른 지역에 비해 뒤처진 것이 아
니라는 증거가 있다. 곧 서기전 957년 이른바 ‘기자 조선’에서 최
초로 자모전(字母錢)이란 철전이 사용되었다는 기록이 있다. 당시
는 철기라고는 볼 수 없었던 청동기 시대였음을 생각해 보면 혹시
철기가 발명되었다고 하더라도 우선 왕실의 권위나 신(神)에의 제
사 의식에 사용될 의식용 도구를 만드는 데 먼저 사용되었을 것이

지, 결코 일반에 광범위하게 통용되는 화폐를 주조할 만큼 흔하지는 않았을 것이다. 이 철기의 발명이 수백 년 긴 세월 동안 이어져서 마침내 서기 기원 전후의 빛나는 가야의 철기 문명을 꽃피게 했을 것이다. 당시 가야 시대에 중국, 왜(倭) 등과의 대외 교역에서 양질의 철은 핵심 교역 품목이었을 뿐 아니라 국력과 국가 위신의 상징물이었다.

금속 공예 기술뿐 아니라 농업의 주종인 벼 농사에서도 우리나라가 동아시아에서 선진 지역이었다. 1991년 김포군 통진면 가현리, 속칭 가와지 지역 개발 공사 도중에 발견한 고대 유적에서 발굴된 탄화된 볍씨는 연대를 측정한 결과, 서기전 23세기 곧 4천 3백 년 전의 것임이 드러났다. 이것은 벼 농사 시작의 연대를 단번에 1천 년이나 끌어올린 놀라운 발견이었다. 이 사실은 또한 5, 6천 년 전에 이미 인도, 동남 아시아 등 벼 농사의 시원지(始原地)와 우리 사이에 교류가 행해졌음을 시사하기도 한다.

본디 벼 농사는 관개(물대기)와 수리 등 조직화된 집단의 노력으로 가능한 것이지, 씨족 단위의 작은 집단으로서는 가능한 것이 아니다. 이는 당시 고조선에 이미 주곡을 밭 농사 작물이 아닌, 오늘날과 다름없는 쌀에 의존했음을 의미하며, 또한 적어도 그 시대가 조직화된 초기 국가 시대였음을 시사하는 증거일는지 모른다.

게다가 '김포'란 지명은 원래 '부족장이 다스리는 바닷가 고을(浦)'이란 뜻으로서, 신이나 족장, 왕을 뜻하는 '곰'에 포를 합친 것이라는 것이 정설이다. 이 사실은 또한 사회경제사적 측면에서 볼

때, 역설적이든 아니든 우리나라가 인류 문명의 보편적, 직선적 진
보 발달론의 주창자이자 스스로 마르크스적 역사 이론에 경사하게
된 현대의 가장 저명한 고고역사학자인 런던 대학의 V. 고든 차일
드의 구미에 꼭 맞는 사실(史實)인 것 같아 보인다.

　이러한 사실들은 더 나아가 우리 이웃인 중국의 고대 문화와 신
화가, 알려진 것처럼 중원을 중심으로 한 일원적(一元的) 문화권이
아니라 우리 동이족이 중심이 되었든가 또는 동이족에 근접한 동
북방 계통의 신화와 문화가 그 핵심 중 한 갈래였으므로 우리 민족
이 동아시아 고대사의 주역이었음을 시사한다(고려대 선정규 교수
의 『중국 신화 연구』를 참조). 신화가 그 자체 역사의 일부분으로서
역사가 기억하거나 기록하지 못한 것을 알려준다고 볼 때, 고대 중
국 신화의 정치·문화적 영웅들 가운데 많은 인물들이 대개 동이
족이라는 주장은 이로써 타당성을 더하게 되는 것이다.

　필자는 또한 이상 언급한 것과 같은 우리의 고대 과학·기술과
산업의 우월성이 신화적인(그리고 역사적으로도 사실인) 단군왕검
의 고사와 관련이 있다고 확신한다. 곧 천제 환인(桓因)의 아들인
환웅(桓雄)이 지상의 백성들을 다스리고 보살피기 위해 풍백(風伯),
우사(雨師), 운사(雲師) 등 인간을 도와 줄 신하들을 이끌고 태백산
신단(神壇) 아래 박달나무(檀樹) 숲에 내려오셔서 그 일대를 신벌
(神市)이라고 하여 여러 가지(三百六十餘事) 인간에게 유익한 일을
하셨다는(弘益人間) 전설을 말한다. 이 '신하들'은 물론 전세계 신
화에 거쳐 공통된 '문화 영웅'의 범주에 들어맞는 존재들이었을 듯

하다. 곧 그들은 인간을 다스리고 서로 화평하게 할 종교, 윤리, 율법 등 추상적인 규칙과 함께 건축, 영농, 금속 채취와 가공 기술, 천문학과 측량법, 몸에 걸칠 옷감을 생산하며 질병을 퇴치하는 기술 등 갖가지 실제적 생활 기술을 전수해 주었을 것이다. 그리고 이러한 고조선의 정신과 문화 전통이 기억되는 시간만큼 민중들은 이를 배우고 스스로 발전시켰을 것이다.

그러나 몇 천 년이란 세월이 흘러가면서 이것들은 망각되었고, 마치 고려 시대의 청자 제조 기법이 후대에 맥이 끊어졌듯이 실전되었던 것이다. 무엇보다도 자신의 역사의 근본(뿌리)에 대한 무관심과 망각은 근세 조선 시대의 지나친 사대주의 모화 사상과 더불어 끝내 일본에게 국권을 침탈당하는 비극을 자초한 한 원인이 되었던 것이다(특히 고려 인종 때(서기 1145년) 김부식이 편찬한 『삼국사기』는 우리 역사상 최초로 자기 축소적이고 자기 비하적인 사대주의 사관으로 기술된 사서(史書)였다. 그는 당시 묘청 등 북진을 주장하며 고구려의 고토(故土) 회복을 열망했던 자주파를 숙청하고 심지어 당시 뛰어난 문재(文才)였던 정지상마저 참수하였다. 이는 단순한 개인적 원한과 시기심에서 빚어졌던 악행이었다고 한다).

결론적으로 필자가 확신하기에는 우리의 문화와 역사에 있어서 새로운 패러다임을 확립하는 방식은 일부 재야 사학자들이 주장하듯이 고대의 우리 민족의 시간적, 공간적 영역이 터무니없을 정도로 광대무변했다는 가정에서보다는 이처럼 알려진 기존의 역사 사실 속에서 재발견되고 확인되는 새로운 사실과 정보를 바탕으로 하여 먼저 출발하고 추진되어야 한다고 본다. 곧 옛것을 익힘으로써 미래를 내다보며 새것을 개척하자(溫故知新)는 것이다. 또한 필자는 예컨대 일부 재야 사학자들이 주장하는 새로운 가설, 곧 삼국 시대에 고구려, 백제, 신라가 중국과 일본의 중심부까지 그 영역을 확대했다는 주장과 같은 것이 이러한 필자의 지론과 결코 모순이 되지 않으며, 그 나름대로 확고한 근거가 있음을 또한 조금 뒤에 보여줄 것이다.

4 천문학 — 고대 인류에게 필수적인 과학

1930년대에 고대 인도의 신화와 종교를 미국 학계에 소개하는 데 큰 기여를 했던 인도학자 아난다 K、쿠마라스와미는 신화를 '언어로 표현될 수 있는, 사실에 가장 가까운 접근' 이라고 정의하였다. 곧 신화는 역사적 실재 사건이나 사실이 직설적인 설명이 아닌, 비유적인 또는 상징적인 변이를 거쳐 마치 암호와 같은 형태로 우리에게 남겨진 것이다. 그만큼 합리적인 해석을 거부하고 직관이거나 간혹 신비스런 미로(迷路)를 거쳐 우리에게 와 닿는다.

현대의 가장 보수적인 과학이라고 할 수학에서조차도 프랙탈 이론이니 카타스트로피 이론이니 하는 새로운 방법론이 도입되어 자연과학과 병치(juxtapose)하고 있지만, 신화 해석에는 여전히 어떠한 합리적인 방법론도 거부되고 있는 것 같다. 곧 신화와 과학이 똑같이 진실을 지향하면서도 서로 융합할 수 없다고 하는 것이다.

그러나 필자는 이것이 항상, 반드시 사실일 수 없음을 쉬운 예로써 보여 주려 한다. 예컨대 기자의 피라미드나 메소포타미아의 지구라트 또는 중남미의 거대한 '태양과 달의 피라미드'가 인간이 아닌 신이나 초인간에 의해 만들어진 왕들의 분묘이거나 혹은 단순히 공허하고 거대한 신화적 기념물로서 세워진 것이 결코 아니라는 증거가 너무나 많다. 이 건조물들은 직설적으로 표현하여 고도로 발전된 현대의 과학과 수학 지식으로도 쉽게 이해되거나 재현하기 어려운 초현대적, 수학적, 지구과학적, 천문학적 업적의 결실일 뿐 아니라, 동시에 고도로 형이상학적이며 영적인 기념물로도 인식되고 있다. 또한 수메르 학자 S. N. 크레이머 박사에 의하면, 지구라트는 실제로 신들이 지상에 내려올 때 거주지이자 신과 인간의 연락처로 건립되었으며, 따라서 "실제적이며, 상징적"인 의미를 겸비한 건조물이었다고 한다. 수많은 고대 신화에서 이런 종류의 건조물과 연관되어 전해진 전승이 보이며, 따라서 신화 시대의 고대인들이 적어도 이에 합당한 합리적인 과학 또는 수학(특히 천문학) 지식을 가지고 있었다는 추론도 가능한 것이다. 그렇다면 고대인들도 우리들 못지 않은 합리적 사고 능력을 가지고 사고의 지평을 넓혔음을 굳이 부인할 근거가 어디에 있는가?

　심지어 일부 연구가들은 원래 이 같은 지식을 소유했던 초인류적 존재들을 현대적 의미에서 '기계장치를 갖춘 신(deus ex machina)'이라고 편의상 빗대어 명명할 정도다(이 용어의 원래의 의미는, 고대 그리스 연극 기법의 한 가지로서, 무대 위에 물건을 상하로 이동시킬 수 있는 도르래가 붙은 기중기 같은 '기계 장치'가 있어서 연극 도중 신이나 영웅이 출입하거나 공중으로 도주할 필요가 있을 때 이 것을 사용한다. 곧 초자연적인 듯한 힘을 이용하여 극의 흐름을 바꾸거 나 극적인 결말을 가져오게 하는 무대 변환 기계 장치로서, 중세의 종교 극에까지 널리 사용되었다).

이러한 주장은 결코 논리의 비약도, 근거 없고 터무니없는 주장 도 아니다. 고대 신화에서 신들이 현대적 '기계'를 사용했다는 전 승은 많이 나타난다. 그리스 신화의 신들의 왕 제우스는 온 세상에 천둥과 불벼락을 가져올 수 있는 불화살(핵무기?)을 들고서 괴물 티폰을 상대로 세계의 패권을 겨루는 전투를 했으며, 이집트의 호 루스는 아버지 오시리스를 살해한 삼촌 세트를 상대로 싸울 때 천 공을 가로지르며 나는 하얀 배(UFO?)를 탔다.

고대 인류에게 있어서 무엇보다 긴요한 학문적 덕목은 천문학을 배우고 통달하는 데 있었던 것이 분명하다. 곧 신들이 거주하는 하 늘을 관측하는 것이 우주와 인간세계를 지배하는 신들의 동태를 살피는 것이라는 가장 기본적인 믿음이 있었다. 그들은 첫째로 천 지의 변화와 운명은 천공을 버티고 있는 상징적인 네 기둥이 온전 한가의 여부로 판단해야 했다(이것은 네 계절의 시작을 알려 주는 네 개의 천문학적 시점, 곧 춘분점, 하지점, 추분점, 동지점을 가리킨다). 이것들은 수 학적으로 정밀하게 반복되지만, 관측과 예보가 어려워서 정밀한 측정 기기가 필요하였다. 이러한 사계절의 변화는 달과 태양 등 천 체들의 움직임으로 파악할 수 있었으며, 또한 그들은 태양계의 주 성인 태양의 궤도(황도)에 따른 인접한 별과 별자리들의 움직임을 관측, 예보하는 황도 12궁의 개념까지 수학적으로 계산이 가능하게 되었던 것이다. 더 나아가 세계의 흥성과 쇠퇴 특히 멸망은 이런 우주적 변화와 연관을 맺고 있음을 파악하게 되었다. 이것은 수학적 측면에서 생각하더라도 놀랄 만큼 어려운 일이었다.

이처럼 천상의 천체들의 운동과 변화를 지상에서 재현하거나 기념하기 위해 많은 기념물들이 천문학과 연관된 성격을 가지도록 설계되고 건립되었다. 그 결과로 피라미드는 물론 스톤 헨지의 거석들의 기본 배치 방향이 특정한 시점에 태양 광선의 조사(照射)와 일치되도록 정렬되게끔(alignment) 세워졌다든가, 혹은 거대한 궁전과 신전의 입구와 통로가 일정한 시각에 특정한 천체(예컨대 태양, 달, 시리우스 등)의 빛이 들어오도록 설계되었다든가[이것이 고고천문학(archaeoastronomy)을 낳게 했다], 또 이 건물들의 기초가 정확히 동서남북을 향하게끔 설계되었다든가 하는 업적을 남겼던 것이다.

특히 고대 마야 문명은 고도로 발전한 천문학(특히 정밀한 천체 관측)이 일상 생활에까지 영향을 주어 결과적으로 문명 자체를 수학과 천문학의 노예로 전락시킨 기형적인 단면을 보여 주었다. 예컨대 그들은 역사상 여러 개의 태양(곧 제 1의 태양, 제2의 태양… 곧 '시대')이 있어서 매일매일 이 태양의 힘이 되살아나 창공에 떠오르게 하기 위해 수많은 인간의 심장[원래는 육체의 심장이 아닌 인간의 '마음(heart)' 곧 경건한 신앙심이랄까 하는 것]을 바쳐야만 하였다. 이 피의 의식은 1500년대 초기 스페인의 정복자 코르테스가 도착했을 때까지 수 백년이 넘게 지속되었던 것이다.

비록 이처럼 종교와 결부되기는 하였지만, 아무튼 고대인들은 현대적인 천문학 지식, 곧 지구가 둥글며 스스로 자전하면서 태양 주위를 회전한다든가, 하늘에는 멀리 떨어진 붙박이별(항성)과 비교적 가까운 떠돌이별(행성)이 있다는 기초적인 지식으로부터 세차 운동 같은 복잡한 천체 현상도 알고 있었다.

세차 운동이란 무엇인가? 지구의 적도면과 황도면(태양 주위를 회전하는 지구, 달 중심의 평면 궤도면)은 역학적으로 불변이 아니며, 지구 자체가 적도는 약간 부풀고 남북은 다소 평평한 회전 타원체에 가까운 모습으로서, 적도면은 황도면에 대해 약 23.4° 기울어져 있다. 이 때문에 태양과 달의 짝힘에 의해 지구의 극축(남북을 잇는 축)은 공간에 대해 마치 쓰러지려는 팽이처럼 비틀거리며 회전한다. 이것이 세차 운동으로, 하늘의 북극은 매 2,160년마다 30°씩, 곧 25,920년(이 수치에 대해 의견이 일치된 것은 아니다)마다 360° 1회전을 황도면의 북극 주위를 평균 경사각도 23.4°로 움직임으로써 끝낸다.

여기에서 2,160년이란 기간은 점성학에서 하나의 궁(宮)이 다른 궁으로 변천하는 기간으로, 고대인들은 이 변이를 간혹 공포와 전율하는 마음으로 기대하였다. 현대에 있어서도 조만간 쌍어궁(house of pisces)의 시대가 끝나며 이어서 지축(극축)의 돌연한 이동, 지진, 대홍수 등 거대한 카타스트로피(대격변)로 뒤범벅이 되어 다가올 보병궁(house of aquarius) 시대가 도래할 것이라는 이야기가 끊임없이 전파되고 있다. 이러한 대격변의 도래를 예기하고 대비하기 위해서도 고대인들에게는 천체 관측이 절대적으로 필수적인 생활의 일부였던 것이다.

세차 운동은 서기 전 150년경 그리스의 히파르코스에 의해 관측되었다고 알려졌지만, 실제로는 그 보다 수천 년 전인 고대 수메르와 이집트 시대에 이미 알려졌던 것이다. 이러한 고대의 천문학 지식은 오랜 세월이 흐름에 따라 그 실체가 망각되었지만, 핵심 내용은 신화에서 그나마 잔존하여 기묘하게 비유적으로 변형되든가 모호한 상징적 의미와 언어로 변했던 것이다.

그런데 문제는 고대의 신화 전승에 내포된 이와 같은 천문학 지식과 정보를 지금까지 많은 고고역사학자들과 신화학자들이 제대로 이해하고 해석했느냐 하는 점이다. 이러한 약점은 신화의 올바른 해석에 치명적인 함정이나 결함이 있음을 의미하기도 한다. 이런 사실 역시 신화학이 과학 시대라는 시대적 사조(思潮)와 한참 먼, 구태의연한 옛 패러다임에서 벗어나지 못하고 있음을 말해 주는 증거이기도 하다.

이러한 결점에 대해 정곡을 찌르듯 지적하여 신화 해석의 새로운 패러다임을 정립하려는 지적인 노력과 결과가 거의 삼분의 일 세기 전인 1969년 두 사람의 저명한 과학사가인 MIT의 고(故) 조르지오 데 산티야나 교수와 독일 프랑크푸르트 대학의 헤르타 폰 데 헨트 여교수에 의해 출판되어 나왔다. 그것이 『햄릿의 맷돌 *Hamlet's Mill*』 인데, 그 초판은 명성 있는 맥밀란 출판사(뉴욕)에

서 나왔다. 만일 학자들이 이 두 교수의 지적대로 천문학과 지구과
학 지식으로 무장하고 신화 해석을 시도했더라면, 그 결과는 아마
도 16세기 초 마젤란이 소형 범선 선단을 이끌고 세계 일주에 성공
했던 것만큼이나 우주에 대한 인류의 지적, 정신적 지평을 확대 시
켰을 것이다. 그러나 소수의 진중한 학자들 외에 그러한 노력을 했
던 연구자들은 별로 없었던 듯 하다.

5 '햄릿의 맷돌'

이 혁명적인 내용의 논문이 수록된 책의 요점은 이러하다.

고대인들은 현대인들이 쉽게 이해할 수 없는 천문학(및 기하학 등 수학 전반에 걸친) 지식을 가지고 있었는데, 특히 천체의 변동이 지상의 인류의 삶에 중요한 의미를 갖는 세차 운동과 같은 장기간에 걸친 천체의 변화를 중시했다는 것이다. 쉬운 예를 들어 황도 12궁의 한 궁에서 다른 궁으로 시대가 이전될 때(춘분점의 하늘의 성좌가 새로운 궁의 성좌로 변할 때. 고대인들은 신년의 첫날을 춘분날로 결정했다)에 즈음하여 간혹 대홍수, 지진, 지축의 급작스런 변동, 기후 변화 등 삶의 뿌리를 뒤엎다시피 하는 천재지변이 발생한다는 것을 기억하고 항상 장기간에 걸쳐 천체의 변동을 관측하여 장차 도래할 대변혁에 대비해야 했다. 이 카타스트로피가 전세계에 걸쳐 여러 민족의 전승에 신화로 전해져 온 것이다.

산티야나와 데헨트는 자신들의 책 머리에서 결론적으로 시사하기를, 천문학적인 측면이야말로 복잡하게 비유화된 고대 전승에 관련된 내용을 설명한, 텍스트들의 본질(essence)이라고 지적하면서, 고고신화학자들이나 고전학자들이 번역한 신화는 많지만, 그 번역들이 원전의 천문학적 가치를 전혀 무의미한 것으로 취급했기 때문에 번역 자체가 부적절한 오류를 저질렀다고 지적하였다. 그리고나서 덧붙이기를, 이 책을 쓰면서 자신들은(신화의 내면에) 암호화된 과학적 언어의 일부를 해독했다고 말했다. '햄릿의 맷돌' 의 맷돌은 바로 세차 운동('머리 흔들기 운동')을 의미하는 것으로, 고통스럽게 지축을 움직이는 맷돌이 돌고 돌아 그 결과 긴 시간이 흘러 지구에서 바라본 별자리의 겉모습의 변화와 그에 따른 시대의 변동을 예감하는 것이라고 하였다.

황도 12궁의 변화에 관해 필자가 좀더 쉬운 예를 들어 설명하면 다음과 같다. 현재는 쌍어궁 시대의 끝 무렵으로, 춘분날 해뜨기 전 컴컴할 때 해뜨는 지점의 하늘에 물고기 별자리가 나타난다. 멀지 않아 이 별자리는 물병자리로 바뀌며 이른바 새로운 밀레니엄(서기 2천년대)에의 진입과 함께 보병궁 시대가 등장한다. 또한 2천 1백여 년 전에는 백양궁(양자리)에서 쌍어궁으로 바뀌면서 그리스도교의 생성과 성장의 전기가 되었고, 현대의 변환기(쌍어궁 → 보병궁)는 각자 생각하기 나름이겠지만 천재(天災)와 인재(人災)가 어우러진 세계적 규모의 대 카타스트로피가 발생한 다음 평화로운 영적 성숙의 시대로 들어간다고 생각하는 사람들이 많다. 고대에 있어서도 지구적 규모의 대홍수, 지진, 기후 변동, 지각 변동과 대륙의 침몰 등이 대체로 이 같은 변환기에 일어났고 이것이 유비적(類比的)인 신화로 남아 오늘날까지 기억되고 있는 것이다.

앞의 두 저자는 또한 기술하기를, 이처럼 중요한 정신적, 영적, 역사적 변환의 시대적 추이를 정확하게 관찰하고 계측하기 위해서는 과학적 관심과 고도의 지적 수준을 갖춘 조직화된 사회가 아니면 안되며, 이것은 고대 이집트와 같은 석기 시대를 막 벗어난 전(前) 기술 시대의 인간의 작품이 아니라 "진지하고 지적인 사람들이 전문용어를 사용해가면서 무대 뒤에서 이루어 낸 것이 분명하다."고 하였다. 또한 "이러한 천문학적 전승은 어느 특정한 인종이나 문화에 속한 것이 아니라, 전세계에 걸쳐 수많은 민속 신화에 다양한 형태로 존재한다는 점에서 보편성을 보여 주고 있다."고 하였다. 더욱이 '맷돌'은 항상 우주의 움직임, 특히 세차 운동의 비유로 등장하고 있으며, 고대인들은 약 2천 2백 년간이나 지속되는(곧 한 궁에서 다른 궁으로 바뀌는 기간), 이 세차 운동의 비밀을 완전히 파악했다고 한다. 맷돌은 중미의 마야 신화, 북구의 노르딕 신화(곡식을 빻는 맷돌의 비유가 정확하게 묘사된다), 호메로스의 서사시 오딧세이아, 인도 신화(아타르바 베다) 등 전세계적인 보편성을 보이며 분포되어 있다.

시카고 대학 오리엔트 연구소에서 이집트학을 연구한 고고천문학자 제인 B. 셀러즈는 '햄릿의 맷돌'을 제대로 이해하고 검증한 소수의 학자들 가운데 한 사람으로서, 고대 이집트와 그 종교를 올바르게 연구하기 위해서는 천문학 특히 세차 운동의 개념을 이해

할 필요가 있다고 주장하였다. 그녀는 말하기를, "대부분의 고고학
자들은 고대 신화와 신, 신전의 배치에 관하여 중대한 역할을 하는
세차 운동을 이해하지 못한다. 세차 운동은 천문학자들에게는 확
고한 사실이다. … 고대 인류에 관한 분야에서 활동하는 사람은 세
차 운동을 이해해야 할 책임이 있다."고 하였다.

또한 그녀에 따르면 고대 이집트의 오시리스 신화는 물론, 바빌
로니아, 마야, 인도, 북구 등 모든 신화에서 각기 서로 상관없는 숫
자가 나오지만, 이것들이 서로 연결되어 결국 세차 운동을 이해하
게 되는 숫자가 도출되게끔 상징적으로 또 비유적으로 연결되어
있다는 것이다. 이는 마치 그 누군가 전혀 미지의 교사가 이들 고대
민족들에게 이처럼 공통된 숫자로 표기된 '우주적 주기(cosmic
cycle)'를 은유적으로 가르쳐 준 것 같다고 하였다. 더욱이 '햄릿의
맷돌'에서 '신의 맷돌이 천천히 돌고 그 결과 고통이 생긴다'라는
믿음은 고대인에게는 그리 드문 일이 아니었다고 한다.

그리고 다른 한 예로서 빙하 시대의 시종(始終)을 설명하면서 이
렇게 언급한다. 지구의 궤도 변화(이것 역시 고대인들이 알고 있었
던 것이다) 곧 지구의 황도 경사(지구의 주축과 황도 곧 가상적인
천체의 적도와의 경사 각도), 공전 궤도의 이심률(지구 공전 궤도가
타원인가 혹은 원에 가까운가) 및 지축의 세차 운동(지구가 자체의
수직 극축을 한 바퀴 도는 운동 ; 1단위 궁 2,160년 × 12궁 =
25,920년) 등 여러 요소들의 복합 작용으로 빙하 시대가 끝나든지
시작된다고 설명하였다.

　결론지어 말해 고대의 신화 기록자들은 이와 같은 지구라는 행성에 연관된 모든 운동을 '하늘의 맷돌'의 회전으로 비유하면서, 그에 따라 빙하 시대라든지 지상의 대격변 등 모든 위기를 이것(맷돌)과 복잡하게 연관지었다는 것이다. 그것의 핵심이 대단히 상징적이고 비유적으로 변화한 채 잔존하여 오늘날 신화 해석자들을 당혹하게 하는 것이다.

　『햄릿의 맷돌』은 결국 무언중에, 역사에 기록되지 않은 신화적인 고대에, 어느 면에서는 현대 문명을 능가하는 지식 체계를 가지고 있었던 문명이 존재할 수도 있었음을 암시하는 것 같다. 그 문명의 과학, 천문학적 패러다임이 전세계로 전파되면서 당시 인류에게 그처럼 정교한 천문학 지식 — 뒤에 대격변을 만나 망각되고 신화화되었지만 — 을 전파했던 것이다. 그 태고의 문명이 소멸되었고, 그 뒤 중세의 암흑시대와는 비교도 할 수 없는 길고 어두운 무지의 시대가 몇 천 년 간 지속된 뒤 먼저 갑자기 중동 곧 이집트와 수메르 등지에서 다시금 일어나 꽃피었던 것이다. 이러한 역사적 고대 문명들의 유산 역시 그 뒤에 끊임없이 지속된 전쟁과 평화의 소용돌이 속에서 그 핵심 지식들의 많은 부분이 굴절되어 올바르게 후대에 전해지지 않고 신화화되어 지금 우리에게 와 닿고 있는 것이다.

　이처럼 지구에서의 인류의 역사는 생성 – 번영 – 쇠망 – 망각 – 생성…의 주기를 간단없이 반복해 왔다. 이는 마치 하나의 커다란 주기와 주기 사이에 작은 주기들이 여러 차례 되풀이되는 것처럼 보인다. 예컨대 홍수 이전의 미지의 초고대 문명(아틀란티스 문명이라고 해도 좋다)과 현대의 문명이 각각 대주기(Greater Cycles)라면, 그 사이에 수많은 여러 문명들의 흥망성쇠가 되풀이 된 소주기(Lesser Cycles)들이 나타나 보이는 것 같은 것이다. 그러나 분명한 것은, 고대인들은 물리적, 정신적, 영적 측면에서 현대인들보다 더욱 긴밀하게 우주와 연관되어 있었을 것이라는 점이다. 신화적인 옛날 황금 시대에 이 지상에 인간이 신과 함께 살았으며, '하느님의 아들들이 사람의 딸들과 교접했다' 는 『구약성서』〈창세기〉의 이야기는 단순한 우화적 전승이 아닌 것 같다. 더욱이 고대인들은 자신들이 수학적으로 표기된 '우주의 주기' 에 지적 관심 이상의 심오한 정신적, 영적 연관성을 직감적으로 느끼고 있었음을 저명한 종교신화학자 미르치아 엘리아데는 역작 『우주와 역사: 영겁 회귀의 신화 Le Mythe de L'eternel retour』의 서문에서 다음과 같이 암시한다.

> …고대 및 전통 사회의 인간과 유대 – 기독교의 강한 흔적을 지닌 현대사회의 인간 사이에서 나타나는 중요한 차이점은, 전자가 자기 자신을 우주 및 우주적인 '리듬' 과 뗄 수 없이 관련되어 있다고 느끼고 있는 데 반해 후자는 자기와 역사만 관계를 맺고 있다고 주장하는 사실에 있다.

우주적 '리듬' 이란 우주적 주기를 의미할 수 있다. 그것에는 또한 숫자로 표시될 수 있는 것 이상의 것 곧 우주적 보편성을 지닌 종교, 윤리 등 일상 생활의 행동 규범도 포함되어야 한다고 필자는 생각한다. 또 유대 – 기독교적 흔적이란, 저자(M. 엘리아데)가 서양의 독자들을 염두에 두고 말한 것일 수도 있다. 우리 동양인의 입장이라면 응당 '불교나 유교적 합리주의의 흔적' 이라고 대치할 수도 있다.

6 | 역(易)의 세계

서양/오리엔트 세계의 천문학 전통이 그러했다면, 동양 특히 중국과 우리나라에서는 어떠했는가? 고대 중국과 한국인들이 이를 테면 세차 주기를 알고 있었고 그에 관련된 '하늘'의 연계를 시사하는 증거는 아주 풍부한 편이다. 또한 유사 이래 실제적인 천체 관측과 천문도 제작 등 천문학의 발전과 진보가 결코 서양/오리엔트 세계에 비해 낙후되었던 것이 아니다. 오히려 더욱 우월했던 점마저 엿보인다.

유사 이래 여러 시대에 걸쳐 천문학의 발전에 있어서 동양이 서양에 비해 우수했던 점이 하나 있다. 곧 동양(중국 및 한국)에서는 순수 천문학을 발전시켜 우주적, 보편적 철학 체계인 '역(易)'을 완성했던 반면, 서양에서는 근대에 이르기까지 오히려 사이비 과학에 가까운 점성술(astrology)로 변질되었다는 사실이다. 실제로 서양/오리엔트 세계에 있어 천문학의 탄생지로 알려졌던 고대 수메르에서는 매우 정밀한 천체 관측과 함께 순수 천문학 체계가 이루어졌다.

그러했던 것이 수메르 멸망 이후인 서기전 19세기 이후 바빌로니아가 등장하자, 순수 천문학은 정체되어 점성술로 변질되었고 이것이 근대 이후에 이르기까지 주류 과학 행세를 해 왔다. 구미에서 현재 점성술이 유행하는 것도 이러한 역사적 배경을 가졌기 때문인 것이다.

한편 역은 원래 천문학을 모태로 하여 탄생하였다. 곧 (재야 사학자들이 주장하는) 우리 동이족으로서 중국 고대 삼황의 하나인 5천 년 전의 복희(伏犧)의 팔괘(八卦)에서 시작하여 3천 년 전의 주(周) 문왕(文王)시대의 주역(周易)을 거쳐 완성된 것이다[더욱이 중국의 역법(曆法), 곧 달력은 동이의 희화자(羲和子)란 사람이 시작했으며, 그는 은나라의 동이족의 조상에 속했다고 한다]. 이러한 오랜 역사를 지닌 역이, 약 150년 전 우리나라의 일부(一夫) 김항(金恒)의 정역(正易)으로 완성되어 현대 한국의 토착적 미래관(또는 종말관)의 이론적 근간이 된 것이다.

서양의 점성술과 달리 역은 이처럼 오랜 세월 동안 연구되어 완성된 것이다. 역은 원래 천체의 운행을 근거로 우주의 주기적 운동 — 일부 종교사상가들은 지구에 연관된 10만 년이 넘는 주기가 있다고 하며, 이 주기가 한 쌍의 선천과 후천의 총 지속 기간 또는 빙하시대의 예측을 가능하게 하는 주기라고 주장한다 — 과 그에 딸린 인류 문화와 국가의 흥망이며, 개인의 운명과 길흉(吉凶) 등 인간사를 예측하는 종합 과학이었다. 하지만 역 자체가 너무나 난해하여 일반화되지 않았기 때문에 다른 문명권과 마찬가지로 차차 세속화, 미신화되었던 것이다. 그러나 그 핵심 내용은 잘 보존되어 왔으며, 현재 중국에서는 '예측학'이라는 이름으로 미신적인 것을 배제하고 과학적으로 연구하려는 운동이 일어나고 있는 중이다.

물론 우리나라에서도 근래에 들어 노년층은 물론 소장층 지식인에 이르기까지 역(易)에 대한 순수한 관심이 부쩍 늘어나고 있으며, 이미 1970년대에 역을 이용하여 공산주의가 80년대 말부터 소멸될 것을 예측한 역리학자(易理學者)가 있는가 하면, 연세대 경영대학원과 미국 콜럼비아 대학을 수료한 역술인 남덕(南德) 씨(한국정신과학학회 이사)는 오랫동안 역을 연구한 결과, 정치나 경제, 사회의 제반 문제가 예측대로 적중하는 것을 보고 역은 실로 인간이 아닌 신이나 외계인이 가르쳐 준 지혜라고 감탄했을 정도다.

서구에서도 과학이나 의학이 한계에 부딪힌 요즈음 역 이론과 같이 인간을 우주와 연결된 하나의 전체, 곧 전일적(全一的) 존재로 보려는 시각이 점차 대두되고 있다. 이것은 원래 서양이 아닌 동양의 신앙과 생활 전반에 걸쳐 있던 사고방식이었다. 『역경(易經)』은 영어로 I-ching, 'Book of Change' 곧 '변화의 책'으로 번역된다. 이것이 청 시대 중반기인 18세기 후반 유럽에 소개되었지만, 이것의 번역을 시도했던 예수회 사제는 끝내 완성하지 못하고 발광하여 죽었다고 한다. 역은 20세기초에야 독일의 중국학자 리하르트 빌헬름에 의해 완역되어 서양에 소개되었다. 미술사가이자 마야 문명 연구가인 호세 아르겔레스는 중남미 마야의 천체 관측에 의한 종합적 역법(曆法)이 어느 측면에서 역과 유사하다고 지적했다(Jose Arguelles, *Mayan Factors*, Bear & Company, 1990). 뿐만 아니라 신과학 운동의 기수로 유명한 프리초프 카프라 같은 물리학자도 변화 무쌍한 소립자의 변화를 역을 응용하여 해석하려고 시도하였다(Fritzof Capra, *The Tao of Physics,* 이성범 · 김용정 옮김, 『현대 물리학과 동양사상』, 범양사 출판부, 1997).

7 | 천문학으로 밝혀진 우리 역사 연구의 오류

지금 여기에서 필자는 혹시 우리 한국 역사학 연구에 있어서 앞서의 『햄릿의 맷돌』의 두 저자가 지적한 바와 같이 천문학 지식의 무지로 인해 학자들이 어떤 오류나 실책을 범한 것이 있는가 지적하고자 한다(역사가 아닌 신화에 있어서의 오류는 추후 기회 있는 대로 논하기로 한다).

필자는 벌써 오래 전부터 학계에서 내세우는 정통 한국사가 아닌 재야 사학자들의 논문이나 저서들을 나름대로 비판을 가하며 읽기를 계속해 왔다. 그 중에는 수메르 민족이 우리 옛 동이족의 한 갈래라든가, 아메리카 인디언들이 우리와 같은 몽골로이드계로서 태고적 옛날 그 뿌리가 우리 민족으로부터 갈라져 나갔다든가 하는 주장도 있었다. 이런 설들은 이해하기 어렵거나 혹시 수긍한다고 해도 더욱 치밀한 검증이 필요한 것이었다.

그런데 여러 해 전부터 재야 사학자로 한국 상고사학회 회장인 이중재(李重載) 씨는, 삼국 시대의 3국의 영유 지역에 관해 주류 사학계와는 전혀 다른, 어찌보면 엉뚱한 견해를 제시하였다. 곧 적어도 서기 4세기경(서기 300~400년)까지 고구려는 현재의 바이칼호의 동부에서 몽골 서부, 카자흐스탄에 이르는 거대한 지역에 위치해 있었고, 백제는 발해만 연안 곧 북경 지역에서 내몽골에 이르는 방대한 지역에, 그리고 신라는 남쪽 양자강 중하류 일대를 차지하고 있었다는 설을 제기했던 것이다. 곧 삼국은 한반도에 없었다는 주장이다. 독자라면 이것을 곧이 곧대로 받아들이겠는가?

한편 1994년, 서울대 천문학과의 박창범(朴昌範) 교수는 〈삼국시대 천문 현상 기록의 독자 관측 사실 검증〉이란 논문을 발표하였다. 곧 천문 현상은 질서정연한 물리 법칙에 의해 일어나기 때문에, 천체역학(天體力學)적 계산에 의해 몇 천 년 전의 기록도 그 진위 여부를 과학적으로 검증할 수 있다는 것이다. 그는 사대주의 역사관으로 오염되었다는 김부식의 『삼국사기』에 제시된 각종 천문 현상, 예컨대 금성이 낮에 보이는 태백주현(太白晝見), 일식, 월식 등을 우선 검증하기로 하였다. 특히 일식의 경우, 한 나라가 여러 일식들을 관측하여 기록했다면, 기록된 일식 모두를 가장 잘 볼 수 있는 최적 관측지가 바로 그 국가의 위치가 된다.

그리하여 『삼국사기』의 일식 기록 67회 중 동아시아에서 실제로 볼 수 있었던 54개 일식 기록을 자료로 삼아 나라별로 최적 관측지를 찾아보기로 하였다. 그는 이를 위해 한반도, 중국, 동남아시아, 일본을 전부 검색 할 수 있도록 컴퓨터 화면을 3천 개의 블록으로

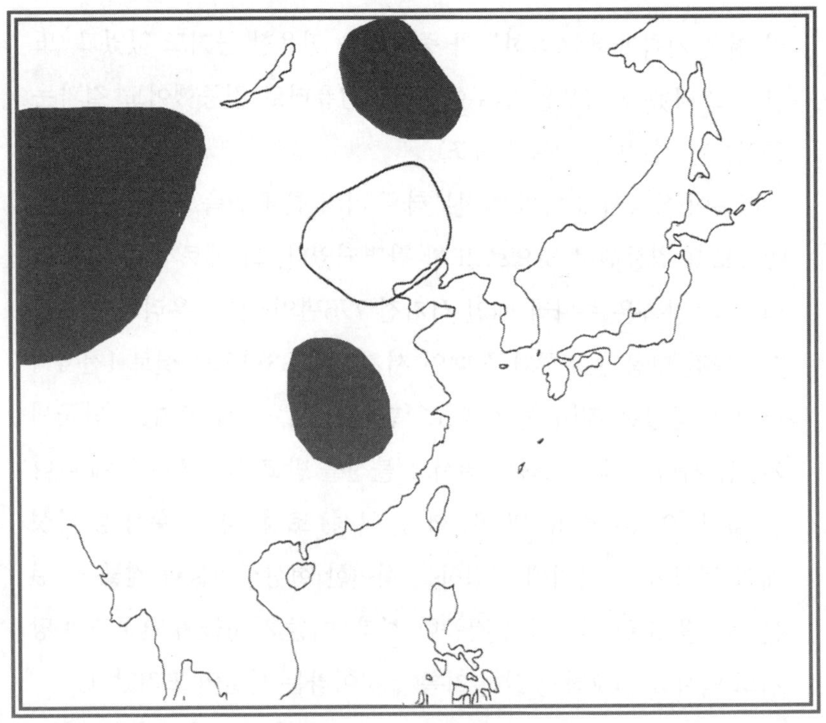

〈자료 1〉 신라, 백제, 고구려에서 기록되었던 각국의 일식을 가장 잘 볼 수 있었던 최적 관측지. 신라(남쪽 양자강 유역 일대)와 백제(중앙부 원형 지역)는 현재 중국의 중심부에 해당하고, 고구려(북부 검은 지역 및 서부 몽골 지역)는 지도에서 보는 것처럼 대단히 광대한 지역이었다

나누어 일식 자료를 입력하고 컴퓨터를 돌렸다. 이것은 일 주일이나 걸렸던 고된 작업이었다. 이윽고 삼국의 일식을 볼 수 있는 최적 관측지가 모니터의 지도에 나타났다. 그 결과는 경악할 만하였다. 삼국이 모두 한반도에는 없고 중국 대륙에 있었던 것이다. 게다가 『삼국사기』가 아무리 사대주의로 편향, 기술된 사서라고 해도 이처

럼 천문 기록마저 조작하든가 중국것을 인용할 근거도 없었고, 또 만약 그러했을 경우를 염두에 두고 컴퓨터로 검증했어도 결과는 동일했던 것이다. (자료 1 참조)

더욱이 삼국시대 훨씬 이전부터 우리의 천체 관측 기술과 수준이 중국보다 월등했던 것으로 또한 판명되었다. 그 예로서 중국 최초의 일식 관측은 주나라 때인 서기전 776년인 반면, 우리의 경우는 단군왕검 다음인 부루단군 때인 서기전 2183년으로 실로 1천 4백년이나 앞섰던 것이다. 실제로 『단기고사』, 『환단고기』, 『단군세기』 등 사학계에서 아직도 위서로 불신을 받고 있는 사서들에 나타난 일식, 오성취루(五星聚婁; 화성, 목성, 토성, 금성, 수성 등 다섯 개의 행성이 한 자리에 결집하는 희귀한 현상), 밀물과 썰물 등 천문 현상을 또한 컴퓨터로 검증한 결과, 이들 사서들이 단군조선 당시의 역사를 비교적 충실히 기록한 것이라는 사실이 드러났다.

또한 재야 사학자로 기상 관측 전문가인 정용석 씨는 홍수, 가뭄, 서리, 강설 등 사서에 기록된 기상 현상을 면밀히 검토한 결과, 그 역시 이중재 씨나 박 교수와 일치된 결론을 얻었던 것이다.

그렇다면 이렇듯이 애당초에는 중국의 중심부에서 활약했던 우리 선조들이 왜 뒤에 좁은 한반도로 몰려와야 했던가? 이에 대해 박 교수는 추론하기를, 삼국 시대 초기에는 삼국이 중원을 주무대로, 한반도를 변방 정도로 취급해 활동하다가 — 물론 고조선 시대에도 적어도 중국 북부의 상당 지역을 다스렸지만 — 중국 민족의 발흥과 압박 등 여러 가지 정치, 사회적 이유로 뒤에 한반도로 이

주, 정착했을 것이라고 한다.

그러나 이러한 국토의 협소화와 특히 사서(史書)의 편향적 기술은 오랜 기간에 걸쳐 우리에게 무엇을 남겨 주었는가? 그것은 특히 조선 시대에 들어 자신을 격하시켜 소중화(小中華)로 만족했던 소심한 사대주의와 뿌리 깊은 정치적, 문화적 노예 근성(servility mentality)을 남겼을 뿐이다. 그리고 그 결과는 일제에 의한 국권의 상실과 동족 상잔의 전쟁이었다. 그리고 지금도 우리는 이러한 위축된 자기 비하 심리로부터 완전히 자유스럽지 못한 상태에 있는 것이다.

다행히 박 교수의 논문이 발표된 이후 한국 상고사학회 등 주류 사학계와 윤내현, 박성수 교수(한국정신문화연구원) 등 유수한 사학자들이 이에 동조하여 전반적으로 역사 연구가 매우 긍정적인 방향으로 전개되고 있는 중이다. 물론 단군조선사, 삼국사 등의 연구에 기존의 문헌사적 연구뿐 아니라 천문학, 기상학 등 자연과학적 연구도 활발하게 접목시킬 필요성이 있음도 제기되었다.

이처럼 망각된 역사를 올바르게 복원하려는 노력은 역사에 이렇다 할 관심이 없는 사람들이 보기에는 '본전 찾기'에 불과할지 모르겠지만, 필자가 확신하건대 이는 다가오는 2천년대의 새 시대에 있어서 민족의 정체성(identity)의 확인과 정립에 새로운 패러다임을 제시해 주려는 시도다. 나아가 전세계적인 인류의 공존은 『논어(論語)』의 화이부동(和而不同)의 정신, 곧 각 민족과 국가가 자신의 고유한 특성을 지닌 채 화합하며 서로 존중하는 데 있는 것이고, 여기에 각각의 고유한 역사와 문화가 또한 중요시되는 것이다.

요컨대 '역사적 사실'이란 영국의 역사학자 E. H. 카의 말대로 생선가게 좌판에 얹혀진 생선이 아니라, 광활한 대양을 마음껏 헤엄쳐 다니는 형형색색의 갖가지 물고기와 같은 것이다. 이들이 함께 어울려 놂으로써 해저 세계에서 생명의 장관(壯觀)이 일어나는 것이다.

[유감스럽게도 일부 지도적 주류 사학자들은 한국사의 시급한 시대적 요망에 무감각하거나 반대하는 듯한 태도를 보이고 있다. 곧 1997년 2월에 개최된 〈한국사 시민강좌〉에서 한림대 이기백 교수는 '최근 백제의 영토가 중국에 있었다는 황당무계한 이설서들이 나오고 있다'고 하고, 경희대 조인성 교수는 『환단고기』『규원사화』등 고조선 관련 사서들이 일제 황국사관(皇國史觀)을 모방한 아류 국수주의적, 비합리적 사서들이라고 단정하였다. 그러나 우리 역사와 역사학에 있어서 새로운 패러다임의 정립은 이제 피할 수 없는 시대적 과제로 떠 오르고 있다.]

제2장

수메르와 고대 한국

1 | 초고대사의 이야기—이집트와 수메르

신들이 세상을 다스렸다는 유사 이전 시대로부터 역사의 여명기에 이르는 태고적 고대사에 일찍부터 흥미를 느끼면서 필자는 특히 동양 문화의 근원이라 할 삼국 시대 이전의 고대 한국사와 더불어 고대 오리엔트 문명의 원천인 수메르의 역사와 문화에 큰 관심을 가져 왔다. 그런데 최근, 곧 1980년대 초부터 초고대 이집트 문명에 관한 세계적 관심이 일어나고 연구 활동이 활발하게 진행됨에 따라 필자 역시 고대 이집트사에도 관심을 가지게 되었다.

역사 교과서에 현 인류 문명의 모태로 기록된 것은 서기전 4000년대에 시작되었던 수메르 문명이다. 이집트 문명은 이보다 약 5백년 늦은 것으로 기록되었다(수메르의 경우, 주변의 산발적인 소규모 선진 문명을 젖히고 갑작스레 거의 완벽한 도시 국가 규모의 문명으로 등장했던 것을 근거로 하며, 이집트의 경우는 역사학자 마네토의 기록에 따라 서기전 3200년경 제 1왕조가 시작되었던 것에 근거한다).

이것은 1850년대부터 최근까지 지속된 대규모의 유적 발굴 작업, 특히 수메르/아시리아/바빌로니아 등 고대 메소포타미아 지역 국가들의 유적에서 수집한 수많은 점토판 문서의 해독으로 인한 결론이었다. 역설적이게도 이 문서들을 보관했던 고대 신전, 왕궁 등이 외침과 약탈로 화재를 당해 폐허화된 결과 문서판들이 불에 구워져서 벽돌처럼 단단하게 되어 더욱 잘 보존되었던 것이다.

이 고대 문명들 가운데 시원이 되는 수메르 문명의 우수성이 잘 알려지게 되어, 펜실베이니아 대학의 새뮤엘 N. 크레이머 교수는, 1959년 첫 판이 나온 『역사는 수메르에서 시작된다 *History Begins at Sumer*』에서 인류사상 39종의 새로운 발견과 고안이 수메르에서 있었다고 기술하였다. 곧 인류 최초의 조직화된 국가 체계, 양원 의원 제도, 사회 개혁 법률, 학교 제도, 상공업 활동, 우주 생성 신화와 우주론, 약전(藥典), 세분화된 다채로운 문학적 장르와 함께 심지어 최초의 가로수 조성 계획이며 수족관까지 갖추고 있었다고 언급하였다.

실로 수메르야말로 현대 인류 문명에 있어서 천문학, 수학 같은 실용적인 물질과학적 지식의 기초는 물론 정신적, 종교적인 측면에서도 선구자적 역할을 했던 문명이었다. 예컨대 기독교의 '하느님의 어린 양'이라는 신앙 개념이나 또는 일반적으로 왕권을 상징하는 왕관과 왕홀(王笏, scepter)도 수메르인이 고안했거나 전수받았던 것이었다. 이 모든 것을 결론지어 Z. 시친은 『열두 번째 행성』에서, "우리 현대인은 궁극적으로 원(原) 수메르인들이다."라고 명쾌하게 언급하였다.

수메르에 비하면 이집트에 관해서는 그 정보가 시기적으로도 훨씬 앞서 알려졌다. 실제로 메소포타미아 일대에 관한 정보와 지식이 19세기까지는 주로 『구약성서』에 의존했던 데 비해, 이집트는 이미 고대 그리스 시대부터 잘 알려져서 특히 플라톤, 헤로도투스와 서기 1세기경의 플루타르코스(이집트 신화의 오시리스, 이시스, 아누비스 전승을 처음으로 그리스에 소개했다)에 이르기까지, 그리스 문명의 주류에 이집트의 과학이며 신앙, 신화가 섞여 들어갔다. 예컨대 그리스의 수학, 천문학, 의학, 지구 과학은 헬레니즘 시대까지 이집트의 그것을 배우거나 답습했고, 신화로 말하자면 이시스는 그리스의 대지의 여신 데메테르로, 고대 이집트의 전설적 명의(名醫) 임호텝은 아스클레피오스로, 수학과 측량의 신이며 인류의 은인인 토트는 헤르메스로 변질하여 그리스화되었다. 오리온과 그의 사냥개 전승도 필시 오리온으로 상징되었던 오시리스 신화에서 유래했던 것이다. 또한 그리스의 다신교도 아마도 일정 부분 이집트의 영향을 받았던 것 같다.

그리스 신화의 주역인 12신의 판테온(萬神殿)은 원래 이집트 신화에는 없었던 것으로, 이집트 밖의 지역에서 유래한 것이 분명한데도 옛 그리스인들은 이것을 알 까닭이 없었다. 더욱이 제우스, 포세이돈, 아폴론 전승은 이집트적이라기보다는 수메르적 특성을 가진 신들이었음에 연구자들의 의견이 일치한다. 더욱이 최근에 들어 그리스의 주신(酒神) 디오니소스나 퀴클로페스(외눈박이 거인)

전승 등의 주요한 여러 전승이 이집트도 수메르도 아닌 인도에서 유래했다는 주장이 제기되었다. 결국 고대 그리스 문화는 독창적인 것이 아닌, 원근 지역의 여러 문명이 뒤섞인 혼합 문명이었던 것이다.

이집트는 수메르/메소포타미아와는 달리 역사를 체계적으로 밝혀 줄 점토판 문서 같은 것이 없었고, 산발적으로 발견되는 파피루스 문서라든가, 신전, 왕궁, 분묘의 벽면에 묘사된 글 혹은 〈사자(死者)의 서(書)〉 같은 기록 또는 마네토와 같은 후대의 역사가와 로마 시대의 기록 등으로 역사를 대충 짐작할 수 있을 뿐이다. 더욱이 그 고대 민중의 생활 자체가 보수적 경향이 매우 강하고 진보에 둔감했기 때문에, 그 문명 자체가 어느 편이냐 하면 첫눈에 보기에도 미궁에 빠진 듯 신비화되었다는 것이다. 우선 신이나 신화, 종교관이 그러하다.

수메르인들은, 신이 인간과 동일한 외모를 지니고 인간과 다름없이 행동한다는 신인동형설(anthropomorphic) 신관을 지니고 있었고, 인간은 신과 의사가 통하여 질병이나 재난을 당했을 때 호소하면 귀를 기울여 준다고 믿었다. 또한 왕은 자신의 혈통에 일정 부분 신의 피가 섞였을지라도 신성(神性)은 없었으며, 그의 통치 권력은 제한적이고, 잘못되었을 때에는 경질되기도 하였다. 곧 왕들은 신의 시종이나 집사와 마찬가지였다. 또한 인간은 유한한 생명을 가지지만, 신은 영생하는 존재로서 인간이 신의 거처를 찾아 올라가면 인간 역시 영생을 가질 수 있다고 확신하였다. 인류의 시조 아

다파, 영웅 길가메쉬나 독수리 등에 타고 외계를 날았던 에타나가
그러한 존재들이었다.

반면에 이집트에서는 파라오를 지상에서의 신의 변신, 곧 태양신
의 아들로 여기고 이들이 죽은 뒤 부활할 것임을 굳게 믿었다. 또한
이들의 내세에서의 생활도 현세와 별 차이가 없었을 것으로 믿었
고, 그래서 사망 때에는 공들여 미라를 만들고 생활 집기들을 무덤
에 함께 묻었다. 그리고 대소의 신들은 대개 인간의 모습이라기보
다는 동물의 모습, 곧 암소, 황소, 사자, 개 또는 재칼, 하마, 뱀의
모습으로 묘사되는데〔곧 신이 짐승 모양을 한다는 테리오모르피즘
(theriomorphism)〕, 이것에 관해서는 여러 가지로 설명할 수 있

〈자료 2〉 이집트의 반인반수신
하늘의 신 호루스, 매 얼굴
창조의 여신 프타, 암사자 얼굴
물의 신 소베크, 악어 얼굴
무질서 · 폭풍 · 사망 · 전쟁의 신 세트, 밝혀지지 않은 동물 얼굴

다.

 첫째로, 단순한 원시적 애니미즘(정령 숭배) 또는 샤마니즘이란 설이다. 둘째로, 일종의 '신성한 풍자(sacred fun)' 라는 설이다. 실제로 이집트 신화의 심층을 깊이 천착하면 이같은 주장에 공감하게 된다. 예컨대 개 또는 재칼의 머리를 가진 신 아누비스는 죽은 파라오의 영혼을 마치 충실한 주인집 개처럼 안전하게 명계(천계)에의 길로 안내해 준다는 믿음을 풍자적으로 묘사한 것이다(아누비스 Anubis는 그리스어이며, 그 원명은 안푸 Anpu이다. 또한 '길을 여는 자' 란 뜻인 우푸아우트 Upuaut 또는 웨프와웨트 Wepwawet라고도 불렸다). 그리고 종래에는 태초에 이들 신들이 유령이나 정령 같은 눈에 보이지

전쟁의 여신 바스테트, 암사자나 고양이 얼굴
지혜와 정의의 신 토트, 따오기 얼굴
전쟁의 신 몬투, 매 얼굴, 머리 위의 관이 호루스와 다르다
하르사페스, 숫양 얼굴

않는 존재가 신화(神化)된 것, 또는 '인격화(personification)' 한 것으로 믿어졌다.

수메르 신화에서는 주류 정통학자들이 주장하듯 바람과 하늘이라는 자연 현상이 '천공(天空)의 주' 엔릴로 인격화 되었던 것과 같다. 그러나 필자는 이 같은 주장에 전적으로 동의하지 않는다. 예컨대 알렉산드로스 대왕은 역사상 실존 인물이었지만 사후에 신화의 중심 인물이 되었다. 이 경우 우리는 인간이 신이 되거나 신처럼 숭배받게된 것, 곧 '신격화(deification)' 하였다고 한다(중국 고대 신화의 영웅들이 대부분 이에 해당하는 것 같으며, 그 중심인물들은 대개 우리 겨레 곧 동이 배달족이라고 한다).

이미 서기전 3세기 시칠리아의 신화학자 에우헤메로스는 신화를 두 가지로, 곧 예를 들어 선녀와 나뭇꾼 이야기나 오리온 전설 같은 예의 우의설(寓意說)과, 실재했던 고대 영웅들을 신격화한 예의 실재설(實在說)이라는 분류법, 곧 에우헤메리즘(Euhemerism)으로 정의하였다. 고대 이집트 신화 전승도 고대 인도, 메소포타미아, 중국 등과 같이 이러한 에우헤메리즘적 측면이 강했을 것이다.

결론짓자면, 신화는 비록 제대로 기록되지는 않았지만 엄연히 역사의 일부분인 것이다. 더욱이 수메르 신화는 신화라기보다는 사실적 서사시(epic)라고 봄이 옳은 것 같다.

그런데 수백 수천 년이란 세월이 흐르면서 이처럼 심오했던 '신성한 풍자' 의 본질적 의미가 망각되었다. 이는 고대 이집트의 기술 문명, 곧 피라미드 건축 같은 기술적 우수성이 망각된 것과 궤를 같이 한다. 이런 영적 퇴화로 인해 태고적의 진정한 신앙의 핵심이 망각된 채 타락하여 피상적인 신앙 형태, 곧 애니미즘이나 샤머니즘으로 변질되었던 것이다. 그래서 후대 이집트인들은 실제로 개나 재칼의 머리를 가진 살아 있는 존재(entity) 혹은 사자나 황소 인간이 실재하는 것으로 믿게 되었다.

외면적 신앙 형태만 변질한 것이 아니었다. 실로 원래의 고대 이집트나 수메르인들의 사고 방식 자체가 현대인 못지 않게 건전했던 것이다. 예를 들어 연구가들이 그토록 '신성하다'는 선입관을 가졌던 이집트의 각종 고대 히에로글리프(상형 문자) 기록 ─ 파피루스 기록, 신전, 왕궁, 분묘의 기록 등 ─ 들 가운데 많은 것들이 이를테면 몇 통의 밀가루, 기름, 몇 필의 아마(亞麻)를 보낸다는 송장(送狀)이거나, 가져간 물품 대금을 '개의 날'까지 보내 주어 그날의 신성함을 기쁜 마음으로 경축할 수 있도록 해달라는 내용 같은 것이었다.

무시무시한 느낌을 주는 『사자의 서 *The Book of the Dead*』도 원제가 〈대낮에 일어날 일에 관한 장(章)들 The Chapters of the Coming Forth by Day〉로서, 그 일부에 내세의 일에 관한 기록이 있을 뿐인 것이었다.

정치적 안정기에 이집트인들은 오늘날 기독교나 이슬람 원리주의자들의 행태 같은 행동을 선호하지도 않았고, 또 무당이나 신들린 인간이 민중 앞에서 떠드는 것도 냉담하게 외면하며 혐오하였다. 정치의 불안정기와 문화적으로 퇴보한 후대에 이르러서야 이

런 건강함이 사라졌던 것이다. 이러한 경향은 수메르에서도 마찬
가지였다. 수메르 시대 말기에는 각종 유언비어와 더불어 사이비
점성술, 귀신과 악령 이야기, 터무니없이 변질된 천신(天神) 숭배,
심지어 순장(殉葬) 습관, 곧 왕의 묘지에 수십 명의 남녀를 함께 매
장하는 습관 등 전에 없던 미신이 성행하였다.

2 | 신비한 이집트 문명

이와 같이 시대의 변화에 따른 정신적, 영적 상황의 변동은 오늘날 현대인들의 정신으로서도 충분히 이해하고 공감할 수 있는 일이다. 인간성은 수천 년 전이나 지금이나 그 근본에 있어서 별로 변한 것이 없는 성 싶다.

이집트의 초고대 문명을 연상하면 언뜻 기자의 대 피라미드가 떠오른다. 더욱이 앞서 언급했지만, 최근의 연구 결과에 의하면 이 거대 건조물이 종래의 역사가들 사이의 정설처럼 서기전 25세기 무렵이 아니라 실로 일찍이 1만 년 전에 세워졌을 것이라는 주장이 지구 과학적(및 천문학적) 증거를 내세워 등장하였다. 역사가 헤로도투스에 의하면, 이집트 제 1왕조가 시작됐던 서기전 3600년 이전의 초고대로부터 멀리 거슬러 올라가면 약 4만 년 전부터 신왕(神王)들이 이 나라를 다스리고 있었으며, 신왕 오시리스 시대는 약 1만 7천 년 전이었다고 추측하였다.

오시리스의 뒤를 이어 그의 아들인 호루스가, 그 뒤를 이어 이른 바 쉠수호르 Shemsu-Hor 곧 '호루스의 추종자' 들이 제 1왕조 시작 때까지 다스렸다. 이들은 인간이 아닌 신적 존재인 네테르 Neters들이었다고 한다. 이 고유명사는 보통 '감시자(the Watchers)'로 번역된다. 이들은 분명히 고대 이집트 원주민들 위에 군림하는 이방인으로서 — 그들은 푸른 눈과 금발과 흰 피부를 가지고 — 원래 바다 건너 서방(아틀란티스?)에서 도래했다고 전승은 전한다.

그들은 당시 야만 상태의 토착 주민들 위에 군림하는 한편, 정신적, 종교적으로 이들을 교화하며 갖가지 물질 문명의 기술을 전수해 주었던 무리들이었을 것이다. 분명히 이들이 가르쳐 주었던 덕택으로, 서기전 3600년경 제 1왕조가 시작되자 발달의 흔적이 전혀 보이지 않는 완벽한 상형문자 체계가 갑자기 나타나며, 정교한 수학(제곱근과 기초 미적분을 포함한 수학), 의학, 태양력과 그 기초가 되는 시리우스 역법으로 대표되는 천문학, 건축이며 풍부하고 복잡한 종교와 신화 체계도 동시에 등장하였다. 앞서 말한 『사.자의 서』도 대충 이때쯤 나타났다.

이러한 극적인 상황에 대해 이집트학 학자인 런던 대학의 고 월터 B. 에머리 교수에 따르면, "단순한 부족적 신석기 문화에서 급격하게 잘 조직화된 군주제로 이행한 것이다. … 동시에 문자와 기념비적 건축, 예술과 공예가 발전하였다. … 이와 같은 모든 발전의 기초가 되는 배경은 거의 또는 전혀 없는 것처럼 보인다."라고 언급하였다. 이것은 아마도 왕조 전 시대에 전설적인 신왕(神王, priest－king)이라는 문명의 전달자들이 있었다는 전승을, 고대 이집트의 역사 기록자들이 학문적, 합리적으로 수용하지 못하기 때문에 그랬던 것이 아니었을까?

이렇듯이 발전한 이집트 문명은 특히 후대의 고대 그리스 문명에 상당한 영향을 주었다. 당시 기록 중에는 이집트를 영원한 지혜(sophia)의 고향이라고 묘사한 것이 발견된다. 고대 그리스의 학자들은 이집트를 방문하여 각종 기술과 지혜를 배워 갔다. 그리스에서 황도 12궁의 개념을 전파했던 천문학자 에우독소스(그러나 그리스인들은 황도 12궁을 이집트 보다는 수메르에게서 더욱 직접적으로 배웠다), 플라톤과 피타고라스와 일곱 현자 가운데 하나인 솔론(아틀란티스 이야기에 나온다)도 이집트에서 10여 년 간 유학하였다. 따라서 플라톤과 피타고라스의 합리주의적 자연 철학도 원래 이집트에서 비롯된 것이었다고 할 수 있다. 말하자면 고대 그리스의 수학과 천문학이며 의학 건축 기술 신화 종교 등 제반 문명의 기술과 정신 문명이 이집트를 모태로 했던 것이다(그렇다고 그리스가 수메르/바빌로니아 등 메소포타미아의 문화적 영향을 완전히 배제했던 것은 결코 아니었다).

그런데 한 가지 유의해야 할 점이 있다. 곧 이들 고대 그리스의 학문의 전성기에 이집트 역시 한창 융성과 발전을 하고 있었던 문명 세계가 아니라 정치적, 경제적으로 그리스와 별반 차이도 없었고 문화적으로는 오랫동안 정체되었던 시점에 있었기에 '전보다 더욱 새로운' 그 무엇도 좀처럼 나타나기 어려운 시대였다는 것이다. 다만 이집트 내의 옛 신전이나 도서관에 수장되고 있었던, 당시로서는 이미 오래 된 고전이 된 기록에서 이러한 진리와 지혜들이 발견되었다는 것이다.

이러한 사실은 요약하자면, 이집트 문명은 제 1왕조 시대 초기와 그 뒤 서너 차례 소규모 부흥기를 제외한다면, 그 긴 기간 동안 보수적인 태도로 일관하여 발전이 멈추거나 오히려 망각되고 퇴보되었던 것이라고 볼 수 있다. 예를 들어 종교 신앙의 측면을 보면, 고대의 지혜로운 신들의 진정한 가르침은 망각되고, 그 대신 일종의 애니미즘이나 동물 숭배 신앙 같은 것으로 변질되어 한낱 기복(祈福) 행위로 전락했던 것이다. 따라서 고대 이집트의 거의 모든 물질적, 정신적 문명 체계가 후대에 이르러 비합리적이고 신비적인 것으로 인식되었던 것이다.

간단히 말해서 고대 이집트인들이란 원시적이고 수준 낮은 고대인으로 인식되게끔 되었던 것이다. 이것은 고대 이집트 문명의 전성 시대가 종언을 고하며 후대에 대한 문명 전달자의 역할을 완전히 수행하지 못했다는 결론을 내리게 한다.

지금까지 설명한 바와 같은 고대 이집트 문명의 쇠락을 일반적인 문명 쇠퇴 이론으로 설명하기란 쉬운 일이 아닌 것 같다. 그런데 필자는 분명히 초고대의 이집트에서 기원하여 오늘날까지 남아 있는 은밀하고 신비적이지만 그 나름대로 합리적인 신앙 체계가 있다고 믿는다. 그것은 이른바 '헤르메스의 가르침(Hermetism)' 이라는 비전(秘傳)의 사상이다.

헤르메스는 지식과 상업을 맡았던 그리스의 12신 가운데 하나로서(로마의 머큐리) 원래 고대 이집트의 신왕이었던 토트(혹은 타후티) Thoth, Tahuti가 그리스식으로 변형된 이름이다. 그는 아마도 오시리스와 거의 동시대에 존재했던 신으로, 원래 달이 차고 기우는 것을 계측하여 달력을 만들고 1년을 12개월로 정했던 달(月)의 신이었다. 나아가 그는 인류에게 과학, 건축, 공예, 법률, 종교, 윤리 등 거의 모든 유무형의 문명된 기술과 지혜를 전수해 주었던 문명의 전달자로 알려졌다. 그의 출현 이래 수천 년이라는 세월이 흐름에 따라 민중의 심층 의식 안에 남아 있었던 그의 가르침은 점차 변질되어 일정 부분은 영지주의적(靈智主義的) 경향을 띠어 왔다.

1947년, 이스라엘의 사해(死海) 연안의 쿰란 동굴에서 처음 발견되었던 이른바 사해 문서 두루마리(혹은 쿰란 두루마리 Dead-Sea/Qumran scrolls) — 헤브라이의 구약 전승을 새로운 각도에서 다시금 바라보게 했던 발견이었다 — 도 필시 이 같은 영지주의적(Gnostic) 전통을 이어 받았던 것이 분명하다고 학계에서는 주장하고 있다(이것은 마치 예수의 죽음과 부활의 드라마가 멀리 오시리스의 죽음과 재생과 맥을 같이 하는 것과 같은 것이다).

현대에 이르러 헤르메스의 가르침을 입수 가능한 한 자료를 수집하여 3부작으로 편집한 것이 1903년 영국의 신지학자(神智學者) 미드 G. R. S. Mead에 의해 출판된 『헤르메스 트리스메기스토스 *Hermes Trismegistos*』 곧 '3중으로, 가장 위대한 헤르메스' 란 제목의 책이다.

이 책에는 대단히 흥미 있는 내용이 실려 있는데, 그 요점은 헤르메스(토트)를 문학(및 기록)의 신으로 추켜세워 올리면서, 그의 설교와 그가 가르쳤던 우주의 실체에 관한 가르침이다. 그 내용 가운데 과학적 측면에서 볼 때 흥미 있는 것으로는, 우주의 형상과 지구의 생성 초기를 묘사한 우주론이며 시리우스 성계의 눈에 보이지 않는 동반성 곧 시라우스 B(백색 왜성)의 존재를 은유적으로 암시한 것이 있는가 하면, 고대의 신왕들이 지구 밖의 다른 천체에서 유래했다는 이야기라든가, 인간의 영적 능력과 책임에 대한 가르침, 이른바 '가이아' 가설과 비슷한 지구 과학 지식, 영혼의 윤회, 우주 법칙, 황도대 등의 이야기들이 있다.

특히 토트가 건축의 신, 석공(石工)의 달인(達人) [Master Mason]이었다는 전승은 중세 서양에 이르러 1120년경 일어났던, 십자군의 일파인 성전 기사단(Knights Templar)에게도 은밀한 영향을 주었고 그 결과로 예루살렘에서 비밀 문서를 통해 그러한 석공과 건축 기술을 배워 왔던 일단의 기사들의 무리가 프랑스의 중세 고딕 건축의 걸작이라는 샤르트르 대성당을 세웠다는 주장이 그레이엄 핸콕의 『신의 암호 *The Sign and the Seal*』에 나온다.

설립된 지 약 2백 년 만에 성전 기사단은 이단 숭배라는 죄목으로 탄압을 받아 소멸되었으나, 17세기 무렵 장미십자회(Rosen-kreutz)라는 비밀결사 형태로 소생한 듯하며, 또한 중세에 생겼다는 프리 메이슨(Free Mason), 곧 '자유 석공 조합'에 의해 토트/헤르메스의 건축 기술이 끈질기게 이어졌다는 전승이 있다. 이 단체는 오늘날까지 살아 남아서 미국과 영국, 프랑스 등 구미 각국의 상당수 저명 인사들이 그 비밀 회원이라는 설이 심심찮게 대두되고 있다. 원래 아득한 옛날 이집트에서 따오기의 머리(혹은 원숭이의 일종인 비비 모습)를 가졌던 신의 가르침의 잔향(殘香)이 오늘날까지 남아 있다는 것인가?

그럼에도 불구하고 고대 이집트는 우리에게서 아득히 멀리 있다. 런던 대학의 이집트학 학자 H. 프랑크포르트와 시카고 대학의 토르킬 야콥슨 등이 집필한 『고대 인간의 지적 모험』(1946년 판)을 보면,

> 고대 이집트는 지적(知的) 측면에서 바빌로니아의 과학, 히브리 신학이나 그리스와 중국의 합리주의의 경우처럼 후대에 특정 분야에서 지적으로 기여한 역할은 없다. … 그리스인들이나 히브리인들이 고대 이집트 문명 전반의 거대함에 호기심을 느끼며 배우려 했지만 … 그것들은 정작 이집트에서는 이미 망각된 고대사였기에 그 이상 진전되지 않았다. … '너무 일찍 지적 및 정신적 절정에 도달했기 때문에' 후대에 문화유산으로 전해 줄 수 있는 어떠한 구체화된 철학도 발전시키지 못했던 것이다. …

라고 썼다.

필자는 이 주장에 전적으로 동의하지 않는다. 적어도 고대 그리스의 현인들과 학자들이 이집트에서 전래한 각종 과학 지식과 함께 이집트의 철학 체계를 이해하고 수용했을 것이다. 그리스 신화

와 종교에 그 흔적이 많이 남아 있는데, 예컨대 사냥꾼 오리온 신화
는 이집트에서 도래한 듯하다.

3 | 실체적인 수메르 문명

발전과 진보를 도외시했던 까닭에 사라진 옛 이집트 문명과는 달리 수메르 문명은 거의 동시대(서기전 4000년경)에 일어났으면서도 복잡하고도 시종 역동적으로 발전했던 문명이었다. 그 문명이 남긴 실제적, 지적, 정신적 업적은 위대한 것이었다. 사상 최초로 바퀴를 발명하여 운송 혁명을 가져 왔고, 최초로 대규모 구리 제련 시설로 청동기 시대의 본격적 등장을 가져 왔다.

수십만 장이 넘는 점토판 문서는 역사상 가장 잘 보존된 기록물이며, 발달된 수학, 천문학, 화학, 의학은 옛 이집트의 경우보다 더욱 후대에 직접적이고도 강렬한 영향을 끼쳤다. 알파벳의 기원이 된 페니키아 문자도 그 근원을 따지자면 수메르의 쐐기(설형 楔形) 문자에서 유래했으며, 수메르 초기의 문학 작품인 〈길가메쉬 서사시〉 는 아마도 인류 최초로 삶의 괴로움과 유한함과 죽음의 상황을 묘사한 실존주의 문학일는지 모른다(또한 분명히 말해 〈길가메쉬 이야기

〉는 후대의 그리스의 헤라클레스 전승 같은 영웅 신화의 기본 모티프가 되었다〉. 또한 수메르의 법전은 뒤에 함무라비 법전과 나아가 그리스/로마 법전 및 궁극적으로 현대 법률 제도의 시원이 되었다.

어디 그뿐인가? 세계 최초로 대규모 관개 농업이 개발된 결과, 시장 중심의 상공업이 일어났다(따라서 빈부의 차이가 벌어져 그에 따른 법률 제도가 빈번히 개정되어야 했다). 또한 4천 년 전 페르시아만의 항구 도시 우르를 근거지로 한 통상 무역은 뒤에 페니키아의 세계적인 규모의 무역 활동의 선구가 되었던 것이다.

한편 수메르인들의 정신적, 영적 업적은 현대의 유대/기독교 신앙 체계의 근간이 될 만큼 심오했던 것이다. 이 모든 것을 요약하자면, 제카리아 시친(『열두 번째 행성』의 저자)의 말처럼 '현대의 우리는 궁극적으로, 그리고 원초적으로 수메르인' 인 것이다.

그렇다고 수메르 시대가 아무런 근심도 없었던 태평스런 황금 시대였다고 단정하면 잘못이다. 예컨대 실제로 상공업의 발달로 인해 신관(사제)들과 소수 개인에게 부가 축적되면서 일반 민중들은 갖가지 유무형의 괴로움에 시달려야 하였다. 그러나 무엇보다도 그들에게 가장 큰 두려움 가운데 하나는 악귀들이 사람들을 괴롭히고 병들게 한다는 심층적인 믿음이었다. 사후의 혼령이 저승에서 심판받는다는 생각도 고대 사회의 여느 곳과 다를 바 없었다. 그래서 일상 생활에 각종 주문(呪文)과 부적이며 정화(淨化) 의식이 행해지고, 『길가메쉬와 엔키두의 저승 여행』처럼 문학 작품에도 그러한 묘사가 나타났다.

실제로 서양 역사상 일관하여 내려온 악마와 마녀 전설도 수메르에서 처음으로 시작되었다는 주장이 유력하다. 현대의 가장 저명한 영국 시인들 가운데 하나인 로버트 그레이브스는, 이러한 악마 전승이 바빌로니아(결국은 수메르)에서 시작되었다고 저서 『백색 여신들 *White Godesses*』에서 언급하였다. 그에 의하면 『구약성서』〈이사야서〉 34: 14-15의 "거기 폐허가 된 궁궐에서 마음을 가라앉히고 쉴 자리를 찾을 것이다"라는 구절의 릴리스(Lilith: 여자 허깨비)가 수메르의 〈주Zu의 신화〉라는 전승의 한 주역이었던 마녀의 원형이라고 한다.

더욱이 왕족의 장례에 노비들이 산 채로 함께 매장되는 순장(殉葬)도 있었다(1920년대에 '우르 제 3왕조'의 왕묘를 발굴했던 영국의 레오너드 울리 경이 이를 발견했다). 특히 서기전 2100년 이후 수메르의 멸망 때까지 이러한 미신적 행태가 성행하여 바빌로니아의 함무라비 왕(서기전 1800~1900년경)은 이를 법으로 금지해야 했던 것이다. 요약해 말하자면, 옛 수메르 사회는 동시대의 다른 어떤 사회보다도 발전했지만 여전히 우리가 고대 사회의 특징이라고 부를 만한 미숙함과 미개함을 함께 지니고 있었던 사회였다고 볼 수 있다.

그러나 인류의 정신사적 측면에서 볼 때, 수메르 사회는 진정한 의미에서 인류 최초의 '시민 국가'이자, '우주적인 국가'였으며, 그 통치 체계는 '우주적인 신권 사회'였다고 볼 수 있겠다(이에 대해서는 앞서의 H. 프랑크포르트, T. 야콥슨 등도 동의한다). 사회 자체가 신권(神權) 사회주의 체제였고, '우주에서 온 신들'이 인간을 다스리며

교화하다가 차츰 인간을 대리자로 내세워 간접 통치했던 사회였
다. 수메르의 각 도시들은 제각기 시신(市神)을 모셨고, 그의 뜻에
따라 통치자(아직 왕이라고 불리지 않았다)들이 신의 대리자로 다
스렸던 것이다.

　그에 비하면 뒤이은 바빌로니아/아시리아 시대는 국가주의적인 절
대신의 전권 시대였다(그러나 유일신은 아니었다). 마르둑과 앗수르
가 각기 이 두 강력한 국가의 주신으로서 숭배되었으며, 신들과 인간
의 거리가 그만큼 멀어져서, 예컨대 실제로 신과 '만난다(신과 통교하
는 것)' 는 것은 사실상 불가능해졌고, 오직 특정한 소수의 왕들과 신
관(사제)들만이 신과 영적으로 조우하든가 교류했을 뿐이다. 그들이
이른바 신탁(神託)을 받아 통치했던 것이다.

4 | 수메르인과 한국인

　근래에 재야 사학자들은 수메르인이 우리 한국인과 같이 몽골로이드계 우랄 알타이어족의 한 갈래였다고 주장하고 있다. 정말로 그러할까? 언어학적 측면에서 볼 때 수메르어는 우리 말과 같이 교착어로서 특히 주격 토씨(主格助詞), 곧 '이, 는, 가…' 등과 처격(處格) 토씨 곧 '(어디, 무엇)에, 에게' 등이 우리와 공통되며 어순(주어 + 목적어 + 동사)도 같다고 한다. 이 사실 자체가 놀라운 일이며, 더욱이 수메르의 주신 '안 An'이 우리말의 '한'('크다'는 뜻과 '하늘, 하늘님' 등)과 비슷하고 신들의 이름 앞에 붙이는 '엔 En' 또는 '닌 Nin'이 우리말의 '임', '님'과 비슷하게 들린다.

　또한 수메르인들은 신들이 산 꼭대기에 임재해 있는 것으로 믿고 또 높은 곳에서 기도를 드렸으며, 이 목적을 위해서 새로 이주한 땅에도 인공적인 산 지구라트를 세웠다. 곧 고산 숭배 신앙을 가졌다. 이것은 우리나라의 경우도 동일하다.

아무튼 이 두 민족 사이에는 태고적에 일정한 연관성이 있었던 것 같다. 또한 일부에서는 수메르의 원주민들이 원래 중앙아시아 산악과 초원 지대 — 이곳은 고대에 우리 민족의 원 거주지에 매우 가까운 곳이었다 — 에서 거주하다가 남서쪽 메소포타미아로 이주했다고 주장한다.

그렇지만 이런 피상적인 증거만으로는 두 민족이 동일한 근원에서 갈라졌던 매우 가까운 민족임을 입증하는 결정적 증거는 되지 못한다. 혹시 미토콘드리아 – DNA를 이용한 검사라도 할 수 있다면 몰라도(이 검사법은 혈액뿐 아니라 오래 된 뼈 조각에도 적용된다)……. 실제로 1997년 3월 초, 독일의 《슈피겔》지 보도에 의하면, 함부르크 대학의 페터 포스터 교수 연구팀은 시베리아에서 알래스카, 중남미에 이르는 원주민 인디언들의 혈액 내 유전자를 검색조사한 결과, 인디언들이 1만 년 전 이전 베링 해가 얼어붙어 이어졌던 빙하기에 북미 대륙으로 이주했던 소수의 몽골인의 후예라는 결론을 얻었다고 한다.

문제는, 수메르인들이 그처럼 메소포타미아 원주민이 아니었다면 어떻게 그토록 정교한 우주 창생 이야기며, 또한 내륙 원주민으로서는 갖추기 어려웠던 물과 바다에 관련된 신화 등 전반적으로 풍부하고 정교한 신화 전승 체계를 가지게 되었을까 하는 점이다. 이에 관해 1920년대에 영국의 인류학자 아더 케이트 경은, 수메르인의 흔적이 동쪽의 아프가니스탄과 파키스탄의 발루치스탄을 거쳐 인더스 계곡에 이르는 주민들에게도 나타난다고 주장하였다.

실제로 인더스 강 일대 유적, 곧 모헨조 다로, 하라파의 발굴에서 나타난 인물상의 모습은 수메르인과 비슷하다. 곧 수메르인이 고대 인도의 드라비다 인종과 유사하다는 것이다. 그러나 이것은 아직 증거가 박약한 가설이다.

새뮤엘 N. 크레이머 박사도 한 가지 그럴 듯한 가설을 세웠다. 곧 수메르인에 앞서 메소포타미아에는 동쪽 이란에서 도입된 농촌 촌락 문화로 시작되었던 비교적 원시적인 문화가 있었으며〔이것을 전(前) 수메르기 문화라고 가정적으로 명명했다〕, 이 문화의 특징은 다양한 채색 토기를 생산한 데 있었다고 하였다. 동시에 서쪽에서 셈 족(아카드 족, 히브리 족 등)의 이주와 침입으로 남부 메소포타미아는 문명의 교차 지역으로 번성했던 것이다.

그런데 당시(필자의 추측으로는 7∼8천 년 전) 북부에서 이주했던 수메르 족은 처음에는 용병으로 고용되어 이 지역의 변두리에서 활약했던 비교적 원시적 주민들이었지만, 차츰 군사 기술을 연마하여 강대한 무력을 갖춘 세력으로 성장하여 마침내 선주 민족들을 몰아내고 자신들의 국가와 문명을 건설했다는 가설이다. 크레이머 박사는 이 과정의 기간을 수메르의 '영웅적 청동 시대'라고 불렀다.

이러한 가상적 시나리오가 아직 학문적으로 입증되지는 않았지만, 이것이 사실이라고 할 경우 많은 의문점들이 해결된다. 곧 세밀하고 정교한 우주 창생 설화, 태고적 옛날 문명을 전해 주었다는 오안네스와 대홍수 이야기 같은, 물과 관련된 전승 등, 내륙 주민으로서는 갖추기 어려웠던 선주 민족들의 고유 신화의 많은 부분을 그대로 수용하여 자신들의 것인 양 기록하여 남겼을 것이다.

몽골로이드의 외모를 가졌던 수메르인들이 마치 『구약성서』의 〈창세기〉 이야기 같은 신화를 가졌다는 이질적인 느낌이 드는 의외의 사실이 이렇게나마 이해되는 것 같다. 이는 마치 현대에 있어서 멕시코와 남미의 백인 주민들이 토착 인디오의 비라코차/케살코아틀 신화를 그대로 수용하여 신들의 역사와 신화의 일부로 인정하는 것과 똑같은 일일 것이다(이들 국가의 교과서에 그렇게 그대로 수록되어 있다).

그렇기는 해도 이 '검은 머리의 종족' 의 역사가 거의 헤아릴 수 없는 먼 태고적 옛날까지 올라 간다는 점에는 별다른 이론이 없다. 수많은 왕들의 이름들이 기록된 〈역대 왕명록 Sumerian King List〉 을 보면 실로 수십만 년 전까지 올라간다고 기록되어 있다! 이것은 앞서의 새뮤엘 노아 크레이머의 가설로도 입증할 수 없는 수수께끼다.

사족(蛇足) 같은 이야기지만, 헝가리인들이 자신들의 선조가 수메르인이었다는 주장이 있었다. 곧 1966년 헝가리 학자 이스트반 보불라는 헝가리어의 특이한 점을 지적하여 『헝가리 국가의 기원 *The Origin of the Hungarian Nation*』이라는 저서에서 그렇게 주장하였다. 하지만 근래의 연구 결과에 따르면 마쟈르 족(원주 헝가리인)은 원래 흉노족의 한 갈래인 듯하며, 원래 신강 위구르 지역에서 거주했다가 서기 895년 서쪽으로 우랄 산맥을 넘어 중부 유

럽으로 집단 이주하였고, 1995년에 이주 정착 및 기독교 교회 창립
1100주년을 기념하였다.

문화 전달자들의 수수께끼

수메르 문명은 약 6천 년 전 무(無)에서 솟은 듯 갑자기 출현했다는 것이 지금까지의 일반적 견해였다. 그러나 이것은 이집트라면 몰라도 수메르의 경우에는 좀 심한 논리의 비약인 것 같다. 사방이 천연의 요새인 사막과 바다로 둘러싸여 외부의 침입 등 자극이 비교적 제한되어 있었던 이집트와는 달리, 수메르 문명은 두 큰 강 사이의 구릉 지대에서 출발하여 사방에 적대적 경쟁자들이 끊임없이 출몰했던 환경에서 자라났다.

수메르 이전 문명의 여명은 북부 지역에서 먼저 시작되었는데, 그 대표적인 것이 시리아 북부에서 서기전 5천 년까지 거슬러 올라가는 할라프 기(期) 문화였다. 이곳은 1920년대에 독일의 A. 레오 오펜하임이 발굴했던 신석기 시대 초기 유적으로 보리 재배, 가축 사육과 구리 제품 및 칠 무늬 토기를 생산하였다. 또 하나는 이라크 동북부의 자르모 유적으로, 가축 사육과 곡물을 재배하고 토기를

오안네스의 두 모습

오른쪽은 아시리아의 고도(古都)의 폐허에서 발굴된 원통형 인장에 나타난 반인반어의 오안네스(맨 오른편 물고기 같은 외투를 뒤집어 쓴 인간)이고,
왼쪽은 영국의 외교관이며 고고학자였던 A. H. 레이어드가 역시 니네베에서 발굴했던 오안네스 석상의 발굴 현장 모습을 스케치한 것이다.

제작했던, 현재로서는 가장 오래된(서기전 6750년경) 정착 농경문화 유적으로 알려졌다. 이란 서부의 국경 근처의 수사 시(市) 유적도 서기전 4천년대까지 올라간다. 또 지중해의 크레타 문명도 서기전 3천년대까지 소급한다. 이처럼 더 앞섰던 문화의 유입과 자극으로 높은 수준의 수메르 문명이 발아할 기초 토양이 마련되었던 것이다(이들은 모두 비 수메르계였다).

그렇다면 누가 태고적 옛날에 메소포타미아의 주민들에게 이러한 고등 문명을 전수해 주었던가?

그 첫째가 오안네스다. 그는 43만 5천 년 전 페르시아 만의 해변에 갑자기 나타나 야만적이었던 주민들에게 문명의 기술과 함께 인간답게 사는 방법을 가르쳐 주었던 반인반어(半人半魚)의 괴이한 존재였다. 이 전승은 서기전 4세기경 그리스의 철학자 아리스토텔레스와 동시대에 바빌론의 바알 종교 사제였던 베로소스가 그리스어로 썼던 역사책인 『바빌로니카 *Babylonika*』에 기술되어 있다.

수메르와 바빌로니아 및 아시리아 등 고대 중동 세계의 거의 전역에서 이 전설의 문화 영웅에 대한 숭배가 행해져서 많은 원통 인장과 기념물에 그의 모습이 조각되었으며, 영국의 고고학자 오스틴 H. 레이어드는 1853년 쿠윤지크(니네베)를 발굴 중 5미터가 넘는 크고 두꺼운 돌에 새겨진 아시리아 시대의 오안네스 상을 찾아냈을 정도다.

더 나아가 이 숭배 신앙은 그리스, 이란, 인도, 티베트, 중국, 몽골과 한국에까지 전파되었던 쌍어문(雙魚紋) 문양으로 상징되어 전파되었던 것 같다. 김해 김수로 왕릉 정문의 기둥 위에 새겨진 쌍어문이 그 예이며, 몽골에서도 쌍어문을 신성시하여 물고기를 먹지 않는 풍습이 있다. 특히 그리스의 에게 해 연안에 그에 관한 전승이 풍부한데, 인어 또는 '바다의 노인' 으로 알려진 물고기 인간이며, 그리스 신화에 나오는 해신(海神)과 바다의 요정인 트라이톤과 네레이데스 전승도 오안네스와 어떤 관련이 있는 것으로 보인다.

우화가 아닌 구체성을 가진 전승에는 반드시 뿌리가 있는 법이다. 예컨대 그리스 신화의 괴물 고르곤 ─ 머리칼이 수많은 뱀으로 된 괴물 ─ 은 원래 수메르의 서사시 『길가메쉬 이야기』에 나오는, 비슷한 용모의 괴물 후와와(훔바바)가 그 모델이었다.

둘째로, '하늘에서 내려온 신' 곧 아눈나키 Anunnaki 전승이다. 이들은 오안네스와 거의 동시대에 최초로 출현했던 것으로 전승은 전한다. 그 뒤 대홍수(약 1만 2천 년 전) 전후까지 이들이 겪었던 일은 초월적 존재인 신이 아니라, 그야말로 인간이 겪었던 일로 생각해도 좋을 만큼 흥미진진한 대서사시였다.

43만 2천 년 전 하늘의 주신(主神) '안(아누)'의 명령으로 대지의 주 '엔키 Enki'가 먼저 원정대를 이끌고 지구에 도착하였다. '왕권이 처음으로 하늘에서 내려온' 것이다. 뒤이어 엔키의 이복형으로 '안'의 법적 후계자인 천공의 주 '엔릴 ENLIL'이 도착하였다. 두 큰 강 사이 지역, 곧 메소포타미아 남부 지역에 도착한 원정대는 처음부터 강변에 도랑을 파서 배수를 하고 식량 생산을 위한 농지와 거주지를 정비하는 한편, 하계(아프리카)의 광산에서 귀중한 광물을 채굴하는 중노동을 해야만 하였다. 특히 하급신들('이기기 IGIGI')이 고생하였다. 장기간의 노동으로 피로와 불만에 쌓인 그들은 드디어 반란을 일으켰다. 과학 기술에 능했던 엔키는 이들의 불만을 무마하고 노동을 대신시키기 위해 여신의 도움으로 인간을 창조하였다(이것이 『구약성서』 〈창세기〉의 아담 창조의 원형이다).

오랜 세월이 흘러 인간이 땅에서 흘러 넘치고, 일부 신들이 인간의 딸들과 교접하여 '타락' 하자, 신들은 대홍수를 일으켜 인간을 전멸시킨다(홍수라는 자연 현상을 신들의 징벌로 합리화한 것이다). 그 뒤 다시금 왕권이 하늘에서 내려왔다. 이에 따라 천신들은 다시금 인류에게 문명의 기술을 전수해 준다. 그리고서 인간을 대리자로 내세워 세상을 다스렸다.

수메르가 멸망하여 사라진 서기전 2천년대 말까지 이 전후의 왕명(신왕들)을 망라한 것이 〈수메르 왕명록 Sumerian Kings List〉으로, 1946년 이라크 남부 아부 샤라인에서 그 완벽한 기록이 새겨진 점토판이 발굴되었다.

역사가들은 고대 이집트와 수메르 사이에 밀접한 연관이 있었다고 말한다. 이집트학 학자 E. A. W. 버지는 금세기 초 이집트의 옛 텍스트들이 아시리아의 앗수르바니팔 왕 도서관의 기록을 그대로 복사해 간 것 같았다고 비유하였다. 런던 대학의 W. B. 에머리 교수는 이집트 왕조 이전 시대에 메소포타미아 문명과 유사한 문명을 지닌 종족이 이집트 원주민을 다스리는 지도적 역할을 했다는 '왕조 종족 유입 이론' 을 제안하였다. 사실 원통 인장과 대형 석조 건축물 등 메소포타미아적 유물이 이집트에 전해진 흔적이 남아 있다. 그렇다면 두 고대 문명이 원래 단일한 근원에서 출발했던가?

현재 학계에서 거부감 없이 받아들여지는 이집트의 고대 역사는 서기전 280년경 신관이며 역사가였던 마네토가 기록한 것이 있다. 그에 의하면, 선왕조 시대 이전 먼 옛날 프타, 라, 슈, 게브, 오시리스, 세트 및 호루스가 약 1만 2천 3백 년 동안 다스렸으며, 그 뒤 토트에 의한 제 2 신왕(神王) 시대가 1천 5백 70년 간을, 그 다음 30명의 반신(半神)들('호루스의 추종자들')이 3천 6백 50년 간을 다스렸다고 한다. 그 직후 서기전 3200년경 파라오의 제 1왕조 시대가 시작되었다. 피라미드와 스핑크스는 이 기록대로라면 토트 시대 혹은 그보다 앞섰던 7인 신왕 시대의 후기에 건립되었을 것이다. 한 연구가의 주장에 의하면, '셈수호르 Shemsu-Hor'(호루스의 추종자) 시대가 1만 3천 429년 간 계속되어 선사 시대가 총 3만 6천 630년 간 지속되었다고 한다.

그런데 문제는 이들(신왕과 반신들)이 '어디에서' 도래했는가 하는 점이다. 이에 관해서는 수메르의 경우와 같은 일관된 해답(아눈나키)이 없이 근거가 박약한 가설들이 있을 뿐이다. 예컨대 전승 기록과 추측에 따라 아멘티(서쪽 리비아 지역?), 사라진 아틀란티스 대륙, 시리우스 태양계 등 제각각이다[일반적으로 '천계(天界)'로 보는 게 무난할 것이라는 것이 필자의 추측이다].

그 근거로, '수백만 년 거리의 별(the star of millions of years)'에서 왕인 '라'가 타고 왔다는 하늘의 배인 '벤벤 Benben'[불사조(Phoenix)의 원형]의 전승이 있다. 이 머나먼 별은 일반적으로 '천계'로 보아도 무난할 것이다. 그러나 이 별이 수메르인의 신들의 고향 별과 동일하다고 할 근거는 없다.

특히 '셈수호르' 곧 '호루스의 추종자들'은 흥미 있는 존재다. 프랑스의 독자적 이집트 연구가 슈왈레 드 뤼비츠는, 이들이 파라오 통치 이전에 존재했던 '우월한 존재들'로서 파라오 족속을 낳았

고, 또 신과 같은 기술과 지식으로 통일된 이집트 국가를 세웠던 존
재였다고 기술하였다. 이들이 『구약성서』〈창세기〉 6 : 4에 나오
는, 인간의 딸을 취했던 반신 '네필림(Nephilim)' 같은 존재가 아
니었을까? 이들이 문명의 기초를 세워 주고 철수함으로써 이집트
왕조의 초기 문명이 일어나 번영했던 것인지도 모르겠다.

　또한 이집트의 신왕/반신들이 금발에 푸른 눈을 가졌다는 것 ―
푸른 보석으로 눈을 만들어 조각상을 장식했던 것이 그 한 증거이
겠지만 ― 이 수메르의 경우에도 그대로 적용될 수는 없는 것 같다.
실제로 지금까지 수집된 40만여 장에 달하는 점토판 기록 가운데
이 '검은 머리의 종족'(일반적으로 인간을 의미하지만 특히 수메르
인을 지칭한다)의 신들이나 신왕의 외모를 묘사한 기록은 발견되
지 않았다. 수메르의 조각 인물상에 두 눈을 에메랄드로 장식했던
것은 단지 미학적(美學的) 장식이었을 것이다.

　제 3장에서는 가장 놀라운 수메르의 우주 창생 신화에 관해 설명
하려 한다. 신화가 있는 곳에는 항상 인간의 기원과 함께 우주의 생
성 기원 신화가 있게 마련이다. 비록 그 내용이 극도로 상징화되거
나 비유적으로 변형되었을지라도 그 핵심은 살아 있는 것이다. 바
빌로니아, 특히 수메르의 우주 창생 신화는 이런 점에서 특히 현대
과학이 발견한 태양계의 생성 이론과 놀랄 만한 일치점을 보여 주
고 있다.

수메르의 우주 창생 신화

1 우주 창생 신화와 거인 전설

일반적으로 혼돈(chaos)에서 우주 만물이 창조되었다는 신화는 거의 모든 신화 전승에 공통되어 있다. 그 중에서도 우주 거인설(巨人說) 또는 거인의 시체가 세상의 구성 요소가 되었다는 이야기[중국의 반고(盤固) 신화]는 우주와 생명의 원초적 형상을 인격적 존재로 가정하든가 비유한다는 점에서 흥미 있고 중요한 창조 신화다. 그 가까운 예로 우리에게 낯익은 중국의 반고(盤古) 신화를 보면 이렇다.

> …천지 개벽 이전 천지가 달걀 속같이 어둡고 혼돈한 가운데 반고가 살았다. 1만 8천 년 뒤 천지가 개벽하여 맑은 기운은 하늘이, 탁한 것은 가라앉아 땅이 되었다. 반고는 그 사이에서 날마다 커져서 1만 8천 년이 지나니 하늘은 높을 만큼 높아지고 땅은 두터워짐으로써 완전히 분리되었다. 그의 시체가 화생(化生)하여 해, 달, 산천 초목과 물이 되었다. 그런 다음에 최초의 임금들인 삼황(三皇)이 나타났다.

우리나라에서도 함흥 지방에 김쌍돌이라는 무녀(巫女)가 구전(口傳)한 창세 신화가 있다. 그에 따르면, 태초에 하늘과 땅이 생기면서 미륵이 태어나 구리 기둥〔지축 또는 세계 축(world axis)을 의미함〕을 세워 천지를 갈라 놓았다. 반고 신화와는 달리 미륵은 우주 탄생과 함께 태어나 혼돈을 정리하고 우주의 진화를 이끌어 갈 뿐, 스스로 죽어 우주 물질계의 씨앗이 되지는 않는다. 미륵은 하늘에서 벌레 두 마리를 얻어 사내와 계집을 마련하고, 그들이 부부가 되어 세상 사람들이 나온다(이는 마치 현대의 핵물리학자인 코넬 대학의 토머스 골드가 '인간이란 우주의 찌꺼기 같은 존재다' 라는 말과 비슷하게 들린다). 그 뒤 미륵은 석가의 도전을 받아 세상을 빼앗기고 인간에게 말세가 다가온다.

거인을 전투 끝에 타살함으로써 그 시체가 우주 만물로 화생했다는 거인 살해설도 전세계가 적지 않게 퍼져 있다. 인도의 최고 경전인 『리그베다』에는 원초의 신들이 거대한 원인(猿人) 푸루샤를 산 제물로 하여 제의를 거행하고, 각 부분으로 세계를 창조하였다. 곧 머리로는 천계를, 두 발로는 지계(地界)를, 배꼽으로는 공계(空界)를, 눈으로는 태양을, 정신으로는 달을, 입으로는 불의 신 아그니와 번개와 우레의 신 인드라를, 그리고 숨으로는 바람을 만들었다. 일부 학자들은 이 인도 신화가 중국으로 전해져서 반고 신화가 되었다고 주장한다.

또한 북유럽 신화에서는, 오딘, 붸, 빌리 등 3신이 최고의 마신 이미르를 죽여 그 시체로 세계를 창조하였으니, 그의 두개골로는 천공, 근육으로는 대지, 혈액으로는 바다, 뼈로는 산맥, 모발로는 무성한 수림을 만들었다. 몽골 신화에서는 오치르바니 신이 독수리 모습을 하고 원초의 바다에 사는 뱀인 로순을 잡아 우주의 중심지인 수메르(또는 수메루, 메루; 수미산) 산에 세 바퀴 감고 머리를 부숴 버렸다는 이야기가 있다.

그리고 페르시아의 신화의 영웅 트레타오나는 태초의 용을 죽였던 구세주였다고 하며, 뒤에 다리우스 대왕이 스스로 그 재림자라고 칭하였다. 고대 이집트에서 파라오는 정복자이자 창조자인 '라'로서 사악한 용 아포피스를 살해했다고 한다. 그리스 신화의 헤라클레스는 큰 뱀(또는 용)을 퇴치한 영웅으로 나타나는데, 이 경우는 우주의 창조자가 아닌 단순한 악의 퇴치자로 등장하는 것이다.

이에 비하면 기독교의 창조 신화는 〈창세기〉의 기록처럼 유일신이 우주와 인간을 창조했다는, '무(無)로부터 유(有)를 창조(creatio ex nihilo)' 한 유일신에 의한 창조 신화다.

흥미 있는 것은 그리스 신화다. 이것은 별도의 우주 창조 이야기가 없는, 우주론과 신학(theology)이 결합된 것이 그 특징이다. 서기전 8세기경 그리스 중부 아스카라 출신의 시인 헤시오도스가 지었던 『신통기(神統記) *Theogonia*』(신들의 계보 이야기)에 신화의 전모가 소상하게 기술되어 있다. 주신들인 올림포스의 열두 신들은 스스로 최초로 천계에서 내려왔던 신들도, 더욱 우주의 창조자도 아니었다고 말한다. 굳이 우주 창조의 과정을 추적하자면, 태초에 카오스(혼돈)로부터 우라누스(천공)와 가이아(대지)가 생겨났다는 것이다. 하늘 나라로 올라간 우라누스는 어머니인 대지 가이아에게 감사의 마음을 비로 만들어 내려 보냈다. 이 비가 땅을 비옥하게 만들었고, 그로 인해 지상의 온갖 씨앗들이 생명을 얻게 되었다(이것이 원시 시대의 모계 중심 사상의 신화였을 것이다).

이 두 원초의 신들에게서 열두 명의 타이탄들(거인)이 태어났다. 그 가운데 가장 나이 어린 크로누스('시간')가 아비를 거세시키고 형제들과 다퉈 기선을 제압했다〔이러한 부친 거세/무력화 신화에서는 오이디푸스 컴플렉스로 대표되는 정신분석학적 측면이 엿보이며, 또한 이 신화는 아직 완전한 부권(남성) 우위 시대가 도래하지 않았음을 상징하는 것이 아닐까?〕. 그와 누이인 레아 사이에 올림포스 열두 주신 가운데 상위 여섯신, 곧 제우스, 하데스, 포세이돈, 헤스티아, 데메테르 및 헤라가 태어났다.

그리고 다시금 제우스가 아비인 크로누스를 제압한 뒤 괴물 티폰(용)과 싸워서 승리하여 최고신이 되었다. 그와 각기 다른 여신들 사이에 하위 여섯 신 곧 아르테미스, 아폴로, 헤르메스, 아레스, 헤파에스투스, 그리고 아레스가 태어났다. 이들 신들이 인간과 같은 외모를 가지고 인간처럼 행동한다는 신인동형(anthropomorphic) 신들의 지극히 '인간적'인 이야기가 그리스 신화의 주류이다. 또한 이 신화 이야기는 원래 아득한 옛날, 같은 인도 - 유럽어족인 힌두의 신화(『베다』 이야기에 기술되어 있다)에서 파생한 것이라고 필자는 확신한다.

그 뒤 그리스인들이 동쪽에서 서쪽으로 이주하여 현재의 위치에 정착한 다음, 또한 수메르, 이집트, 미노아, 히타이트 신화들이 유입되어 그리스 신화의 신들의 성격을 바꿔 놓든가 변질시키든지 했을 것이다. 예컨대 주신 제우스는 『베다』 이야기에 나오는 천신 '드야우스'의 변형이고, 주피터(그리스 신화의 제우스)는 '드야우스 - 피타르' 곧 '천공의 아버지'이며, 태초의 천공신 '우라누스'는 '바루나'(천둥과 비, 바다와 법의 신)가 변형된 것이다.

　힌두 신화는 그리스뿐만 아니라 그보다 앞서 약 4천 년 전 역사에 최초로 등장했던 같은 인도 유럽인들인 히타이트 족의 신화에 큰 영향을 주었던 것이다. 고대 문명의 원초적 주역에 이집트와 수메르뿐 아니라 인도도 당연히 포함되는 것이다.

2 | 창조의 서사시

수메르의 우주 창조설(cosmogony)의 원형은 전형적인 거인 살해설 신화로서 아마도 인류 역사상 가장 오래되고 완벽한 형태로 기록되었을 뿐 아니라, 해석하기에 따라서는 현대 과학(특히 천문학)과 가장 잘 일치되는 내용의 서사시이다. 더욱이 이러한 과학적 사실을 뒷받침해 줄 유력한 증거의 하나로 특이한 고대의 원통 인장(cylinder seal)이 발견되었다. 곧 독일 통일 전 동 베를린 소재 국립 박물관 중동아시아부 전시실에 카탈로그 번호 VA-243으로 등록되어 소장되어 있던 〈자료 4a〉와 같은 서기전 3천년대의 아카드 인장이다(아카드 제국은 정확히는 수메르-아카드 제국으로서, 수메르 제 2 왕조에 뒤이어 대략 서기전 2370년대에서 약 150년 간 번영하였다).

이것에는 현대의 태양계와는 달라 보이는 태양계 천체의 모습이 새겨져 있다. 이 그림은 각 구성 천체를 개별적으로 묘사한 것이 아니라, 중심에 커다랗고 빛나는 구체의 별을 구형의 한 무리의 별들

자료 4a

이 둘러싸고 있는 모습이다(자료 4b). 이것은 옛 수메르인들에게 알려졌던 태양계의 모습인 것이 분명하다. 곧 태양계가 모두 12개의 천체로 구성된 것이다.

우리가 태양계를 그릴 때는 일반적으로 태양으로부터 일정한 간격으로 행성들을 개략적으로 늘어 놓듯이 그리지만, 이 원통 인장은 태양을 중심으로 행성들을 원형으로 둘러싸듯이 늘어 놓은 것이다(행성들을 태양에 가까운 순으로 수성, 금성, 지구 … 식으로). 곧 〈자료 4c〉 와 비슷한 모습이 될 것이다. 모든 별들이 크기 순서대로이기보다는 개략적으로 그려졌고, 또 그 공전 궤도는 표시하기 쉽도록 타원형이기보다는 원형으로 그려졌다.

다시금 〈자료 4a〉 의 태양계를 확대해서 세밀히 관찰하면 그림의 '점들' 이 〈자료 4c〉 에 그려진 모습과 비슷하게 보일 것이다. 자그마한 수성 다음으로 금성이 또 이것과 크기가 거의 동일한 지구가 그려졌고, 그 옆에 점으로 표시된 달이 있다. 시계 반대 방향으로 돌아가 보면 화성은 정확히 지구보다는 약간 작지만 달과 수성보다는 커 보인다.

이 옛 그림에는 이상하게도 우리에게 알려지지 않은 행성이 나타나 있다. 이것은 지구보다는 꽤 크지만 화성 뒤의 목성과 토성보다는 작다. 이 두 대형 천체의 먼 바깥쪽에 한 쌍의 행성이 있어서 천왕성과 해왕성에 해당함을 알 수 있다. 마지막으로 자그마한 명왕성이 있지만, 더욱 이상하게도 그 위치가 현재의 해왕성 다음이 아니라 토성과 천왕성 사이에 있는 것이다.

달을 종속된 위성이 아니라 독립된 천체로 대접한다는 점을 제외한다면, 이 수메르의 그림은 지금까지 알려진 모든 행성들을 모두 묘사했고, 또 그것을 올바른 순서대로 늘어 놓았으며(명왕성을 제외하고), 그 대략적인 크기도 그렸다. 그런데 이 4천 5백 년 된 그

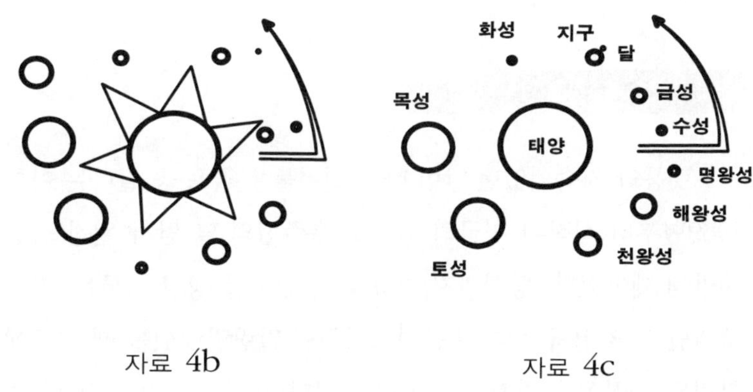

자료 4b   자료 4c

림은 화성과 목성 사이에 중요한 하나의 행성이 있었음을 보여 준다. 12라는 숫자가 가진 중요성과 의미심장함으로 판단하건대 이것이 '열두 번째 행성' 이었을까?

만일 이 천체도가 2세기 전에 — 천왕성, 해왕성, 명왕성이 발견되기 전에 — 밝혀지고 연구되었더라면, 천문학자들은 옛 수메르인들이 그런 세밀한 천문학 지식을 얻지 못했기에 근거 없이 토성 밖의 행성들의 존재를 상상하는 어리석음을 범했다고 생각했을는지 모른다. 하지만 지금 우리는 토성 바깥에 3개의 외행성이 있음을 실제로 알고 있다. 수메르인들은 그저 이 같은 전근대 천문학 지식과의 차이점을 상상하고 있었던가? 혹은 이른바 네필림 Nefilim, NFL(『구약성서』에서, 하늘에서 내려왔다고 하는 사람들. '아눈나키' 와 동일함)들에게서 달은 응당 우리 태양계의 당당한 한 구성원이며, 명왕성은 실제로 토성 근처에 위치해 있었고, 또 화성과 목성 사이에 열두 번째 행성이 존재했음을 전해 듣고 알았던 것인가?

ii. 밝혀진 달과 소행성의 신비

오랫동안 지속되었던 달이 마치 얼어붙은 골프 공 같다는 이론은 1969년부터 시작된 미국의 아폴로 우주선의 달 탐사 원정으로 오랫만에 깨어졌다. 당시까지 가장 유력했던 달 생성 이론은, 지구가 생겨난 직후 용융 상태의 플라스틱처럼 말랑말랑했을 때 지구에서 분리된 물질이 뭉쳐서 이루어진 덩어리였다는 것이다. 그 뒤 수백만 톤의 운석이 비처럼 쏟아져서 오늘날처럼 곰보투성이가 되지 않았다면 반들반들한 '얼굴'에 생명도 역사도 없는 굳은 덩어리로 영원히 지구를 도는 황량한 천체였을 것이다.

그러나 유인 탐험에 앞서 무인 탐사선이 관측한 결과, 그처럼 오랫동안 지녀온 믿음에 의문이 생겨났다. 특히 달 지각의 광물학적, 화학적 구성이 지구의 그것과는 매우 다르다는 사실이 알려지면서, 지구 이탈 이론은 중대한 도전을 받게 되었다.

미국의 우주 비행사들에 의한 월면 시험과 지구로 가져온 토양 암석 표본 분석에 따르면, 달은 현재 황량하기는 하지만, 분명히 한때는 '살아 있는 행성'이었음이 판명되었다. 지구와 같이 달도 지각에 여러 층을 가지고 있으며, 이 사실은 달 자체가 용융 단계에서 고체화되었음을 의미한다. 또 달은 지구처럼 열을 생성하는데, 지구의 열(地熱)이 지각 내부의 방사성 물질이 활동하여 일어나는 방대한 압력으로 인하여 생겨나는 데 반해 달의 열은 분명히 지면에 근접한 얕은 지각층에서 생성된다는 점이 다르다. 그런데 애당초 이 발열 물질들은 너무나 무거워 지표면에 떠오르지 못하였다. 그렇다면 어떤 이유로 이 물질이 달의 지표에 그처럼 가까이 퇴적되었는가?

달의 중력장은 마치 무거운 물질(철 같은 것) 덩어리가 핵(core)에 균일하게 가라앉은 게 아니라, 여기 저기 흩어져 있는 것처럼 불규칙하게 나타난다['중력의 대량 집중'을 뜻하는 매스콘(mascon)이란 용어로 불린다]. 하지만 여기에 어떤 과정이나 힘이 작용했기에 그러한 것인가? 또한 고대의 달 암석이 자석화(磁石化)되었다는 증거가 있다. 또 자장이 변하거나 역전되었다는 증거도 있다. 이것은 아직 알려지지 않은 어떤 내부의 변천 과정 혹은 확인할 수 없는 외부의 영향으로 인한 것이었을까?

아폴로 16호 비행사들은 달의 암석〔브레키아스(breccias)라고 부르는 암석〕이 단단한 바위가 부서지면서 급격히 극도의 고열을 받아 다시금 용융되어 생성되었음을 발견하였다. 그렇다면 언제 어떻게 이 암석들은 산산히 파손된 다음에 다시 한 번 용융되었던가? 월면 위의 물질로는 방사성 칼륨과 인이 풍부한데, 이것들은 지구에서는 지각 내부의 깊숙한 곳에 있는 것들이다.

이 모든 새로운 발견들을 종합한 결과, 과학자들은 지구와 달이 대략 거의 동시에(약 46억 년 전) 거의 같은 물질로 구성되어 태어났지만, 각자 별개의 천체로 진화하였다는 확신을 굳혔다. 미 항공 우주국(NASA) 과학자들의 의견에 따르면, 달은 탄생 직후 약 5억 년 간 '정상적'으로 진화했다고 한다. 그런데 그때 무슨 일이 일어났는지에 대해서 과학자들은 다음과 같이 말했다(〈뉴욕 타임스〉지에 보도됨).

가장 파멸적인 시기는 약 40억 년 전에 도래하였다. 커다란 도시 혹은 작은 나라만한 크기의 천체들이 달에 충돌하여 그 표면에 거대한 분지와 솟아오른 산들을 만들었던 것이다.

충돌의 결과로 남겨진 막대한 양의 방사성 물질들은 표면 밑의 암석을 가열하여 녹아 버린 상태로 만듦으로써 표면에 갈라진 틈으로 용암의 바다가 분출하게끔 하였다. 아폴로 15호는 달 뒷면의 치올코프스키 분화구에 지구의 어느 것보다 큰, 거대한 바위가 굴러 떨어진 모습을 발견하였다.

아폴로 16호는 감로수의 바다(Sea of Nectar)를 만들었던 충돌로 인한 퇴적물의 파편들이 1천 6백 킬로미터나 멀리 떨어져 있음을 발견하였다. 아폴로 17호는 지구의 어느 것보다 8배나 고도가 높은 낭떠러지 가까이에 착륙했는데, 이것은 지구 역사에 있어서 어떤 지진보다 8배나 격렬했던 월진(月震)으로 형성된 것이라고 한다.

이러한 우주적 사건에 뒤이은 대격변이 약 8억 년 간이나 지속되었고, 그 결과 32억 년 전에야 달이 오늘날과 같은 형체와 표면을 갖춘 황량한 천체로 자리잡게 되었던 것이다. 이 점에 있어서 수메르인들은 올바르게도 달을 응당 태양계의 당당한 한 멤버로 묘사하였다. 그리고 앞으로 설명하겠지만, 그들은 앞서 NASA가 언급했던 바와 같은 우주적 대격변을 설명하고 묘사한 텍스트를 남겼다.

명왕성이란 행성은 '수수께끼의 별'로 불렸다. 다른 행성들이 태양 주위를 완전한 원에서 약간 벗어난 궤도를 도는 반면, 명왕성은 편향성, 곧 이심률(離心率, eccentricity)이 그토록 크기 때문에 태양에서 가장 길죽한 타원 궤도를 돌고 있다. 곧 다른 행성들이 태양 주위를 서로 거의 동일한 평면에서 다소 벗어나 궤도를 도는 데 비해서 명왕성은 정상적인 상태를 벗어난 듯이 아래 위로 17도나 벌어진 각도의 궤도를 그리고 있다. 이러한 궤도의 두 가지 비정상적인 특징으로 인해 명왕성은 다른 행성인 해왕성의 궤도를 가로지르는 유일한 행성이다. 크기에 있어서도 명왕성은 실로 위성이라야 옳을 정도이다. 그 직경 5천 560킬로미터는 해왕성의 위성 트리톤이나 토성의 10개 주요 위성 가운데 하나인 타이탄보다 별로 크지 않다.

이처럼 비정상적 특성으로 인해 이 '잘못 생겨난' 행성은 아마도 다른 행성의 위성으로 출발했지만, 주인에게서 탈출하여 그 자체가 태양 주위 공전 궤도를 갖추게 된 별이라는 제안이 나왔을 정도다. 이 사실 역시 앞으로 보여 주겠지만, 수메르 텍스트에 의하면 실제로 일어난 일이었다. 신화의 해석 방법이 아무리 다양하고 다면적이라고 해도, 고대 신화가 이처럼 현대 과학과 일치하기란 다른 신화에서는 결코 쉽게 찾을 수 없는 것이다.

그리고 지금 우리는 태초에 있었던 우주적 대사건, 곧 열두 번째 행성의 존재를 찾으려는 해답의 정점에 도달하였다. 놀랍게 들리겠지만, 천문학자들은 실제로 화성과 목성 사이에 그러한 행성이 한때 존재했음을 탐색해 왔다. 18세기 말, 해왕성이 발견되기도 전에 몇몇 천문학자들은, '행성들은 어떤 법칙에 따라 태양으로부터 일정한 거리에 위치해 있다' 고 말하였다. 그들은 '보데의 법칙' 으로 알려진 법칙을 제시하여 지금까지 태양 주위를 도는 행성의 궤도에 존재하고 있어야 할 별, 곧 화성과 목성의 궤도 사이에 존재해 있어야 할 제 5 행성을 찾으려 하였다.

보데의 법칙이라는 수학적 계산에 의거하여 천문학자들은 '잃어버린 행성' 의 위치 일대를 탐색하였다. 19세기의 첫날, 이탈리아의 주세페 피아치는 제시된 정확한 위치에서 아주 작은 소행성(직경 1천 킬로미터 가량)을 발견하여 세레스 Ceres라고 명명하였다. 1804년 무렵까지 4개의 작은 소행성들(asteroids)이 추가로 발견되었고, 지금까지 3천 개 가까이 소행성대(asteroid belt)에서 태양 주위를 궤도를 그리며 도는 것이 확인되었다. 의심할 바 없이 이것은 아마도 파괴되어 산산히 흩어진 한 행성의 잔해였던 것이다. 러시아의 천문학자들은 이 별을 파이톤 Phayton(그리스어로 '전차'란 뜻)이라고 명명하였다.

과학자들은 그러한 행성이 존재했음을 확신하지만, 그것이 소멸된 원인을 설명할 길이 없다. 그 별은 자폭한 것이었을까? 그렇다면 그 잔해들은 사방으로 날아가 사라지므로 일정한 궤도에 머무를 수가 없다. 충돌로 인해 파손되었다면 이런 사건을 일으켰던 천체는 어디에 있는가? 이 별 역시 파괴되었을까?

하지만 태양을 회전하는 소행성들의 모든 잔해들을 모두 합쳐도 두 개는커녕 한 개의 온전한 행성도 되지 못한다. 또한 만일 이 소행성들이 원래 두 행성으로 이루어졌다면, 이 소행성들은 두 행성의 축(軸) 회전을 그대로 유지하고 있었어야 하지만, 실제로는 단지 하나의 축 회전을 하고 있을 뿐이다. 이것은 소행성들이 모두 단 하나의 천체로 이루어졌었음을 의미한다.

그렇다면 잃어 버린 행성은 어떻게 파괴되었으며, 그것을 일으킨 원인은 무엇이었을까? 이러한 모든 의문에 대한 해답은 실제로 오랜 옛날부터 우리에게 전해져 왔던 것이다.

약 한 세기 반 전 메소포타미아에서 발굴된 텍스트들의 해독 과정에서 기대하지 않게도 『구약성서』와 대응할 뿐 아니라, 그것보다 앞서 기록되었던 서로 비슷한 내용의 텍스트가 존재했음이 밝혀졌다. 이것을 해독했던 독일의 에버하르트 슈뢰더가 1872년 저술했던 『쐐기 문자와 구약성서 *Die Keilschriften und das alte Testament*』는 학계에 굉장한 반향을 일으켜 관련 서적, 기사, 강연 및 토론이 홍수처럼 터져 나와 반세기 동안 그 열기가 지속되었을 정도다.

성서가 기록되기 이전 바빌론 Babylon과 『성서 *Bible*』 사이에 어떤 연관이 있었던 것인가? 신문 기사의 표제들은 이를 호의적으로 긍정하며 '바벨과 비벨 Babel und Bibel' 이라는 타이틀을 내세웠다.

1850년대에 영국의 외교관이자 탐험가, 고고학자였던 오스틴 헨리 레이어드가 니네베의 아시리아 왕 앗슈르바니팔의 도서관의 잔해에서 발견한 수많은 텍스트들 가운데 오늘날의 『구약성서』의 〈창세기〉와 그다지 다르지 않은 창조의 이야기가 기록된 점토판이 있었다. 영국의 대영 박물관 소속 아마추어 고고학자로 불과 36세로 요절한 조지 스미스는 이 조각난 점토판들을 최초로 제대로 맞추어 1876년 『칼데아의 창세기 *The Chaldean Genesis*』를 출판하였다. 이 책에서 그는 실제로 옛 바빌로니아의 방언인 아카드어로 씌어진, 어떤 특정한 신이 하늘과 땅과 지상의 모든 것과 사람을 어떻게 창조했던가 하는 이야기가 실린 텍스트가 있다는 결론을 내렸다.

현재 바빌로니아의 텍스트로서 성서와 같은 창조의 이야기를 기록한 방대한 문헌이 남아 있다. 그런데 문제의 바빌로니아의 신이 이루었던 일은 성서처럼 6일이 아닌 6개가 넘는 점토판에 기록되었다. 성서에서 하느님이 제 7일에 휴식하며 자신이 이룩했던 일을 즐거워하는 것에 빗대어 바빌로니아의 서사시는 제 7판에 신과 그의 업적을 찬양하는 내용이 기록되었다. 이것을 영국의 L. W. 킹은 1902년 적절하게도 자신이 저술한 이 권위 있는 저서의 이름을 『창조의 일곱 문서판 *The Seven Tablets of Creation*』으로 명명하였다.

현재 〈창조의 서사시 The Creation Epic〉로 알려진 이 고대 텍스트는 옛날부터 그 첫머리에 나오는 말인 '에누마 엘리쉬 Enuma Elish[(옛날 옛적) 저 높은 곳에서]' 로 불리고 있다. 『구약성서』의 창조 이야기는 하늘과 땅의 창조로 시작된다. 그런데 메소포타미아의 이야기는 진정한 의미에서 우주 창조설(cosmogony)로서 시간이 시작되기 이전의 일을 우리에게 알려 주는 것으로 시작된다.

> 에누마 엘리쉬 라 나부 샤마무 Enuma elish la nabu shamamu
> 높은 곳에서는 아직 하늘이란 것이 이름지어지지 않았고

샤플리투 암마툼 슈마 라 자크라트 Shaplitu ammatum shuma la
Zakrat
밑으로는 굳건한 대지(지구)라는 것이 불려지지 않았다.

이 〈창조의 서사시〉는 분명히 수메르 시대 초기 훨씬 이전부터
전해 내려온 우주 창조 전승을 수메르 시대에 정리했으나, 고(古)
바빌로니아가 성립되면서(서기전 1950년대까지 거슬러 올라간다)
수메르의 우주신인(아누)의 별 니비루 Nibiru와 엔릴 대신에 마르
둑 Marduk을 새로운 국가의 수호신으로 모실 필요가 있음에 따라
개작되었던 것이다. 곧 천지와 지상의 모든 존재들 — 인간을 포함
하여 — 과 천공의 별들을 마르둑이 창조했다는 내용이다.

〈창조의 서사시〉는 7개의 점토판에 1천 줄이 조금 넘는 긴 이야
기로서, 창조와 더불어 신들의 기원과 계보에 대해 태초부터 단지
5세대만을 다룬 점이 또한 특이하다. 또한 아시리아인들은 이것을
개작하여 마르둑을 자기들의 국가신 아슈르 Ashur로 바꿔서 불렀
다.

그런데 고고역사학자들(아시리아학 학자들)은 이 서사시를 해석
함에 있어서 앞서 『햄릿의 맷돌』에서 지적한 것과 같은 잘못을 범
하였다. 곧 그들은 천문학뿐 아니라 과학 일반에 대해 무지했던 탓
으로, 이 서사시에 등장하는 주요한 신들을 재치 있게 태양계의 행
성이나 항성으로 바꿔 생각하는 대신에, 예컨대 태초의 주신 압수
와 티아마트는 지하수와 짠 바닷물로, 그 자식들인 라흐무와 라하

무는 강변의 충적토(沖積土)로, 안샤르와 키샤르는 하늘과 땅의 지평선으로 해석했던 것이다. 곧 신화의 무대를 그곳에 살았던 주민들의 역사의 무대로 축소시켰던 것이다.

실제로 수메르 신화에는, 세상이 창조된 뒤에 이러한 신들이 두 번 다시 무대에 등장하지 않을 뿐더러, 다른 고대 신화와 마찬가지로 — 아니 더욱 그렇지만 — 수메르에서는 신들을 하늘의 별들로 비유했던 것이니 만큼, 이러한 학자들의 신의 성격에 대한 해석은 잘못된 것이 분명하다. 그러니까 해석의 방향을 바꾸어 이 신들이 태양계의 천체들에 상응한다고 가정하면 신화의 해석은 기막히도록 정확하게 풀려 나간다. 곧 예컨대 압수와 티아마트를 태양과 제5행성으로, 라하무와 라흐무를 금성과 화성으로 … 하는 등의 방법이다.

이런 방법으로 〈창조의 서사시〉를 풀어가 보자. 대부분의 아시리아학 학자들이 인용하는 〈창조의 서사시〉는 시카고 대학 오리엔트 연구소의 알렉산더 하이델이 1969년에 저술한 『바빌로니아 창세기』에 수록된 것이다. 『구약성서』의 〈창세기〉에 나오는 우주 창조가 신앙인 동시에 과학적으로도 확인된 사실이듯이 메소포타미아의 창세기도 그러하다.

이 창세 이야기의 전말은 이러하다. 물론 원전(原典)의 신들을 우리 태양계의 별들로 바꿔 해석하기로 한다.

아득한 옛날 태초의 두 신이 있었다. 이들은 일단의 천계의 '신들’을 낳았다. 이 천계의 신들의 숫자가 불어나자, 그들은 일제히 시끄러운 소리를 지르며 소동을 일으켜 태초의 아버지를 괴롭혔다. 그의 충실한 사자(使者)는 어린 신들을 다스리기 위해 강력한 힘을 발휘하도록 요구했지만, 그들은 오히려 패거리를 만들어 이 사자에게 달려들어 그의 창조력을 탈취했던 것이다. 태초의 아버지는 이에 복수하기로 마음먹었다. 태초의 아버지에 대한 반역을 이끌었던 신은 새로운 제안을 내놓았다. 곧 자신의 어린 아들을 신들의 집회에 초대하고 그에게 권세를 주어 ‘괴물’로 판명된 그들의 어머니를 상대로 맨손으로 싸우게 하자는 것이다.

권세를 부여받은 어린 신 — 바빌로니아 판에는 마르둑 Marduk 으로 나타난다 — 은 전진하여 괴물을 상대로 치열한 전투를 벌인 끝에 그녀를 죽여서 두 조각으로 만들었다. 그 한 쪽으로는 하늘을, 다른 쪽으로는 대지(지구)를 만들었다. 그런 다음 천계(하늘)에 확고한 질서를 선포하여 각 천신으로 하여금 각자 항구적인 위치를 지켜서 벗어나지 않도록 명령하였다. 지상에서는 산들과 바다와 강을 만들고 각 계절과 생명 있는 것들을 세우고 키웠다. 마지막으로 인간을 창조하였다.

천신들의 거주처를 모방하여 지상에 바빌론과 그에 딸린 하늘로 높이 솟은 신전들이 세워졌다. 신과 인간들은 각기 직위와 계명(戒命)이 주어졌고 수행해야 할 의식이 뒤따랐다. 이에 따라 신들은 마르둑을 최고신으로 선포하고, 그에게 ‘50의 이름’, 곧 엔릴(천공신)의 지위를 상징하는 숫자와 특권을 수여하였다〔수메르의 고위

신들에게 숫자로 표시된 지위. 예컨대 최고신 안(아누) = 60, 엔릴
= 50, 엔키(바다와 물의 신) = 40, 난나르/신(달의 신) = 30, 우투/
샤마쉬(태양신) = 20, 이쉬쿠르/아다드(산악의 신) = 10 등등).

　더욱더 많은 문서판 조각들이 발견되고 번역되자, 이 창조 이야
기 텍스트가 그저 단순한 문학 작품이 아닌 것으로 판명되었다. 곧
그것은 바빌론에서 가장 신성시했던 역사 – 종교 서사시로서 신년
의식인 아키투 Akitu 축제에서 낭독되었던 것이었다. 바빌로니아
판은 마르둑의 우월성을 선포하기 위해 그를 창조 이야기의 영웅
으로 만들었다. 그러나 이것은 원래부터 그러하지는 않았다. 곧 이
바빌로니아 판 서사시는 실제로 훨씬 더 이른 시대에 있었던 수메
르어 원전을 종교적, 정치적으로 변조했다는 증거가 많이 드러났
으며, 이 전자에서는 안, 엔릴, 그리고 니누르타(엔릴의 아들, 전쟁
과 농업의 신)가 영웅들이었던 것이다. 이 천계의 신들의 드라마에
서 주연 배우들이야 어떻든 이야기 자체는 수메르 문명만큼이나
오래된 것이 분명하다.

　대부분의 학자들은 이 이야기를 철학적 작품, 곧 선과 악의 영원
한 투쟁을 묘사한 가장 최초의 문학이라고 보든가, 겨울과 여름, 해
뜸과 해짐, 죽음과 부활이라는 상반된 자연 현상을 비유적으로 표
현한 것으로 생각한다. 그러나 왜 서사시 자체를 액면 그대로, 곧
아마도 태초에 네필림들이 수메르인들에게 전해 주어 그대로 알고
있었던 사실이라고 받아들일 수는 없는가? 그처럼 신화에 과감하

고 신선하게 접근함으로써 우리는 〈창조의 서사시〉가 분명히 우리 태양계에서 일어났던 사건을 완벽하게 설명해 주는 것임을 알게 된다.

이야기의 무대가 되는 '우주의 물'의 물(또는 '우주 대양의 물')은 물이라기보다는 우주 만물이 생성되는 광대한 공간이라고 보아야 한다. 또한 태양을 압수 Apsu, 곧 심연의 물, 민물로 표현하는데, 이것 역시 태양의 빛과 열이 생명의 발아와 생장에 주는 영향을 철학적, 비유적으로 표현하여 그렇게 말한 것일 것이다. 요컨대 물과 태양은 영원한 옛날부터 존재해 온 생명의 생장의 장(場)이자 무대였던 것이다.

동양 고대 사상에서도 우주에 있어서 물의 역할은 핵심적일 정도로 중요하다. 곧 물은 오행(五行)에 있어서 으뜸이고, 그 다음은 불(火) → 나무(木) → 금(金) → 흙(土)의 순서이다. 옛 글에 이르기를, "천지는 하나의 물덩어리였는데, 천지가 갈라지기 이전에 북극 태음일수(太陰一數)뿐이었다. 이처럼 물은 만물의 근원이라, 물(一)이 하늘(二)을 낳고 다시 하늘이 물을 낳았으니, 물과 하늘은 서로 변화하여 무궁한 조화를 일으켰다."고 한다. 물은 마치 바다가 모든 생명을 낳은 모태요 자궁이듯이 천지 우주를 낳고 품은 하나의 큰 바다, 곧 만물이 생성되는 공간이라 하였다.

천계의 드라마 〈창조의 서사시〉의 무대는 태초의 우주 대양이다. 등장 배우들은 창조하는 자들인 동시에 창조되는 존재들이다.

제1막
높은 곳에서는 아직 하늘이란 것이 이름지어지지 않았고,
밑으로는 굳건한 대지(지구)라는 것이 불려지지 않았다.
허공 가운데 그들(신들)을 낳은 압수 APSU와
뭄무 MUMMU와 그들 모두를 낳은 티아마트 TIAMAT가 있었다.
그들은 자기네들의 물을 하나로 섞었다.

갈대 집이 엮어지지도 않았고 늪지도 나타나지 않았다.
그때에는 어떤 신들도 아직 태어나지 않았으니
이름도 불려지지 않았고 운명도 아직 결정되지 않은 신들이
그(압수와 티아마트가 섞인 물) 가운데에서 생겨났다.

첫 점토판에 갈대 펜으로 아홉 줄의 짤막한 글을 써 가면서 고대의 시인이자 연대기 기록자는 우리들을 객석의 맨 앞자리 가운데에 앉히고서 지금까지 알려진 가장 위대한 쇼, 곧 우리 태양계의 생성 이야기의 커튼을 과감하게 극적으로 올린다.

허공 가운데에는 '신들' — 곧 행성들 — 의 공전 궤도도 아직 붙박혀 있다. 단 3개의 천체들만이 존재할 뿐이다. 곧 압수 AP.SU('시초부터 존재한 자'), 뭄무 MUM.MU('태어났던 자') 및 티아마트 TI. AMAT('생명의 처녀')이다. 압수와 티아마트의 '물'이 뒤섞이며, 텍스트는 이 물이 갈대가 빨아들여 자라는 물이 아니라, 우주 공간에 편재한 기본적인 생명의 원천인 원시(源始)의 물임을 명확히 지적한다. 문맥(context)대로라면, 두 별에서 뻗어 나온 에너지가 공간에서 서로 작용함을 암시한다. 곧 중력의 상호작용

이다. 그렇다면 압수는 태양으로서, '시초부터 존재한 자' 이다.

그에 가장 가까이에 뭄무가 있다. 서사시의 대사는 뒤에 뭄무가 압수가 신임했던 부관이자 사절임을 명확히 밝혀 준다.

이 표현은 주인(태양)의 주위를 빠른 속도로 회전하는 수성(헤르메스 또는 머큐리)을 멋있게 비유적으로 묘사한 것이다. 실로 이것은 고대 그리스와 로마인들이 신의 별인 수성(헤르메스)에 대해서 가졌던 개념이었다. 곧 그 별은 신들의 발빠른 사자였다.

그에게서 더 먼 곳에 티아마트가 있었다. 그녀는 뒤에 마르둑이 파멸시킨 '괴물' 이었다. 곧 '잃어 버린 열두 번째 행성' 이었다. 그러나 태초의 시기에 그녀는 최초의 삼위일체 신의 성처녀이자 성모였다[이런 점을 고려했는지는 몰라도 미국의 초개인심리학(Transpersonal Psychology) 연구자인 켄 윌버는 저서『에덴에서 우뚝 솟아나다 *Up from Eden*』에서, 마르둑에 의한 티아마트의 죽음이 인류사상 여성 우위 시대의 종말과 절대적 남성 본위 시대의 도래를 가져온 상징적인 우주 신화적 사건이라고 말하였다].

그녀와 압수 사이는 허공이 아니었다. 그것은 압수와 티아마트의 태초의 원소들로 차 있었다. 이 '물들' 이 '뒤섞이며' 이내 한 쌍의 천신들 — 행성들 — 이 그 가운데에서 형성되었다.

그들의 물이 한데 뒤섞였다 …
신들이 그 가운데에서 생겨났다.
라흐무 LAHMU 신과 라하무 LAHAMU 신이 탄생하여
그런 이름으로 불렸다.

어원학(語源學)의 측면에서 보면, 이 두 행성의 이름은 LHM(셈어, 히브리어의 '싸움을 일으킨다')이라는 어근에서 나온 것이다. 이로써 고대인들은 우리에게 화성Mars은 전쟁의 신이었고 금성 Venus은 사랑과 함께 전쟁의 신이었다는 전승을 남겨 주었다. LAHMU와 LAHAMU는 실제로 각기 남성과 여성의 이름이다. 그러므로 서사시에 나오는 이 두 신들 및 화성과 금성의 정체는 어원학적, 신화적으로 확인된다. 또한 천문학적으로도 확인된다. 곧 '잃어 버린 행성' 티아마트가 화성 너머에 위치해 있었고, 화성과 금성은 태양(압수)과 이 별 사이에 위치해 있었던 것이다(자료 5a, b 참조). 태양계의 형성은 계속된다. 라흐무와 라하무(곧 화성과 금성)가 자라났다.

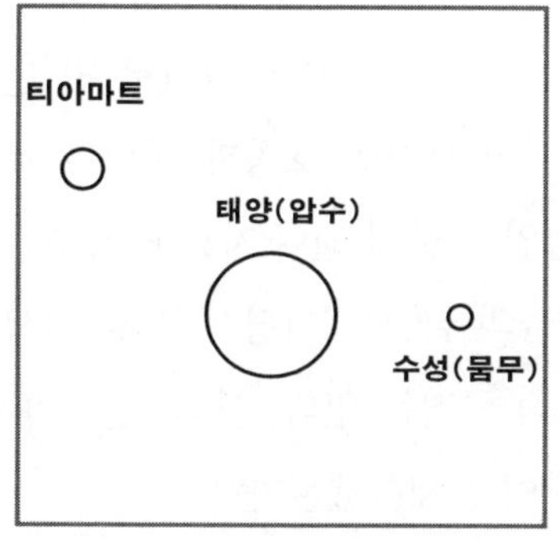

〈자료 5a〉 태초에는 압수(태양),
뭄무(수성) 및 티아마트만 있었다.

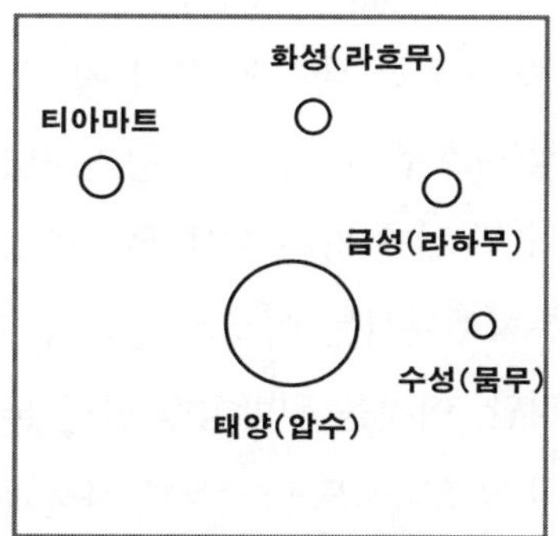

〈자료 5b〉 뒤이어 라하무(금성)와
라흐무(화성)가 태어났다

그들이 나이 먹는 대로 자라나
적절한 크기에 달하기도 전에
안샤르 Anshar 신과 키샤르 Kishar 신이 형성되었다.
그들은 〔크기에 있어서도〕 이들을 능가하였다.
날들이 길어지고 해〔年〕들이 쌓임에 따라
아누 ANU 신이 그들에게서 아들로 태어나 그의 아버지와 견주었
다.
그러자 안샤르의 큰 아들 아누는
자신을 닮고 자신과 견줄 만한 누딤무드 NUDIMMUD를 낳았다.

이야기의 정확성에 맞춰진 간결한 종말로 〈창조의 서사시〉 제 1막은 끝난다. 여기에서 우리는 화성과 금성이 단지 제한된 크기까지로만 자라게 되었다고 들었다. 그러나 이들의 형성이 완료되기도 전에 또 한 쌍의 행성들이 형성된다. 이 둘은 위엄 있는 큰 행성들이다. 그들의 이름은 안샤르('하늘의 가장 먼 곳의 왕자')와 키샤르('굳건한 대지의 끝의 왕자')다. 이들은 크기에 있어서 첫 번째 쌍(라흐무, 라하무)을 능가하였다. 이 묘사와 호칭과 위치로 보아 이 두 번째 쌍은 쉽게 목성과 토성임을 알게 된다(자료 6 참조). 주류학계에서는 이것을 편의상 '하늘의 끝'과 '지평선'으로 해석하지만, 이것을 뒷받침할 만한 논리적 근거는 없다. 아니, 천지가 아직 창조되지도 않았는데 하늘과 땅이 존재했겠는가?

시간이 지나면서 ('해들이 쌓임에 따라') 세 번째 쌍의 행성들이 태어났다. 먼저 아누가 태어났는데, 안샤르와 키샤르보다는 작지

만 첫 번째 쌍보다는 컸다. 그 다음에 아누는 쌍둥이 행성을 낳았다
('자신을 닮고 견줄 만한' 아들). 바빌로니아 판에는 이 행성을 물
과 태양의 신이자 지식과 과학 기술의 수호자 엔키/에아 EA의 별
칭을 따라 누딤무드라고 이름짓는다. 이 쌍에 대한 묘사와 크기와
위치는 잘 알려진 행성인 천왕성(우라누스 Uranus — 이 말 자체
가 그리스 신화의 하늘의 왕이다)과 해왕성(넵튠 Neptune — 그리
스 신화의 바다의 신 포세이돈)과 딱 들어 맞는다.

우리 태양계에 포함시켜 계산해야 할 또 하나의 행성이 있었다.
명왕성(플루토 Pluto — 그리스 신화의 명부의 왕)이다. 〈창조의 서
사시〉에는 아누를 '안샤르의 장남'으로 지적하며 안샤르(토성)에
게서 아직 태어나지 않은 또 하나의 행성 신이 있음을 암시한다. 서
사시는 이 천계의 신을 뒤에 언급하면서, 안샤르가 자신의 사절 가

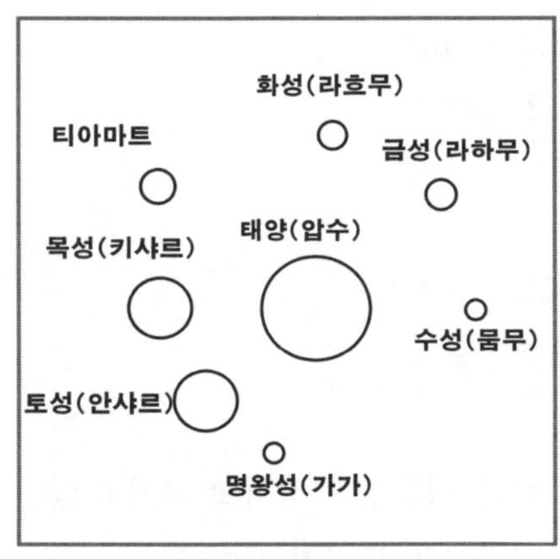

자료 6

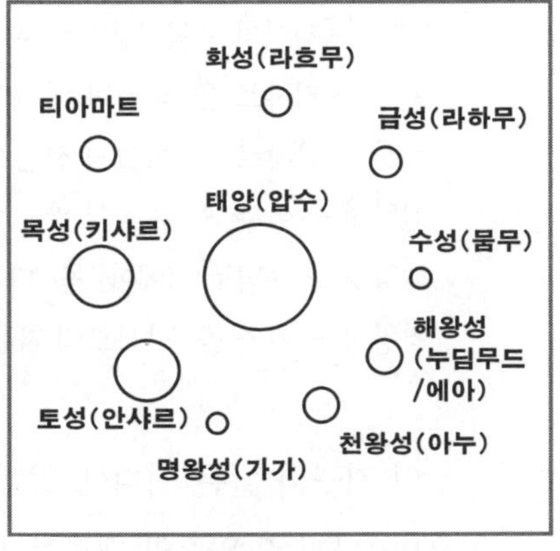

자료 7

가 GAGA를 여러 가지 일로 다른 행성에 파견하였던 일을 설명한
다. 가가는 그 기능과 태도에 있어서 압수의 사절 뭄무의 그것과 동
등하게 보인다. 이것이 수성과 명왕성 사이의 여러 유사점들을 연
상하게 하는 것들이다. 그것을 보면 가가는 곧 명왕성이었다. 하지
만 수메르인들은 이것의 위치를 해왕성 다음의 끄트머리가 아니라
토성 옆으로 놓인 모습의 천계의 지도를 그렸다. 말하자면 가가는
토성 Saturn의 '사절' 또는 위성이었다(자료 7 참조).

〈창조의 서사시〉 제 1막은 이렇게 끝을 맺는데, 이때의 태양과
그 아홉 행성의 태양계는 이러했다(태양에서 가까운 순서대로).

태양 — 압수 곧 '시초부터 존재했던 자'
수성 — 뭄무 곧 '압수의 자문이자 사절'
금성 — 라하무 곧 '싸우는 귀부인'
화성 — 라흐무 곧 '전쟁의 신'
???? — 티아마트 곧 '생명을 부여해 준 처녀'
목성 — 키샤르 곧 '굳건한 대지의 선임자'
토성 — 안샤르 곧 '하늘의 선임자'
천왕성 — 아누 곧 '하늘의 왕'
해왕성 — 누딤무드(에아) 곧 '다채로운 창조자'
명왕성 — 가가 곧 '안샤르의 자문 겸 사절'

우리 지구와 달은 어디에 있었는가? 이들은 아직 창조되지도 않
았으며, 다가올 우주의 대충돌의 산물로 이루어질 것이다. 행성들
의 탄생을 이야기하는 장엄한 드라마가 끝을 맺으며, 서사시의 작

자는 이제 제 2막의 막을 들어올린다. 이제 천계의 대소동을 이야기한다. 곧 새로이 창조된 행성의 가족들은 처음부터 안정과는 거리가 멀었다. 그들은 중력을 발휘하여 서로 잡아당기며 요동하였다. 그들은 티아마트 주위로 모여들어 자신들의 태초의 모체를 위험하게 만들었다.

신의 형제들이 함께 무리지어 모여들었다.
그들은 티아마트를 괴롭히며 앞뒤로 물결치듯 떠돌았다.
그들은 하늘의 거처에서 기묘한 짓들을 하며
티아마트의 뱃속을 엉키게 하였다.
압수는 그들의 시끄러움을 줄일 수가 없었다.
티아마트도 그들의 짓거리에 할 말을 잃었다.
그들의 짓거리는 역겨웠고…
그들의 길들은 뒤틀렸다.

우리는 여기에서 갓 태어난 행성들의 불규칙한 궤도를 짐작한다. 새로운 행성들은 '물결치듯 떠돌았고' 서로 너무 가까이 접근하여('무리지어 모여들어') 위태한 상황이 되었다. 그들은 티아마트의 공전 궤도에 간섭했다('그녀의 뱃속을 뒤엉키게 했다'). 그들의 길들(궤도들)은 뒤틀렸다.

큰 위험에 처한 것은 티아마트였지만, 압수조차도 행성들의 짓거리가 지긋지긋하고 역겨웠다. 그래서 그는 그들의 '길들'을 파괴하여 소멸시키려는 자신의 의도를 공언하였다. 이런 일로 그는 시종 뭄무를 불러들여 비밀히 이 일을 의논하였다. 그렇지만 이 둘 사이에 무슨 일이 있었는지 다른 신들이 엿듣게 되어 결국 그들은 침묵을 지켰다.

단 한 신 에아(누딤무드)만이 재치를 잃지 않았다. 그래서 그는 우선 압수를 깊은 잠에 빠트리는 계획을 세웠다. 다른 신들도 이 계획이 마음에 들어 에아는 이를 실천에 옮겨 충실하고 빈틈없는 새로운 '우주의 지도'를 마음 속에 그리며 태양계의 태초의 물 위에 주문(呪文)을 외웠다. 그(해왕성)가 태양 궤도를 돌면서 모든 다른 행성들을 감시할 수 있는 가장 외곽에 위치한 행성으로서 이처럼 던졌던 '주문', 곧 중력적인 힘의 실체는 무엇이었을까? 그 자체가 태양 주위를 공전하며 태양의 자기(磁氣)와 방사성 물질의 방산(放散)에 영향을 끼쳤을까? 그렇지 않다면 해왕성 자체가 탄생하면서 어떤 미지의 거대한 에너지를 발산시켜 태양에 영향을 주었을까?

그 실체와 효력이 어떠했든지 간에 서사시는 이 현상을 압수(태양)에게 '잠을 퍼부었다', 곧 일종의 진정 효과(calming effect)를 나타나게 했다고 비유적으로 기술하였다. 심지어 시종인 뭄무마저도 '힘이 빠져 움직일 수 없었다'. 『구약성서』에 나오는 삼손과 델릴라의 이야기처럼 잠에 정복당한 영웅은 쉽게 자신의 '힘'을 빼앗겼던 것이다.

에아는 압수에게서 재빠르게 창조력을 박탈하려 하였다. 곧 태양에서 발산되는 방대한 원초 물질의 확산을 중지시켰는데 이에 대해 서사시는, 에아(해왕성)이 '압수의 왕관을 벗기고 그의 빛나는 오라(광휘)에 감싸인 겉옷을 벗겨 치워 버렸다'고 비유적으로 기록한다. 곧 압수는 '살해당한' 것이다. 한편 그 시종 뭄무는 더 이상 돌아다닐 수가 없었다. 그는 '묶여서 뒤에 남았'으니 곧 주인의 곁에서 생명 없는 별이 된 것이다.

태양에게서 창조의 힘을 박탈함으로써 — 더 많은 에너지와 물질을 발산하여 추가로 더 많은 행성들을 생산하는 힘을 제어함으로써 — 신들은 태양계에서 일시적이나마 평화를 누리게 되었다. 에아의 승리는 뒤에 압수의 의미와 위치를 변경시킴으로써 더욱 의미를 갖게 되었다. 곧 그 뒤로 압수는 '에아의 거처'로 불리게 되고, 태양계에 추가되는 어떠한 행성일지라도 앞으로 이 새로운 압수를 거쳐야만 들어올 수 있었다. 여기에서 압수는 '심연(The Deep)'을 뜻하는데 이것은 태양에서 멀리 떨어진 우주의 깊은 공간으로서, 에아(해왕성)가 최전방에서 이들을 심사하게끔 되었다. 천계의 평화가 다시금 깨어질 때까지 얼마나 오랜 시간이 걸렸던가. 서사시는 이에 대해 아무 해답도 주지 않는다. 하지만 평화가 짧은 휴식기를 가지고 지속되면서 제 3막의 막이 올랐다.

운명의 여신(Fates)의 밀실에서, 운명의 거처에서,
신들 가운데 가장 능력 있고 현명한 신이 출현했으니,
심연(The Deep)의 가운데에서 마르둑 MARDUK이 창조되었다.

새로운 천계의 '신' — 새로운 행성 — 이 지금 이 모험에 합류한다. 그는 깊숙한 우주의 심연에서 만들어졌으며, 이곳에서 다른 행

성의 궤도 운동(별의 '운명')의 힘에 끌려서 태양계로 진입한 것이다. 그는 태양계의 가장 외곽의 행성에 의해 끌어당겨졌다. '그를 낳은 자는 에아(해왕성)였다.' 이 새 행성의 모습은 볼 만하였다.

> 그의 모습은 다른 자들의 눈을 끌었으니, 치켜든 그의 눈은 반짝거렸다.
> 그의 발걸음은 옛날 호령했던 주님처럼 위엄 있었고,
> 모든 신들을 능가하는 그는 거룩하고 고상했다 …
> 그는 태어날 때부터 신들 가운데 최고였고 이들보다도 키가 컸다.
> 그의 무리는 무수했고, 그는 이들보다도 훨씬 키가 컸다.

먼 외계에서 나타난 마르둑은 아직 새로운 별로서, 불을 내뿜고 빛을 방사하였다. '그가 입술을 움직이니 불길이 뻗어 나왔다.' 그가 다른 행성들에 접근하자, '그들은 그에게 무시무시한 섬광을 덮어 씌웠으며', 이에 그는 찬란히 빛나며 마치 '열 신의 광휘를 몸에 걸친 것 같았다'. 요컨대 그가 태양계의 다른 구성원들에게 근접하자, 전자기와 광학적 방사(放射)가 일어났던 것이다. 여기에서 단 한마디의 말로도 〈창조의 서사시〉를 해독할 근거가 있다. 10개의 천체들, 곧 태양과 9개의 행성들이 그들 기다리며 영접했다는 것이다.

서사시의 줄거리는 지금 가속이 붙어 점차 빨라지는 마르둑의 궤도에 대해 이야기한다. 그는 먼저 자신을 낳아 준 별을 지난다. 이 별은 에아 곧 해왕성으로서 마르둑을 태양계 궤도로 끌어들인다.

마르둑이 해왕성에 근접하자, 이 별의 중력이 잡아당기는 힘이 점차 강해진다. 이 별은 마르둑의 궤도를 돌며, '이 별이 소기의 목적을 이루도록 해준다.'

마르둑은 이 즈음에는 아직 굳지 않은 말랑말랑한 천체였음이 분명하다. 곧 그가 해왕성 곁을 스쳐나가자, 중력의 영향으로 그의 옆구리가 부풀어서 마치 '두 번째 머리'를 가진 것 같아 보였다. 하지만 이로 인해 떨어져 나간 부분은 없었다. 그러나 마르둑이 아누 곧 천왕성이 보이는 곳에 다다르자, 그 중력으로 인해 몸의 일부가 찢겨져 나아가 4개의 위성이 되었던 것이다.

아누는 사방의 네 쪽을 만들어 주고 그것들의 힘을 그 주인에게 넘겨 주었다. 이 네 쪽들은 '바람(Winds)'이라고 불렸고 마르둑 주위를 빠른 속도로 돌면서 마치 회오리 바람을 일으키는 듯하였다. 통과의 순서 — 먼저 해왕성, 그다음 천왕성 — 를 보면, 마르둑은 태양계로 진입할 때 태양계 별의 궤도 방향이 아닌 시계 방향으로 움직였다. 이렇게 진입하면서 이 새 별은 안샤르(토성) 및 키샤르(목성)라는 거대한 별의 크나큰 중력과 자기력에 사로잡혔다. 그의 행로는 더욱 안쪽 곧 태양계 중심으로 휘어져 티아마트에 접근하였다(자료 8 참조).

마르둑의 접근으로 티아마트와 그 내행성들(화성, 금성, 수성)은 요동하기 시작하였다. '그는 폭풍을 일으켜 티아마트를 괴롭히고 신들은 쉬지 않고 저마다 폭풍 같은 임무를 수행하였다.'

점토판은 여기에서 부분적으로 파손되었지만, 읽을 수 있는 부분

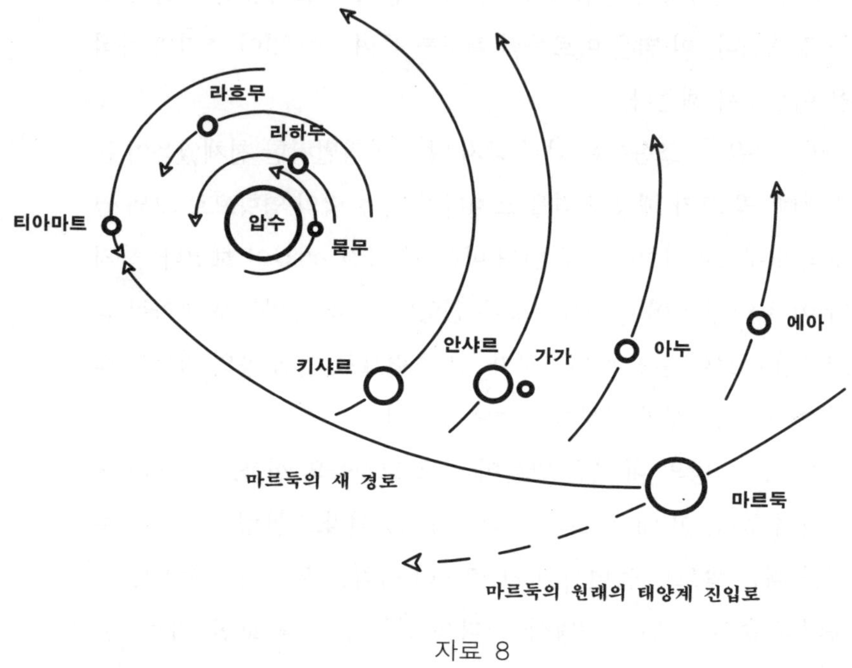

자료 8

만 설명한다. 근접하는 별(마르둑)이 그들의 생명의 핵심 요소를 희박하게 하고, 그들의 눈을 끄집어내어 멀게 하였다. 티아마트 자신은 정신이 흐트러져 보조를 잃었다. 곧 그녀의 궤도가 결국 제 길을 벗어나 요동하기 시작한 것이었다. 접근하는 거대한 별의 중력으로 이내 티아마트의 일부가 찢겨져 나가기 시작하였다. 그녀의 허리께에서 열한 개의 '괴물들'이 으르렁거리며 분노에 차서 나타났다. 위성들의 무리가 그녀의 몸에서 분리되어 '티아마트의 옆쪽으로부터 진군했던' 것이다. 주님 마르둑에게 스스로 돌진할 준비를

한 티아마트는 '괴물들'에게 빛의 왕관을 씌워 주며 '신들'(행성들)처럼 보이도록 위장시켰다.

이 서사시와 메소포타미아의 우주 창조설 전반에 걸쳐 중요했던 것은 티아마트의 첫 위성으로서 킹구 KINGU라 불렸던, '그녀의 신전의 구성원이었던 신들 중 첫 번째로 태어난' 자였다.

> 그녀는 그를 높여 주었으니,
> 그들의 무리 중 그는 위대했노라 …
> 전장의 가장 높은 명령자로서
> 그녀는 그의 재주를 믿어 의심치 않았다.

강대한 중력으로 인해 혼란에 직면하여 이 티아마트의 우두머리 위성은 마르둑을 향해 정면으로 돌진하기 시작하였다. 킹구에게 독자적인 '운명의 명패', 곧 독자적 행성 궤도를 부여함으로써 마르둑 너머의 외행성들은 분노하였다. 도대체 티아마트가 누구를 믿고 방자하게 새로운 행성〔천계(태양계)의 정식 구성원〕을 낳았던 것인가? 에아는 이렇게 자문하여 문제를 안샤르(토성)에게 가져가 상의하였다.

> 티아마트가 꾸며대었던 모든 음모를 그는 털어놓았다.
> …그녀는 집회를 열었고 또한 분노로 치가 떨렸다 …
> 그녀는 무적의 무기들을 보태었고 괴물 신들을 낳았다 …
> 모두 11명의 이러한 괴물들을 낳았다.

그녀의 집회에 참여한 신들 가운데에서
그녀는 장자인 킹구를 승격시켜 두목으로 삼았다 …
그녀는 그에게 운명의 명패를 주었고, 그는 이것을 자신의 가슴에 동
여매었다.

안샤르는 에아를 돌아보며, 혹시 그가 킹구를 살해하기 위해 출
진할 수 있겠는가 하고 물었다. 대답은 점토판이 파괴되어 나타나
있지 않지만, 분명히 에아는 안샤르를 만족시키지 못했는데, 그 이
유는 그 다음 이어지는 문장에, 그가 '앞장서서 티아마트와 맞설
것인가' 또는 아닌가를 안샤르가 아누(천왕성)에게 묻는 것으로 이
어지기 때문이다. 하지만 아누도 '그녀를 상대하여 쓰러뜨릴 수 없
다'고 하였다. 무서움에 떨고 있는 하늘에서 결전이 벌어진다. 한
신에 뒤이어 다른 신이 옆길로 물러난다. 아무도 분노한 티아마트
를 상대로 싸우려 하지 않을 것인가?

해왕성과 천왕성을 스쳐 지나온 마르둑은 이제 안샤르(토성)와
그것의 기다란 테두리(토성의 고리)에 가깝게 왔다. 이에 안샤르는
한 가지 의견을 내었다. 곧 '힘 센 자가 우리의 복수자가 될 것이
다. 그는 전쟁에서 격렬하게 싸울 것이다. 마르둑이야말로 영웅이
다!' 드디어 마르둑은 토성의 테두리가 닿는 곳까지 왔다('그는 안
샤르의 입술에 입을 맞췄다'). 마르둑은 다음과 같이 대답한다.

만일 내가 실로 그대들의 복수자로서
티아마트를 살해하고 그대들의 생명을 구해 준다면,

집회를 소집하여 나의 운명을 가장 높은 것으로 선언할지어다!

 이 조건은 뻔뻔스러웠지만 단순하였다. 곧 마르둑과 그의 '운명' – 그의 태양 공전 궤도 – 이 모든 천계의 신들 가운데 으뜸이 되게 끔 해야 한다는 것이었다. 그때에 마침 안샤르(토성)의 위성 가가, 곧 미래의 명왕성이 자신의 궤도에서 해방되었다.

 안샤르는 입을 열어
 자신의 자문인 가가에게 한마디 말 하였다…
 그대의 길을 가라, 가가여,
 신들 앞에 서서 내가 말한 것을 전할지니라,
 그것을 그대는 신들에게 되풀이 말할지어다.

 다른 신들(행성들) 곁을 지나치며 가가는 그들에게 '마르둑을 위해 그대들의 운명을 결단하라'고 간절히 요청하였다. 결정은 기대했던 대로였다. 신들은 단지 그 누군가가 전장에 뛰어들어 자신들을 위해 전과를 올릴 것인가에 관해서만 관심을 가졌다. 이에 그들은 일제히 목소리를 높여 그(마르둑)에게 더 이상 시간을 지체하지 말도록 강청했다. '나아가 티아마트의 목숨을 끊어 놓아라!
 이제 제 4막 곧 천계의 싸움이 벌어졌다. 신들은 마르둑의 '운명'을 결정하였다. 곧 이들의 결집된 중력의 힘으로 이제 마르둑을 일정한 공전궤도 위에 올려 놓음으로써 그로 하여금 단 한 길이 '티아마트와의 전투', 곧 충돌의 길로 돌진하게끔 조치한 것이었다. 유능하고 적절한 전사로서 마르둑은 각종 무기로 자신을 무장하였다. 몸 안에 '불을 뿜는 화염'을 채우고, 활을 만들어 … 그것에 화살을 걸었다. … 앞에 '번개'를 내세우고 또한 티아마트를 사로잡을 그물을 준비하였다.

이러한 무기들은 우리가 이 서사시를 천계의 현상으로서 해석할 경우에만 그 실체를 파악할 수 있는 것이다. 곧 두 행성이 접근할 때 일어나는 방전 현상의 전기 섬광과 한 행성의 다른 행성에 대한 중력 견인 효과('그물') 등이다. 하지만 마르둑의 주요 무기는 그의 위성들로서 마르둑이 천왕성 곁을 스칠 때 동반해 왔던 네 개의 '바람'들, 곧 남풍, 북풍, 동풍 및 서풍이었다. 지금 거인 같은 토성과 목성을 지나치고 그것들의 굉장한 중력의 힘에 맞서며 마르둑은 3개의 위성, 곧 사악한 바람, 회오리 바람 및 무적의 바람을 추가로 '낳았다'. 이 위성들을 자신의 '폭풍의 전차'로 앞세워 나아갔다. 이 적대적인 쌍방은 싸울 준비가 갖춰졌다.

> 주님은 전진하며 자신의 갈 길을 간다.
> 분노하는 티아마트를 향해 그는 얼굴을 들었다.
> 주님은 더욱 접근하여 티아마트의 안쪽을 주시하였다.
> 그녀의 배우자 킹구의 음모를 파악하기 위해.

그러나 두 행성들이 서로 근접하자, 마르둑의 궤도는 갈팡질팡하게 되었다.

그가 바라보니 자신의 길이 뒤틀려 감을 느꼈다.
그의 방향은 어긋났고 그의 행동은 혼란스러워졌다.

마르둑의 위성들까지도 궤도를 벗어나 헤매이기 시작하였다.

주님의 편에서 함께 진격하던
우군들인 신들도 용감한 킹구를 바라보자
시야가 캄캄해졌다.

전사들은 결국 서로 적들을 놓칠 것인가? 그러나 주사위는 던져졌고, 정해진 궤도는 불가피하게 충돌로 치달았다. '티아마트는 분노의 불길을 내뱉었다. … 주님은 자신의 막강한 무기인 강렬한 폭풍을 위로 높이 치켰다!' 마르둑이 더욱 가까이 접근하자, 티아마트의 분노는 폭발할 듯하였다. '그녀의 다리 뿌리가 앞뒤로 흔들렸다.' 그녀는 마르둑을 향해 주문(呪文)을 던졌다. 이것은 에아/누딤무드가 전에 압수와 뭄무에게 사용했던 천계의 파동과 똑같은 주문이었다. 하지만 마르둑은 더욱 그녀에게 가까이 다가갔다.

신들 가운데 가장 현명한 마르둑과 티아마트가
서로 가까이 전진하였다.
그들은 단 한 번의 결전을 각오하고 전장에 접근하였다.

이야기는 이제 천계의 전투를 묘사하는 데로 옮겨 간다. 이 전투는 결과적으로 하늘과 땅이 창조되는 계기가 되었다.

> 주님은 그녀를 사로잡으려고 그물을 던졌다.
> 가장 뒤에 있던 사악한 바람을 그녀의 얼굴에 던졌다.
> 티아마트가 주님을 잡아먹으려고 입을 열자,
> 그는 사악한 바람을 몰아 보내어 그녀는 입술을 닫을 수 없었다.
> 강렬한 폭풍의 바람들이 그녀의 배에 돌진하자,
> 그녀의 몸은 부풀었고 입은 크게 벌어졌다.
> 주님이 활을 쏘자, 그녀의 배가 찢어졌다.
> 화살은 그녀의 내장을 찢고 자궁을 꿰뚫었다.
> 이렇게 그녀를 굴복시키자, 그녀의 생명의 숨결은 끊어졌다.

여기에 지금까지 우리를 당혹하게 하였던 우주의 수수께끼에 대한 본질적 의문이 있다(자료 9 참조). 태양과 아홉 개의 행성으로 구성된 불안정한 태양계에 외계로부터 거대한 혜성 같은 행성이 침입한 것이다. 그것은 먼저 해왕성과 조우한 다음 천왕성, 토성, 목성순으로 지나치면서 그 궤도가 태양계의 중력으로 인해 현저하게 구부러졌다. 그것은 7개의 위성을 동반하였으며, 달리 선택할 길이 없이 다음 행성인 티아마트와의 충돌 궤도에 놓였다.

그러나 두 행성들은 직접 충돌하지 않았다. 이 사실이야말로 기본적인 천문학적 중요성을 가진 것이다. 티아마트에 충돌하여 그것을 분쇄한 것은 마르둑의 위성들이지, 마르둑 자신이 아니었다(자료 9 참조). 그것들은 티아마트의 몸을 '부풀려 놓았고' 그녀의 몸에 크게 갈라진 틈을 만들었다. 마르둑은 이 틈으로 '화살' 곧

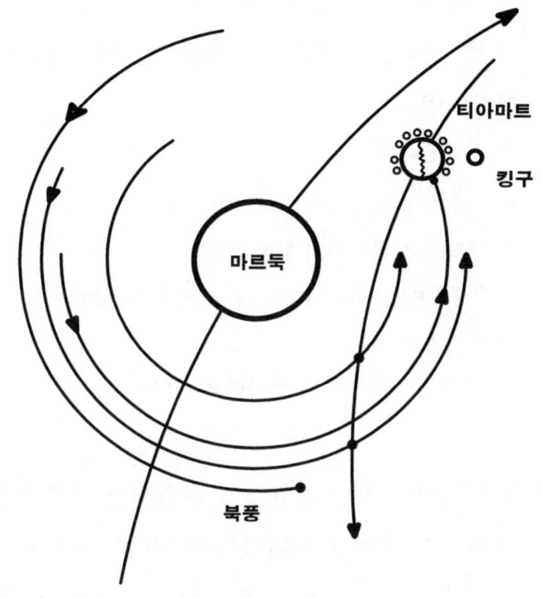

〈자료 9〉 천계의 전투
마르둑의 '바람들' (위성들)이 티아마트와 그녀의 부하인 킹구의 무리들에게 돌진하여 충돌한다.
이 두 주행성들의 궤도 방향이 서로 다른 것에 주목하라.

'신의 번개'를 쏘아 맞췄다. 이것은 방대한 전압을 가진 전류로서,
에너지로 충전된 마르둑('찬란한 빛으로 가득찬' 행성)으로부터
마치 전기 불꽃처럼 방사된 것이었다. 그것이 티아마트의 내장에
명중하여 '그녀의 생명의 숨결이 끊어졌다.'

　마르둑과 티아마트의 첫 조우로 그녀의 몸에 거대한 금이 가며
숨이 끊어졌다. 그러나 그녀의 마지막 운명은 이 양자간에 앞으로

벌어질 조우에 달려 있었다. 티아마트의 위성들의 우두머리 킹구는 별도로 다루어지고 나머지 10개의 더 작은 위성들의 운명은 한 순간에 결정되었다.

> 주님이 지도자 티아마트를 살해하자,
> 그녀의 무리들은 흩어지며 힘이 꺾였다.
> 그녀에게 편들어 도와주며 함께 진군했던 신들은
> 두려움에 떨면서
> 등을 돌려 목숨을 구하고 보전하려 하였다.

여기에서 '흩어지며… 꺾였다… 떨면서… 등을 돌렸던' 것 등은 위성들의 궤도 방향이 역전되었음을 의미하는 것이 아닐까? 이것이 사실이라면 우리 태양계의 또 하나의 수수께끼, 곧 혜성의 실체와 궤도에 대해 제대로 설명할 수 있을 것 같다. 규산염, 물, 메탄 등과 같은 물질들 작은 알갱이 등의 표현들은 혜성들은 간혹 태양계의 '반항적인 구성원들'이라고 표현된다. 왜냐하면 그것들은 태양계 행성들과는 전혀 다른 엉뚱한 행태를 보이기 때문이다.

행성들의 태양 공전 궤도는(명왕성을 제외하고) 거의 완전한 원형인데 반해, 혜성들은 대부분 길죽한 타원형 혹은 포물선형이고 또 그렇기 때문에 관측이 불가능할 정도인 수백 년에서 수천 년에 이르는 공전 주기를 가지고 있다. 또한 행성들은(명왕성을 제외하고) 태양 주위를 거의 동일한 평면 위에서 공전하지만, 혜성의 궤도는 수평에 대해 다양한 각도를 가진 여러 면 위에 널려 있다.

가장 중요한 사실로서, 알려진 모든 행성들은 동일 방향(시계 반대 방향)으로 공전하지만, 많은 혜성들은 이와는 반대의 방향으로 움직인다. 천문학자들은 아직까지도 어떤 힘과 사건으로 인해 이처럼 혜성들이 생성되어 이와 같은 비정상적 궤도에 올려졌는지에 대해서 제대로 설명할 길이 없다.

그러나 마르둑의 이야기가 사실이라면 이에 대한 설명이 가능하다. 마르둑은 티아마트의 무리들을 잘게 부수고 자신의 '그물'(중력에 의한 견인력)에 가두어서 자신과 동일한 평면 궤도를 가지도록 조치했을 것이다.

> 그물에 갇힌 그들은 자신들이 사로잡혔음을 알았다.
> 그녀 편에서 싸웠던 모든 악마들의 무리를
> 주님은 족쇄를 채우고 포박하였다. …
> 빈틈없이 포위되어 그들은 탈출할 수가 없었다.

전투가 끝난 다음에 마르둑은 킹구로부터 '운명의 명패(Tablet of Destinies)', 곧 독자적인 공전 궤도를 빼앗아 자신의 가슴에 묶어 두었다. 곧 그의 공전 궤도가 영구적인 태양 일주 궤도로 구부러진 것이다. 그 뒤 마르둑은 항상 이 천계의 전쟁의 현장으로 돌아오게끔 운명지어졌다. 곧 일정한 주기의 행성이 된 것이다. 티아마트를 살해한 뒤 마르둑은 하늘을 가로질러 태양 주위를 돌다가 자신의 궤도에 위치한 외행성들과 만났다. 에아(해왕성)을 만나서는, '자신의 희망을 마르둑이 성취해 주었다'고 들었고 안샤르(토성)에게서는, '마르둑이 승리를 이룩하였다' 는 찬양의 말을 들었다. 그리고나서 새로운 공전 궤도로 돌아와 승리의 기쁨을 맛보며 예전의 적들인 '티아마트와 킹구를 살해한 곳에서 자신의 주도권을 강화하였다.'

제 5막의 막이 오르는 데 즈음하여 여기에서 아직까지 알려지지 않은 사실, 곧 『구약성서』의 이야기가 메소포타미아의 〈창조의 서사시〉와 일치함을 설명하려고 한다. 이 두 이야기에 공통되게 바로 이 시점에서 천지 창조의 이야기가 시작되기 때문이다. 태양 주위의 궤도를 도는 일을 처음으로 완료하면서 마르둑은 '자신이 살해한 티아마트가 위치해 있었던 지점으로 돌아온다.'

> 주님은 잠시 쉬면서 그녀의 죽은 몸을 바라보았다.
> 자신이 마음먹었던 계획대로 그 괴물을 조각 내었다.
> 그리고서 조개 껍질을 자르듯이 그녀를 두 부분으로 나누었다.

마르둑은 몸소 이 패배한 별에 돌진하여 그것을 두 쪽으로 나누고 '두개골' 곧 윗부분을 갈라 놓았다. 그러자 마르둑의 한 위성인 북풍이 갈라진 이 절반을 때렸다. 이 부분에 강한 타격이 가해져서 ― 지구가 되기로 운명지어져서 ― 아직 어떤 별도 존재한 일이 없는 새로운 궤도로 옮겨졌다.

> 주님은 죽은 티아마트의 뒷부분을 밟았다.
> 자신의 무기로 이어졌던 해골을 갈라 놓았다.

그녀의 핏줄을 잘랐다.
그런 다음 북풍에게 명하기를, 그것을 날라서
아직 알려지지 않은 허공으로 보내라고 하였다.

그리하여 지구가 창조된 것이다! 그녀의 하반신은 또 다른 운명을 맞이하였다. 곧 두 번째 회전 때에 마르둑은 스스로 그것을 강타하여 조각조각으로 만들었다 (자료 10 참조).

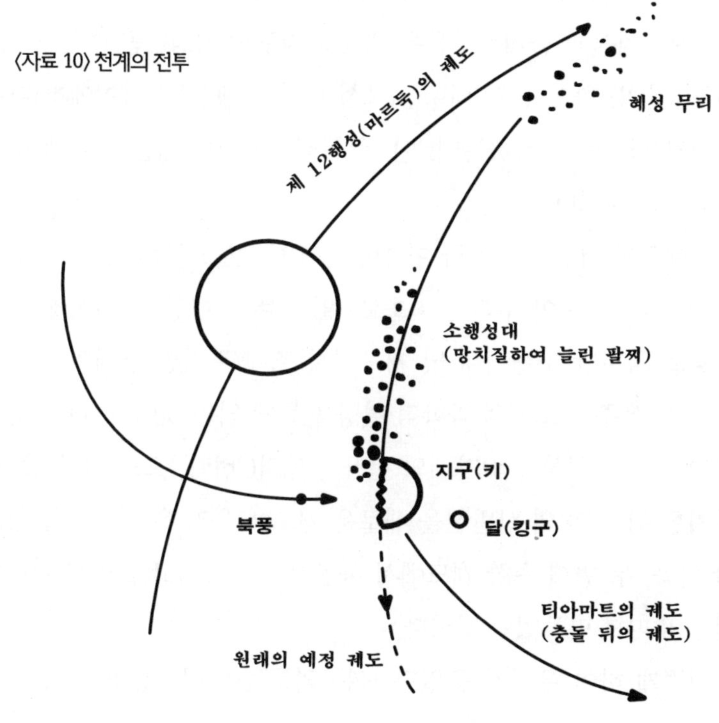

〈자료 10〉 천계의 전투

그녀의 다른 절반 부분으로 주님은 하늘의 장막을 만들었다.
그것을 바라보면 마치 하늘을 감시하는 자와 같이 그것을 거기에 머
물게 하였다. …
그는 티아마트의 꼬리를 굽혀 팔찌와 같은 거대한 띠를 급히 만들었
다.

이 부서진 절반의 조각들은 마치 망치질하여 하늘의 '팔찌'가 된 것 같았으며, 이것들이 내행성과 외행성 사이의 장막과 같은 구실을 하게 된 것이었다. 그것들은 늘려져서 '거대한 띠'가 된 것이다. 이로써 소행성대(asteroid belt)가 창조되었다.

천문학자들과 물리학자들은 내행성(지구형 행성), 곧 수성, 금성, 지구, 달 및 화성 등과 외행성(목성 너머의 행성들) 사이에 커다란 차이가 있음을 인정하는데, 이 두 무리가 소행성대를 사이에 두고 분리되는 것이다.

수메르의 서사시는 지금 이 현상을 고대인들도 알고 있었음을 시사해 준다. 더욱이 우리는 최초로 '잃어 버린 행성'의 사라짐과 그 결과로 생겨난 소행성대 및 지구의 창조에 관련된 천계의 사건들에 대한 우주 창조설의 과학적 설명을 듣게 되는 것이다. 다시 말해서 마르둑은 위성들과 자체의 전자기 충격('벼락')으로 티아마트를 처치한 뒤, 그녀의 상반신을 새로운 궤도에 올려 우리 지구를 창조한 다음, 두 번째 순항 궤도에서 하반신을 조각내고 늘려서 거대한 하늘의 띠를 만들었던 것이다.

이렇게 하여 우리가 품었던 모든 의문들이 이 〈창조의 서사시〉

에서 그 해답을 찾게 되었다. 더욱이 우리는 지구의 대륙이 지각 전체에 걸쳐 볼 때 한 쪽으로 몰려 있고, 그 반대편에는 거대한 공동(空洞) 같은, 혹은 절개된 부분 같은 흔적(태평양의 해저 지형)이 있음을 알고 있다. 또한 티아마트에 대한 이야기에서 시종일관 '물'을 관련시킨 것도 주목할 만하다. 그녀는 '물의 괴물'로 불렸으며, 바로 이런 이유로서 지구가 마치 티아마트의 일부인 양 물로 찬 행성임을 설명해 준다.

오늘날 현대 학자들은 일치하여 지구를 '대양(大洋)의 행성'으로 묘사하는데, 이것은 지구가 그처럼 생명체를 길러 주는 물을 가졌다는 점에서 태양계에서 축복받는 유일한 행성이기 때문인 것이다.

이러한 고대의 우주론적 신화가 새롭게 들릴는지 모르지만, 『구약성서』에는 이와 같은 사실을 이미 많은 예언자들과 현자들이 인식하고 있었음을 보여 주는 기록이 많다. 예언자 이사야는 '태초에 주의 힘이 거만한 자를 조각내어 물의 괴물을 비틀고 쓰러뜨려 테홈 - 라바 Tehom - Raba의 물을 말렸다'고 회상하였다. 또 주 야훼를 '나의 태초의 왕'이라고 불렀던 〈시편(詩篇)〉의 작가는 〈창조의 서사시〉의 우주 창생 신화에 대해 몇 마디 기록하고 있다. '주님의 힘으로 물을 흐트러뜨렸다. 물의 괴물들의 지도자를 주님은 쓰러뜨렸다.' 욥은 이 천계의 주님이 또한 어떻게 '거만한 자'의 부하들을 분쇄했는지를 회상하며 천문학적인 정교한 묘사로서 주님을 찬양하였다.

망치질한 하늘의 덮개가 테홈 Tehom이 있던 자리에 펼쳐지고,
지구는 허공 중에 떠받쳐졌다….
주님의 힘으로 물은 잠잠해지고
그의 활력으로 거만한 자는 난도질을 당하였다.
그의 바람으로 망치질하여 늘린 팔찌가 펼쳐졌고
그의 손으로 비틀리는 용의 숨이 끊어졌다.

성서학자들은 현재 히브리어 테홈('물의 심연')의 어근(語根)이 티아마트에서 유래되었음을 알고 있다. 곧 테홈 − 라바는 '거대한 티아마트'를 의미하며, 『구약성서』에서 말하는 태초의 사건은 수메르의 우주 창생 설화에 근거를 두고 있음을 역시 인식한다. 또한 이러한 유사점 가운데 가장 첫 번째이며 동시에 가장 중요한 것이 〈창세기〉의 첫머리에 기록된 대로, 주의 바람이 어떻게 테홈의 물 위에 있었으며, 또 주의 번개(이 주님은 바빌로니아 판에서는 마르둑이 된다)가 허공의 어두움 속에서 번쩍 빛나서 티아마트를 둘로 갈랐고, 그 결과 지구와 라키아 Rakia(문자 그대로의 뜻은 '망치질하여 늘린 팔찌')가 창조되었음을 말해 주고 있다.

이 천계의 띠〔지금까지는 '창공(蒼空)'으로 번역됨〕는 '하늘'로 불린다. 이는 〈창세기〉 1 : 8에, '이 망치질하여 늘린 팔찌'가 바로 주님이 '하늘(샤마임 Shamaim)'이라고 이름지은 것에서 명확하게 나타난다. 아카드어 텍스트(바빌로니아 판)에서도 이 천계의 지역을 '망치질하여 늘린 팔찌(라키스 Rakkis)'라고 부르며, 마르둑이 어떻게 티아마트의 하체들을 완전하게 눌러 이어서 그것을 길

고 큰 원으로 만들어 영구히 고정시켰는지를 설명하고 있다.

수메르의 전승에 나오는 이 특정한 '하늘'은 일반적인 개념으로서의 하늘과 공간이 아니라 소행성대인 것이다. 우리 지구와 소행성대는 메소포타미아 신화와 『구약성서』에서 똑같이 '하늘과 땅'으로 불리는데, 이는 티아마트가 천계의 주에 의해 해체되었을 때 창조되었던 것이다.

마르둑의 북풍이 지구를 천공의 새로운 위치에 옮겨 놓음으로써 지구에 자체의 태양 공전 궤도가 생겨났고(이로써 사계절이 생겼다), 또한 자체의 자전축으로 회전하였다(이로 인해 밤과 낮이 생겼다). 메소포타미아 텍스트에는, 마르둑의 임무 가운데 하나가 지구를 창조한 다음 실제로 '지구로 하여금 태양의 날들을 가지게끔 허용하고 밤과 낮의 경계를 지어 주었다'고 하는 주장이 기록되어 있다. 『구약성서』에 나오는 개념도 이와 동일하다.

> 하느님이 말씀하시기를,
> (망치질하여 늘린) 하늘에 빛이 있으라.
> 그로써 낮과 밤을 구분하시는도다.
> 또한 거기에 여러 징조가 있도록 하여
> 계절과 날들과 해(年)들이 있게끔 하셨도다.

현대의 학자들은 지구가 독립된 행성이 된 직후 용암이 지표면에서 끓어 올라와 마치 불의 공(火球) 같았으며, 하늘에는 안개와 구름이 가득찼다고 믿는다. 기온이 떨어지자, 수증기는 물이 되어 지

표면이 마른 육지와 바다로 분리되었다. 〈창조의 서사시〉의 다섯
번째 점토판은 비록 심하게 손상되었지만, 이와 똑같은 과학적 정
보를 보여 준다. 끓어 오르는 용암을 티아마트가 내뿜는 '거품' 으
로 묘사하면서 〈창조의 서사시〉는 이 현상이 대기와 대양과 육지가
생겨나기 이전에 있었던 현상이라고 올바르게 지적한다. 그리고
'구름의 물들이 한데 모아 떨어짐' 으로써 대양이 만들어지기 시작
했고, 땅의 '기초' 곧 대륙이 솟아오르듯 나타난 것이다. 모든 것이
'차게 식음' 곧 냉각됨으로써 비가 내리고 안개가 끼게 되었다. 한
편 '거품'(용암)은 계속 솟아올라 '여러 층으로 층이 지어져' 지구
의 지형이 이루어졌다. 이 부분에서도 『구약성서』가 보여 주는 유
사점은 분명하다.

하늘 아래 물들이 한데 모여
한 자리로 모이며 마른 땅이 나타나게 하라 하시니
그대로 되었더니라.

지구의 대양, 대륙 및 대기와 함께 산맥, 강, 샘, 골짜기들도 이제
이루어질 참이었다. 이 모두 창조의 업적을 주 마르둑의 위업으로
돌리는 〈창조의 서사시〉의 구절은 다음과 같이 이어진다.

티아마트의 머리 '지구' 를 제자리에 옮겨 놓아
주님은 그곳에 산들을 세웠다.
샘물을 열어 급류가 흘러 나오게 하였다.

그녀의 두 눈 사이에서 그는 티그리스 강과 유프라테스 강이 흐르게
하였다.
그녀의 젖꼭지로 높은 산들을 만들고
샘을 파서 우물을 만들어 물이 넘치게끔 하였다.

『구약성서』의 〈창세기〉와 〈창조의 서사시〉 및 그 밖의 관련 메소
포타미아 텍스트들은 현대 과학이 발견했던 것과 마찬가지로 지구
의 생명이 물에서 시작되었다고 말하며, 이어서 '무리지어 살아가
는 피조물들'과 '날아 다니는 새들'이 생겨났다고 전한다. 뒤이어
가축과 기어 다니는 온갖 동물들이며 맹수들이 지상에 나타났고
마침내 창조의 마지막 행위인 인간의 출현이 이어졌다.

iv. 달과 명왕성의 창조 이야기

지구에 새로운 천계의 서열과 질서를 정해 주는 일의 하나로 마
르둑은 '신인 달Moon이 제 모습을 나타나게끔 하고 그에게 밤을
맡김으로써 매달 날들을 정하였다.' 이 하늘의 신(곧 달)이 누구였
던가? 텍스트에서는 그를 쉐쉬키 SHESH.KI('지구를 수호하는 하
늘의 신')라고 부른다. 앞서 언급한 점토판 가운데 이 이름을 가진
별에 관한 서사시는 없다. 하지만 '그는 그녀의 천계의 압력에 붙
들려 있다'(곧 행성의 중력장에 붙들려 있다는 의미)는 구절이 있
는데, 여기에 나오는 '그녀'는 누구인가. 티아마트인가 또는 지구
인가?

티아마트와 지구의 역할은 상호 교체하는 것으로 나타난다. 곧 지구는 마치 티아마트가 환생(또는 재생)한 것처럼 보인다. 달은 지구의 '수호자' 곧 티아마트가 그 최대 위성인 킹구에게 부여했던 칭호와 동일하다. 〈창조의 서사시〉는 특정적으로 킹구를 티아미트의 무리, 곧 파괴되어 흩어져 혜성처럼 태양 주위를 역행하게 되었던 무리에서 제외시킨다. 마르둑이 첫 공전 궤도를 돈 뒤 티아마트와 싸웠던 전장으로 돌아오자, 그는 킹구에게 독자적인 운명(행성의 운행 궤도)을 갖도록 하였다.

> 그들 무리 가운데 으뜸이었던 킹구를 주님은 위축시켰다.
> 그는 킹구를 둑가에 DUG.GA.E 신으로 격하시켰다.
> 그는 응당 그(킹구)의 것이 될 수 없는
> 운명의 명패를 빼앗았다.

실제로 마르둑이 킹구를 파멸시키지는 않았다. 그는 킹구의 독자적 궤도를 빼앗음으로써 그를 처벌했던 것이고, 그에 따라 '성장'하지도 못하게 킹구의 크기에 일정한 한계를 부여하였다. 더 작은 크기로 위축되기는 했지만, 킹구는 '신' 곧 그 자신이 우리 태양계의 행성계의 구성원으로 남겨졌다. 독자적인 공전 궤도도 없이 그는 그나마 다시금 위성이 될 수밖에 없었다. 티아마트의 상반신이 새로운 궤도에 올려져(곧 지구가 되어) 새로운 행성이 됨에 따라 킹구가 끌려 왔던 것은 아닐까? 생각컨대 우리 달은 티아마트의 위성이었던 킹구인 듯하다.

천계의 둑가에 신으로 변형된 킹구는 자신의 '생명' 의 요소들, 곧 대기, 물, 방사성 물질을 상실했으며, 크기가 위축되고 '생명 없는 덩어리' 가 되었다. 이러한 수메르인의 묘사는 현재의 황량한 달의 모습에 적절하게 부합하며, 또한 달에 관한 근래의 발견들과도 일치한다. 실로 이 위성은 원래 킹구 KIN.GU 곧 '위대한 사절' 로 시작되어 둑가에 DUG.GA.E 곧 '납의 남비(혹은 금속 그릇)' 로서, 곧 비유하여 말하자면 생명 없는 불모지로 전락하는 운명을 맞이하였다. L. W. 킹은 『창조의 일곱 명판 *The Seven Tablets of Creation*』에서 마르둑과 티아마트의 전투를 보여 주는 다른 3장의 천문학적이고 신화학적인 내용의 점토판이 있음을 발표했는데, 여기에 마르둑이 어떻게 킹구를 처리했는지 설명하는 기록이 보인다고 하였다.

'그녀의 배우자 킹구를 그는 전장에서 쓰이는 무기가 아닌 다른 무기로 떼어 놓았다. … 킹구로부터 운명의 명판을 자기 손으로 앗아 내었다.'

이에 관한 추가적 연구가 베노 란츠베르거에 의해 편집되고 완역되었는데(『설형 문자 기록 서고 *Archiv fur Keilschrift forschung*』 1923년 판), 이 책에서 저자는 킹구/엔수 ENSU/달 (Moon)이라는 세 이름들이 상호 교체될 수 있음을 언급하였다('엔수' 는 달의 신 Sin의 변형인 SU.EN에서 파생한 것이다).

이러한 텍스트들은 티아마트의 주 위성이 우리 달이 되었다는 앞서의 결론을 확신시켜줄 뿐 아니라, 또한 NASA의 발견 곧 앞서 언

〈자료 11〉 마르둑과 달을 묘사한 그림

급했듯이 '커다란 도시 크기의 외계 물체가 월면에 충돌한' 결과 생겨났다는 거대한 충돌의 흔적을 설명해 준다. NASA의 발견과 L. W. 킹이 발견, 해독했던 텍스트가 똑같이 달이 '황량하게 버려진 행성' 이라는 점에서 일치하고 있다.

고(古) 바빌로니아의 유적에서 발견된 원통 인장에 마르둑이 사나운 여신과 싸우는 천계의 전투를 묘사한 것이 있는데, 마르둑이 티아마트에게 번개의 화살을 쏘는 모습과 함께 자신의 창조자 티아마트를 보호하려는 듯이 움직이는 달로 확인된 물체가 그려져 있다(자료 11 참조).

지구의 달과 킹구가 동일한 위성이라는 이러한 증거는 나아가 어원학적으로도 밝혀진다. 곧 신 SIN(이것은 아카드어이고 원래의 수메르어로는 난나르 NAN.NAR이다)은 전에 달과 결합되었고,

이것은 SU.EN('황무지의 주')에서 파생한 말이다.

티아마트와 킹구를 처치한 마르둑은 다시 한 번 하늘을 가로질러 전 지역을 살펴보았다. 이번에 그는 '누딤무드/에아(해왕성)의 거처'에 눈길이 갔다. 거기에 가가 GA.GA가 있었다. 이 별(명왕성)은 안샤르(토성)의 옛 위성으로서 다른 행성들에 사자로 파견되었던 별이었다. 마르둑은 이 별에게 새로운 '운명의 명패'(새 궤도)를 부여하였다.

서사시에 의하면, 마르둑은 자신의 최종 임무로서 이 천신을 '숨겨진 곳' 곧 지금까지 알려지지 않은, '심연(The Deep)' 곧 깊숙하고 컴컴한 외계 우주의 파수병이 될 새 궤도에 고정시켰으며, 이에 따라 그의 이름도 우스 무 Us.mu('길을 보여 주는 자')로 바꾸었다. 다시 말해서 토성의 위성이었던 명왕성을 태양계 가장 외곽의 행성 곧 '심연에서의 안내자 겸 집사'로 임명한 것이다.

이 별의 수메르식 이름인 이시무드 ISI.MUD는 '끄트머리, (사물의) 끝'이란 뜻이고, 아카드어 이름인 우스무는 '두 얼굴을 가졌다'는 뜻이다. 명왕성은 실로 이 호칭에 알맞는 행성이다.

첫째로, 우리 태양계의 다른 모든 행성들의 공통 회전면 — 거의 수평이다 — 과는 현격하게 각도가 차이가 나는 공전 궤도를 돌고 있고 둘째로, 그 궤도가 근일점에서 해왕성의 궤도까지 침범할 정도로 가까워진다. 공전 주기 248~249년의 대부분은 원래의 모성인 해왕성 궤도 바깥쪽에 위치해 있지만, 그 나머지 시간은 안쪽에 위치한다(이 위치로 인해 마치 두 얼굴을 가진 것 같다고 고대인들은 생각했을는지 모른다).

『창조의 서사시』에 의하면, 마르둑은 이렇게 호언했다고 한다. "천계의 신들의 행로들을 내가 솜씨 있게 바꿔 놓으리라. …그들은 두 무리로 나누어 지리라."고 했다 한다. 실로 그는 그렇게 하였다. 그는 하늘에서 태양의 첫 창조의 파트너였던 티아마트를 제거하고 대신에 지구를 창조하여 궤도에 올려 놓았으며, 망치질하여 늘린 '팔찌' 곧 소행성대로서 '하늘' 곧 지구형 내행성과 외행성을 구분 짓는 경계를 창조하였다.

지금까지 길게 언급한 서사시를 잘 읽고 연구해 보면, 지난 수천 년 간 의문시되어 온 천문학과 지구 과학의 여러 의문들, 예를 들어 지구의 태평양 해저의 절개부 같은 광대한 현무암 지역의 성인(成因), 달 표면의 대폭격 같은 흔적, 혜성들의 역(逆) 공전 궤도, 명왕 성의 수수께끼 같은 현상들에 대한 해답 혹은 해결의 실마리를 찾 을 길이 있지 않을까?

Z. 시친은 『열두 번째 행성』에서, 『창조의 서사시』 중 마르둑이 우리 태양계를 어떻게 창조하고 '재배치' 했으며('주님은 신들의 운명을 제각기 고정시켰다'), 마르둑 자신이 이른바 우두머리 행성 이라는 니비루 NIBIRU('가로질러 통과한다' 는 뜻) 별 – 거대한 혜 성으로 3,600년의 공전 주기를 가졌다는 – 을 다스렸다고 결론짓 고 있다. 자료는 이렇듯이 '재배치' 된 태양계의 모습으로, 각 행성 은 각자 자신의 상징에 해당하는 천계의 신으로 대우된다.

'니비루'라는 별 — 열두 번째 행성

고대 메소포타미아에서는 전통적으로 '왕권이 하늘에서 내려왔다'는 믿음이 있었다. 왕권이 신적인 권위에 의해 뒷받침되었음을 강조하는 동시에 서양사의 통치의 근간이었던 왕권신수설(王權神授說)의 연원이었던 것이다. 안(아누), 엔릴, 마르둑의 전승이 아마도 그 시초였던 것 같다. 동시에 왕홀(王笏, scepter), 왕관과 정의로운 목자(牧者)라는 개념도 수메르에서 시작되었다.

『창조의 서사시』와 이것과 연관된 여러 텍스트를 연구했던 아시리아 학자 스티븐 랭던(『바빌로니아의 창조의 서사시 *Babylonian Epic of Creation*』) 등에 의하면, 서기전 2000년이 약간 지난 뒤 엔키의 아들 마르둑이 엔릴의 아들 니누르타를 상대로 벌였던 지상에서의 신권 쟁탈전의 승리자로 등장하였다. 그리하여 바빌로니아인들은 원래의 수메르의 창조 이야기를 윤색, 날조하여 우선 우두머리 별이며 태양계의 창조자였던 니비루 별을 '마르둑의 별'로

개작하고 그를 '천상의 신들(행성)의 주', '하늘의 왕'으로 승격시
켰다. 곧 그는 지상에서(바빌론에서) 거주하며 세계를 다스리는 한
편 하늘 세계의 왕으로 군림하였다. 이에 비할 만한 전능했던 신은
아마도 유대인의 야훼 Yahweh 뿐이었을 것이다(또한 마르둑—티
아마트 투쟁 설화는 뒤에 그리스의 천공의 신 제우스가 적이었던
용(龍) 티폰 Typhon 전투신화의 전형이 되었던 것이다).

대부분의 학자들은 처음부터 그를 이집트의 라 Ra 같은 태양신
으로 오해했거나 또는 목성으로 알았지만, 이것들은 논거가 박약
했던 것으로, 독일의 알베르트 쇼트(『마르둑과 그의 별 *Marduk
und sein Stern*』) 등의 연구 결과 전연 다른 제 3의 별로 새로이
인식되었다. 곧 마르둑은 '우주의 깊은 심연(The Deep)에서 나타
나 모든 신들(행성)을 감시하는 자', '먼 외계에서 진입하여 티아마
트를 분쇄했던 빛나는 신의 모습'이라고 묘사했던 점으로 보면 그
는 거대한 혜성 같은 모습으로 대단히 깊은 심우주까지 그 자신의
영역으로 삼았던 천체였던 것이다. 바빌로니아 판 서사시에는 그
를 찬양하는 시구가 있다. "그는 하늘과 땅의 교차로를 차지하리
니… 그는 중앙을 차지 하리니, 다른 별들은 그에게 경의를 표하리
라. … 타아마트를 관통하리니, '관통함(crossing)'이 그의 이름이
되게 하라.…"

이러한 모든 자료를 보여 주는 고대 텍스트들을 연구한 결과, 신
부이며 고전학자인 프란츠 X. 쿠글러 신부는 『바빌론의 행성과학
과 행성학자 *Sternkunde und Sterndienst*』에서 결론짓기를, 마

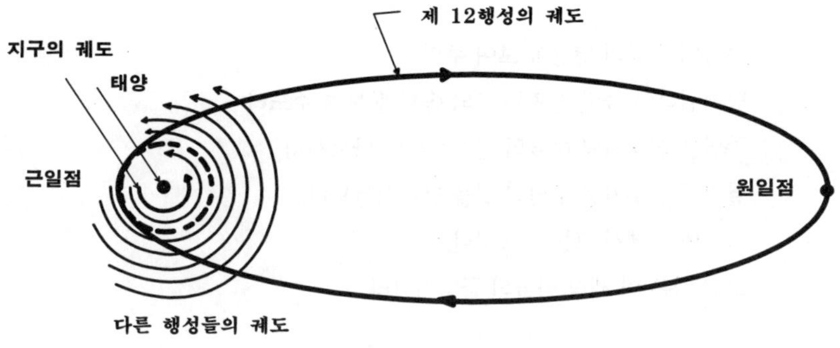

자료 12

르둑은 핼리 혜성을 닮은 거대한 포물선 궤도를 가진 고속의 천체라고 하였다. 그 근일점은 화성과 목성 사이 — 곧 티아마트가 있던 위치 — 이고 원일점은 추측하기도 어려울 만치 먼 곳으로, 수메르인들은 그가 '안 우르 AN.UR' ((눈에 보이는) 하늘의 근거지)에서 '에눈 E.NUN' (신의 거처)까지 여행한다고 기록했다(자료 12 참조).

이 '신의 거처'는 성서 특히 『구약성서』에 수없이 나타나는 곳으로, 그만큼 추상적인 장소가 아닌 구체적인 장소이기에 그렇게 연급되는 듯하다. 『구약성서』 〈욥기〉에 나온 예가 그러하다.

심연에서 주님은 길을 그으셨도다.
빛과 어두움이 뒤섞인 곳에 그의 가장 먼 길이 있다.

〈시편〉에는 더욱 이 행성의 위엄 있는 궤도가 묘사되어 있다.

  하늘의 주님의 영광을 보여 주며,
  망치질하여 늘린 팔찌는 그의 솜씨를 보여 주노라….
  주님은 신랑처럼 하늘의 덮개로부터 나오시니,
  달리기 선수처럼 주님의 길을 달리시는도다.
  하늘의 끝에서 그는 나오시니,
  그의 길은 이 세상 하늘의 끝일지니라.

〈시편〉의 저자는 주님(곧 니비루 별)이 하늘을 나는 위대한 여행자로서 그 원일점이 '무한히 먼 거리'에 위치해 있다가 태양에 근접함에 따라(근일점에 가까워짐에 따라) '내려오며 하늘에 인사하듯' 가까웠다고 언급한다.

그의 표상은 날개 달린 구체(Winged Globe)다. 이 표상(엠블럼)은 고고학자들이 근동 지역 어느 곳을 발굴하든 거의 예외 없이 신전, 궁전, 석주 기둥, 원통 인장, 벽면 등에 묘사되어 있다(자료 13 참조).

이것은 또한 수메르와 아카드, 바빌론, 아시리아, 엘람, 우라르투, 마리, 누지(이상 네 왕조는 수메르/아카드의 외곽 지역에서 번영했던 지역들이다) 등 거의 모든 지역의 지배자들은 물론 히타이트 왕들, 이집트의 파라오와 페르시아의 샤르 Shars들에게서도 최고의 지상신(至上神)의 상징으로 간주되었으며, 이 지역의 고대 천문학과 연관된 신앙의 중심 주제였다[그렇다면 이들 고대 오리엔

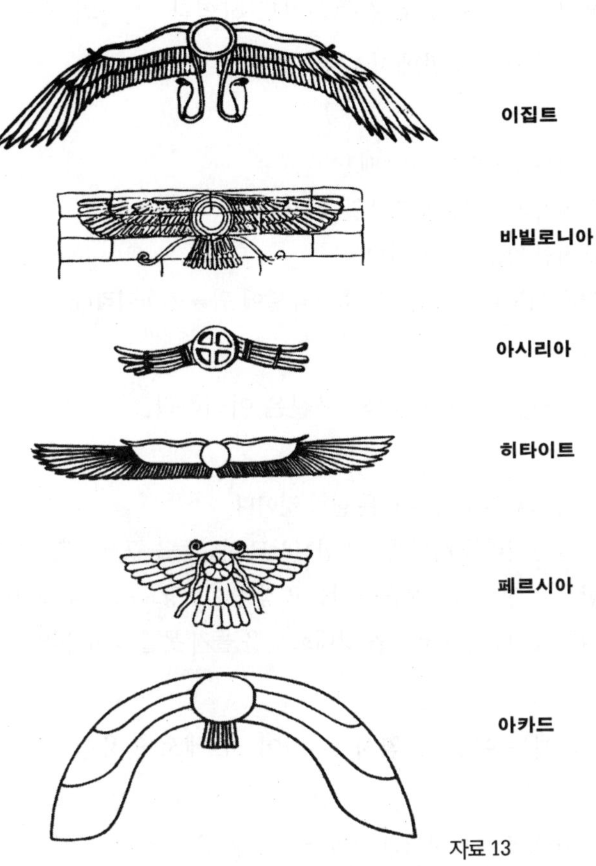

자료 13

트 문명의 원래의 '교사(문명의 전달자)'가 원래 단 한 원천에서 왔던 것인가?]. 십자가 상징(히브리어의 T는 '타우'로 '징조'란 뜻이다)도 여기에서 유래된 것 같다.

이 별은 또한 고대 근동에서 지상에 정의와 평화와 부유함을 가져오는 별인 동시에 간혹 비, 홍수, 지축의 흔들림 등 불안하고 불길한 천재지변의 징조로 간주되기도 하였다. 전자의 예를 든다. 이 것은 바빌론의 점토판에서 나온 것이다.

　…니비루가 광휘를 더할 때 …
　지상에서 사람들은 안전해질 것이리니,
　적대적인 왕들은 안도하며,
　신들은 기도를 받아들이고 호소의 말에 귀를 기울이리라.

『구약성서』 〈이사야 서〉의 구절은 이러하다.

　세상의 날들의 끝에 주님은 들릴 것이니,
　…주님은 나라들 사이에서 심판하시고 사람들을 꾸짖을 것이니라.
　사람들은 칼을 쳐서 보습을 만들고 창을 쇠스랑으로 만들 것이니,
　나라들이 다시금 나라들을 상대로 칼을 들지 못할 것이니라.

후자의 예는 이렇다. 역시 〈이사야 서〉에서 인용한다.

　… 하늘의 끝에서 주님과 그의 분노의 무기는
　세상 전체를 부수려고 나타나리니 …
　만군의 주님이 그의 불타는 분노와 함께

　세상을 가로질러 나타나실 때,
　하늘과 땅이 있던 곳이 흔들려 떨 것이니라.

그 밖에도 〈제카리아 서〉(〈스가랴 서〉)와 〈아모스 서〉에도 분명히 지구의 자전축이 흔들리는 것을 암시한 구절이 있다. 메소포타미아의 원통 인장 그림에는 낮에 보이는 +자형 별이 그려진 그림이 있다. 아마도 대낮에도 광채를 발휘할 만큼 빛났기에 그렇게 묘사한 것이 아니었을까? 또한 소가 끄는 쟁기에 붙은 씨앗 그릇 같은 것이 보인다. 이것은 밭갈이와 씨뿌리기를 동시에 이루어지게 하는 최초의 자동 파종기가 아니었을까?(자료 14 참조)

자료 14

앞서 언급한 바 있었던 우주 거인설 또는 거인 살해설 신화는 분명히 지금까지 언급한 수메르의 우주 창생 신화와 밀접한 신화학적 연관을 가지고 있었을 것이다. 특히 중남미 마야 신화에서 창조의 신으로 태어났던 케살코아틀 전승은 이런 측면에서 대단히 흥미롭다. 곧 케살코아틀 자신이 마르둑의 역할을 맡았으며, 또한 여신 티아마트의 역할은 '시팍틀리'라는 거대한 지상의 괴물이 맡았다. 케살코아틀은 원시의 바다(우주 공간)를 헤엄치고 있던 시팍틀리의 손발을 잡아 몸을 둘로 쪼개어 각기 하늘과 땅을 만들었다. 머리칼과 피부로 풀과 꽃과 목초를 만들고 눈으로 우물과 샘을 만들었고 어깨와 통으로 산을 만들었다.

수메르와 중남미 신화에서 이처럼 가깝게 일치하는 면이 있음은 놀라운 일이다. 아마도 앞서의 『햄릿의 맷돌』 저자들의 말처럼 태초에 누구인가 '무대 뒤에서 드라마를 연출하며 우주(태양계) 생성의 내막을 알려 주었던' 위대한 영웅이 있어서 그의 노력으로 신화가 전세계로 전파되어 여러 민족의 의식 속에 비유적이고 상징적으로 각인되었던 것은 아니었을까?

4 | 하늘에서 내려온 왕권

 수메르인들은 일찍부터 이 니비루 별이 매 3,600년마다 태양을 1회전한다고 굳게 믿어 왔으며, 또한 이 별에서 왕권이 내려왔다고 일관되게 기록했다.

 실로 이 3,600이란 숫자는 60진법을 썼던 수메르인들에게 60진법의 마지막 단위수 60을 곱한 것과 일치한다. 수메르어로 3,600은 커다란 원이며, 이 행성의 존칭인 샤르 SHAR('최고의 지배자')는 또한 '완전한 원'과 '한 바퀴 완성된 공전 궤도'를 의미하였다. 이것은 또한 3,600을 의미하였다. 곧 행성/궤도/3,600이란 동일성은 단순한 우연의 일치일 수가 없었던 것이다.

 역사상 최초로 수메르의 역사를 점토판이 아닌 그리스어로 기록했던 학자는, 그리스의 철학자 아리스토텔레스(서기전 3세기경)와 동 시대에 살았던 칼데아(신 바빌로니아)의 벨 = 바알 교 신관 겸 천문학자였던 베로수스였다. 그에 의하면, 대홍수(약 1만 2천 년 전) 이전 10명의 통치자가 지구를 다스렸다고 한다. 그의 저술 『바빌로니카』를 요약하여 알렉산더 폴리히스토르는 '칼데아(옛 수메르 지방)의 10명의 통치자가 120샤르 곧 432,000년을 다스린 다음 대홍수가 도래했다'고 기록하였다.

아리스토텔레스의 문하생이었던 아비데누스 또한 베로수스를 인용하여 10명의 통치자가 120샤르를 다스렸음을 구체적으로 각 통치자들의 이름과 재위 기간을 명시하여 기술하였다. 가령 통치자 '알루림'이 8샤르 곧 $8 \times 3,600 = 28,800$년을 다스렸다는 식이다.

그러나 여기에서 독자는 의문을 느낄 것이다. 예를 들어 인간은 길어야 100세를 사는데, 어떻게 28,800년이나 다스리고 있었는가 하는 의문이다. 이 점을 간단히 설명하자면 다음과 같다. 만일 우리가 화성으로 이주하여 산다면, 우리의 1년은 365일이 아니라 화성의 1년인 687일 된다. 이런 식으로 생체 주기가 자연스럽게 변화하거나, 혹은 만일 외계인들이 우리보다 적어도 수만 년 정도 진보된 과학 지식을 가지고 있었다면 생체 리듬을 환경에 따라 인위적으로 바꾼다는 것도 결코 불가능할 것이 아닐지 모른다.

NASA와 콜럼비아 대학에서 우주물리학과 생물학을 가르쳤던 로버트 재스트로우 박사는 이미 1976년 인체의 부속들을 컴퓨터의 부품처럼 교체하여 영생하는 것도 불가능하지 않다고 시사한 바 있었다. 더욱 최근 1997년 말에는, 인체의 노화(老化)를 억제하는 유전자(gene)를 발견하기에 이르렀다고 과학자들은 공언하였다.

하여간 이들 외계인들의 유전공학 – 수명 연장 기술은 아마도 우리의 상상 이상으로 진보되었을 것이다.

〈수메르 왕명록〉에 의하면, '왕권이 하늘에서 내려왔을 때, 그 첫 왕권은 에리두 Eridu에 있었다' 고 기록한다. 이곳은 지금은 유프라테스와 티그리스 두 강의 토사가 쌓여 상당히 내륙에 위치해 있지만, 4천 년 전까지도 페르샤만 연안의 항구 도시로서 바다와 물의 신 엔키의 성도(聖都)였다. 왕권은 그 다음 대홍수 때까지 밧티비라, 라르사, 슈루파크 등 여러 곳을 전전했다고 한다. 실제로 발굴된 다른 여러 점토판 텍스트들에도 베로수스의 기록의 정확성을 뒷받침해 주는 기록이 많다.

더욱이 많은 학자들(예컨대 『바빌로니아 및 히브리의 창세기 *The Babylonian and Hebrew Genesis*』의 저자 하인리히 짐머른 등)은 『구약성서』에 나오는 홍수 이전 아담에서부터 노아(대홍수의 주인공)까지 10명의 족장 혹은 선조들이 수메르의 홍수 이전의 10인의 통치자와 대응함을 지적하였다. 흥미 있는 것으로서, 〈창세기〉 6장에 인간에 대한 신의 불신과 파멸을 예고한 기이한 기록이 있다.

> 그래서 하느님은 사람은 탈선하여 동물(살덩어리)에 지나지 않으므로 나의 입김(영혼)이 언제까지나 사람들에게 머물지 못할 것이다. 나의 날은 120년이었다.

그러나 신의 수명이 그 정도 짧았다면 홍수 전은 고사하고 홍수 뒤에 각기 433세~600세를 살았던 노아의 후손들만큼도 안된다는 말이 된다. 그러므로 이 120년이라는 수명을 인간이 아닌 신의 수명이라고 가정하자. 120샤르란 니비루 별의 인간들(『구약성서』〈창세기〉제 6장에 나오는 외계인 네필림 Nefilim)의 나이로서 실로 120×3,600년 = 432,000년인 것이다!

이것은 필자가 아니라, Z. 시친의 주장이다. 일반적으로 우리가 100세라면 지구가 태양 주위를 100회전한 기간 만큼의 나이로서, 이론적으로는 3,600년에 1회전 하는 어떤 가상의 천체에서 100회전만큼 장기간 생존했을 경우(지구 나이로는 36만 세)라도 그들 나름대로 100세라 할 수 있겠지만, 아직 현대 과학으로서도 이것을 해명하기는 결코 쉽지 않을 것이다.

5 아키투 축제

고대 메소포타미아의 중심적 종교 행사는 12일 간 지속되는 신년 축하식으로, 이것은 그들이 우주의 최고의 상징인 제 12행성의 궤도 및 행동과 관련되는 여러 상징들로 가득 찼던 행사였다. 이들 가운데 가장 완벽하게 기록되고 보존되어 온 것이 바빌로니아의 신년 경축 의식인데, 이것 역시 그 연원이 수메르 문명의 시작과 연관되어 있음을 보여 주는 증거가 있다.

바빌론에서는 해마다 신년 초에 엄격하고 세밀한 의식 절차와 전통에 따라 각 구성 부분이 특별한 의미를 지닌 경축 행사가 거행되었다. 이것은 니산 Nisan 달 첫날 — 춘분날과 일치한다 — 에 시작하여 12일 간 지속되며, 최고의 행성인 제 12행성 니비루 별을 상징하는 마르둑이 주재한 의식에 다른 별의 신들(다른 행성들)이 순서에 따라 참석하였다. 12일째 의식이 끝나면 이들은 모두 헤어지고 마르둑이 영광에 싸인 채 홀로 남는다.

이것은 우리 태양계에 마르둑이 출현하며 이어서 태양계의 다른 11명의 멤버를 방문한 뒤 신들의 왕으로 추인받은 다음 홀로 영광스럽게 남음을 상징하는 가장 장엄한 의식이었다[축제 자체가 이것으로 국한된 것은 아니었다. 다른 것들, 예컨대 신들 사이의 결합하여 지상의 생명의 번영을 상징하는 지상신 두무지 Dumuzi 신(뒤에 페니키아의 목자(牧者)의 신 탐무즈)과 천상의 여신 이슈타르의 결혼식이며, 로마 시대의 사투르날리아 축제(귀족, 백성, 노예들이 평등하고 자유분방하게 놀았던 축제)의 전례가 되었을 일종의 해방 축제도 있었는데, 이것은 태초의 혼돈(카오스)의 시기의 자유스러움을 기억하고 회상하는 의식이었을 것이다].

네덜란드 태생의 영국의 저명한 오리엔트학 학자 헨리 프랑크포르트는 저서 『왕권과 신들 *Kingship and the Gods*』(1948년)에서 이 신년 축제(아키투 Akitu 축제)를 분석한 바 있었다. 이것을 참조로 축제의 내용을 설명하고자 한다.

첫 4일 동안 마르둑은 태양계 외곽의 4행성을 방문한다. 이것은 창조를 위한 '준비'를 위한 것이었다. 제 4일째 밤은 뜬 눈으로 지내며 5일째에 마르둑이 이쿠 Iku, 곧 목성에 근접하여 티아마트와 천계의 싸움을 벌일 준비를 한다는 상징적 의식을 거행한다. 신관들은 〈창조의 서사시〉를 밤새 외우며 새 날이 되자 마르둑이 승리한 것을 기념하며 그를 '주님'으로 태양계의 12행성과 황도대의 12궁을 각 12번씩 반복하여 낭송한다[그 날 마르둑의 아들이며 후계자 나부 Nabu가 도착하지만, 제 6일 곧 '화성의 날'(명왕성으로부터 세어서

6번째 행성이 화성이다)에야 입장이 허락된다. 나부는 마르둑이 신권을 장악한 바빌로니아의 12신 판테온에서 화성 신으로 올려졌다).

〈창세기〉에서 천지 만물이 6일 동안에 만들어졌다는 것과 마찬가지로 이 바빌론의 의식도 하늘(소행성대)과 땅(지구)이 첫 6일 동안에 만들어졌음을 상징하는 것이다.

제 7일에는 축제의 초점이 지구로 옮겨져서 마르둑이 속박으로부터 해방되고 결국 신들의 투쟁에서 최후 승리자가 되어 지구의 패권을 장악하는 의식이 행해진다(이 제 7일이라는 날의 7의 숫자는 바로 지구의 상징으로, 이후 서양 정신사에서 12와 함께 가장 신성한 숫자가 되었던 것이다). 제 8일에는 마르둑을 위해 변조된 『에누마 엘리쉬』가 낭송되며, 그 각본에 의해 마르둑이 지상의 권력을 모두 위임받는 의식이 행해진다. 제 9일에 신들은 왕과 백성들과 함께 마르둑을 바빌론 시외에 있는 '아키투의 집' 에서 시내의 성소(聖所)로 모셔 오는 의식을 행한다. 마르둑은 그 곳에서 제 11일까지 11명의 신들(다른 행성들을 상징함)을 맞이하며 마지막 날인 제 12일 신들은 제각기 흩어지고 축제는 끝난다.

결론지어 말하자면, 이 축제는 넓은 종교사적 의미에서 하늘의 신성함을 경축하며, 하늘(天界)에도 여러 많은 신들이 있었지만 그 중 특출한 자가 이 지상의 패권을 장악한다는 굳은 믿음이 특히 근동 지역 주민에 태고의 옛적부터 있었음을 시사하는 것이다. 또한 의심할 바 없이 이 바빌론의 아키투 축제도 멀리 서기전 3000년대부터 시작되었던 수메르의 신년 축하 의식(당시에도 춘분날이 신년의 첫날로 지정되었다)을 모방했다는 증거가 있다. 아키투 Akitu라는 아카드어 자체가 수메르어 아키티 AKI.TI 곧 '지상(지구)에서 삶을 시작한다, 세운다' 라는 의미다. 이처럼 고대인들은 지역을 가리지 않고 천계와 지상의 일체감을 느끼려고 노력했다 (이것이 또한 종교 발생의 가장 큰 동기가 되기도 했다).

메소포타미아인들은 티그리스 강은 하늘의 최고선의 상징인 '아누의 별 Anunit' 을 그 모델로 했다고 하며, 수메르인들은 천계의 신들이 가지고 있던 양떼와 곡물을 지상에 내려보내 먼저 에덴(수메르어로는 에딘 E. DIN 곧 '정의로운 자들의 집, 거처')에서 퍼뜨렸다는 믿음이 있었다. 우랄-알타이인들에게는 하늘이야말로 '신들의 이상적인 원형(原型)이 있는 곳' 으로 굳게 믿었고 이집트에서는 장소, 지역의 이름을 '천상의 들판' 의 이름을 따라지었다. 곧 천상의 들판을 지상의 지리(地理)와 동일화한 것이다(M. 엘리아데, 『영겁 회귀의 신화』에서).

6 | 위험한 우주 여행

고대의 네필림(외계인)들의 '항공우주국'은 먼 외계 행성에서 지구로 우주 여행을 하는 데 있어서 태양계를 어떻게 구분지었던 것일까? 논리적으로, 또한 실제로 그들은 태양계를 두 부분으로 보았다. 그 중 더욱 중시하고 관심을 기울였던 부분은 실제 여행권역인 명왕성에서 지구까지의 7개의 행성이 도는 공간이었다. 두 번째 부분은 항행이 불필요했던 4개의 천체들, 곧 달, 금성, 수성 및 태양이 차지했던 공간이었다. 천문학상으로 그리고 신들의 계보에서 볼 때 이 두 그룹은 별개였던 것이다.

신들의 계보상 신 Sin(달)은 '4개 천체'의 우두머리였다. 샤마쉬 Shamash(태양)는 그의 아들이며 이슈타르(금성)는 딸이었고, 아다드 Adad(수성)는 이들 남매의 숙부 곧 신의 아우로 그는 항시 조카 샤마쉬와 (특히) 조카딸 이슈타르를 동반했다. 이처럼 달의 신이 태양신보다 우위에 올려졌던 이유는, 아마도 고대의 역법(曆法)에 있어서 태음력, 곧 달의 운동을 기준으로 하는 달력이 태양력보다 초기 농경 사회에 적합했으므로 — 지금 농촌에 사는 필자도 그렇게 느끼지만 — 그러했을 것이다.

다른 그룹의 '7개의 천체'는 여러 텍스트들에서 신과 인간의 일이며 천계의 사건들과 함께 기록되고 있다. 그들은 '심판하는 7명의 신들', 또는 '왕인 안(아누)의 7 사절들'로서, 7이라는 숫자가 신성시되었던 것도 이러한 연원으로 인한 것이었음이 분명하다.

수메르인들이 우주 여행에 있어서 신화적인 용어를 사용하여 태양계 행성들의 실체를 어떻게 표현하였으며 또한 우주 여행 자체가 얼마나 위험한 일이었는지 발굴된 텍스트들을 통하여 알아보기로 한다. 첫째로, 지구의 내행성들(4개의 천체 곧 달, 금성, 수성, 태양)들의 영역은 '지르헤아 GIR.HE.A' 곧 '로켓이 비행시 혼란을 일으키는 천계의 바다', '무헤 MU.HE' 곧 '우주선의 혼란' 혹은 울 헤 UL. HE 곧 '혼란의 지역'이라고 이름지었다.

오랫동안 수수께끼였던 이러한 용어의 실체가 최근에야 파악되었다. 곧 1970년대 초기 미국의 컴새트 Comsat(통신 위성국)의 인공 위성들이 이 지역을 날던 중 태양과 달이 위성의 장비들에 일종의 '트릭'을 일으키든가 마비시키는 현상을 일으키는 것을 발견했다고 한다. 곧 지구 궤도 위성들이 강력한 태양풍 입자의 세례를 받아 일시적으로 기능이 마비되거나 혼란되든지, 드물기는 하지만 달의 적외선 반사로 인해 혼란을 일으키는 일이 발견되곤 했다.

특히 지구와 태양 사이를 진입할 때 예측 가능한 양 이상의 강렬한 태양풍 입자의 세례를 받게 되면 제 아무리 정교하고 방사선 방호가 잘 된 우주선이나 위성일지라도 기능이 마비되거나 승무원이 치명적인 방사능에 노출될 수가 있는 것이다. 고대의 네필림들도 물론 이것을 잘 알고 있었을 것이기에 그러한 용어가 붙게 되었을 것이다.

가정적인 하늘(천계)의 '빗장'에 의해 분리된 7개의 외행성(지구를 포함하여)은 수메르인들이 '우브 UB'라는 용어로 불렀던 지역이었다. 이 우브는 아카드어로 '지파루 giparu' 곧 '밤의 숙박지들'이라고 불렸던 7개 부분으로 구성되었다. 이것이 근동을 비롯한 전세계의 여러 지역에서 지상(至上) 천국을 '제 7천'으로 불리게 된 기원인 것 같다.

이 우브를 구성하는 7개의 구체(球, orbs, spheres)는 아카드어로 '키슈샤투 Kishshatu'('전체'라는 뜻)라고 불렀다. 이 용어는 원래 수메르어로 '가장 중요한 부분' 곧 최고(最高)를 의미하는 '슈 SHU'에서 유래한 것이다. 그래서 7행성은 간혹 '7개의 빛나는 것들인 슈누 SHU.NU' 곧 (4개를 제외한 나머지인) '최고의 부분을 구성하는 7'이라고 불렀다.

이 7개의 행성들은 기술적으로도 앞의 4개보다 더욱 세밀하게 기록되었고, 수메르, 바빌론 및 아시리아의 천체 목록에는 이것들에 갖가지 존칭이 붙여지고 또 올바른 순서대로 기록되었다. 그러나 지금까지 대부분의 학자들은 고대 텍스트들이 토성 너머에 있는 행성들을 언급하지는 않았을 것이라는 가정으로 인해 실제로 텍스트에 기록된 행성들을 확인하기가 어려웠다. 하지만 지금 사정은 바뀌어 이것들을 전부 이해하기가 쉬워진 것이다.

외계를 여행했던 네필림들이 태양계에 접근하면서 최초로 조우하게 되었던 행성은 명왕성이었다. 메소포타미아의 기록에 이 행성은 '슈파 SHU.PA' 곧 '슈 SHU(최고)의 감독자'란 뜻으로, 태양계의 '슈(최고)' 부분(7개의 외행성)에의 접근을 안내하는 별이란 의미다. 그들이 지구에 접근하기 위해 모성인 제 12행성을 출발했다고 가정하자. 그 첫 단계로 태양계를 가로질러 횡단하는 데 있어서 당연히 명왕성의 궤도를 먼저 거쳤어야 했을 것이다.

한 천문학 텍스트에는 슈파 행성이 '엔릴 신이 지구라는 대지의 운명을 결정했던 곳'이라고 기록하였다. 곧 우주선을 지휘하는 신이 지구라는 행성과 수메르 땅의 운명을 결단하기 위해 우주선의 코스를 올바르게 잡았던 지점임을 의미한다. 슈파 다음은 '이루 IRU' 곧 '고리'란 뜻의 해왕성이다. 이 지점에서 우주선은 분명히 그 최종 목표를 향해 널찍한 커브, 곧 '고리'를 그리며 선수를 바로 잡았을 것이다. 다른 목록에는 해왕성을 '훔바 HUM.BA의 별'곧 '늪지대의 식물'이란 의미를 함축하는 이름으로 기록되어 있다.

1989년 8월, 무인 탐사위성 보이저 2호가 해왕성에 근접했을 때 놀라운 모습이 드러났다. 곧 태양에서 약 45억 킬로미터(지구 – 태양 거리의 30배)나 떨어져 있는데도 그토록 밝고 생생한 푸른 색으로 나타났던 것이다. 분명히 지각 내부에 방사성 물질의 연소로 인한 지열(地熱)이 왕성하게 외계로 발산되는 것 같았다. 표면 온도가

−220℃ 정도일 것이라는 종래의 추측이 깨어져 버린 것이다. 표면의 파란색은 기체화된 메탄이라고 과학자들은 주장한다. 하지만 언젠가 외계 원정대가 해왕성을 탐험하게 되면 표면에 물과 식물이 있음을 발견할지도 모른다. 그도 그럴 것이 1997년 6월 초, 목성의 표면에 사막과 같은 건조한 지형과 기후가 있음을 발견했던 것이다. 이것은 예상하지도 못했던 발견이었다. 해왕성에도 이런 예상치 못한 발견이 있지 않을까?

천왕성은 아카드어로 '카카브 샤남마 Kakkab Shanamma' 곧 '쌍둥이 별'이라고 불렸다. '카카브'에서 현대 히브리어로 '별'을 뜻하는 '코카브 Kokav'가 파생했으며, 실제로 천왕성은 크기와 형태에 있어서 해왕성의 쌍둥이라 할 만하다. 수메르의 목록에는 이 별이 '엔티마쉬 EN.TI.MASH' 곧 '밝은 녹색 생명의 별'로 묘사되었다. 천왕성도 역시 늪지대의 식물과 같은 생물들이 풍부한 행성일 것인가?

주목할 만한 것은 토성으로서, 그 부피가 지구의 100배에 가까운 거대한 행성이며, 이 별의 직경 거리만큼 멀리 뻗친 특이한 고리를 가지고 있는 별이다. 그것의 강대한 중력과 신비스런 고리로 인해 우주선이 이 별에 접근하기란 상당히 위험했을 것이다. 그런 이유에서인지 네필림들은 이 네 번째 행성(명왕성에서부터 세어서)을 '타르갈루 TAR.GALLU' 곧 '거대한 파괴자'라고 불렀다. 이 별은 또한 '칵시디 KAK.SI.DI' 곧 '정의의 무기' 및 '시무투 SI.MUTU' 곧 '정의를 위해 살해하는 자'라고도 불렀다. 실로 고대 근동 전역에 걸쳐 이 별은 불의한 자를 처벌하는 자로 상징되었던 것이다. 이러한 별칭들은 또한 실제 우주 비행사의 사고에 대한 공포감을 함축했던 것이 아니었을까?

실제로 아키투 축제의 제 4일, 안 An(하늘)과 키 Ki(지상) 사이의 '물의 흐름 가운데 있는 폭풍' 곧 우주 공간 비행 중 조우하는 '폭풍'(예컨대 강대한 중력의 견인 같은 것)에 대한 이야기가 재연(再演)되었다. 이것은 우주선이 안샤르(토성)와 키샤르(목성) 사이를 항행하던 중 실제로 일어났던 사고를 근거로 하는 드라마가 아니었을까? 1912년에 발굴 번역, 발간된 아주 초기의 어떤 수메르 텍스트는 학자들에 의해 고대의 마술 텍스트로 가정되었지만, 실제로는 우주선과 50명의 승무원을 상실했던 사건을 기록한 내용이었을 가능성이 큰 것이다. 그것은 마르둑이 페르샤 만(걸프 만)의 에리두에 도착하면서 아버지인 에아(엔키)에게 어떤 두려운 사건을 전하는 이야기다.

> 그것은 하나의 미지의 무기처럼 만들어졌습니다.
> 그것은 죽음처럼 (우리에게) 돌진해 왔습니다. …
> 50인이나 되는 아눈나키가 스러져 갔습니다. …
> 하늘을 나는 새 같은 슈.사르 SHU.SAR
> 그것은 (우주선의) 가운데에 충돌했습니다.

텍스트는 '그것' 의 정체가 무엇인지 확인하지 않았지만, 그 무엇인가가 슈.사르['(하늘을) 나는 최고의 추적자']와 그에 탑승했던

50인의 승무원을 파괴했던 것이다. 이런 천계에서의 위기는 토성에 근접했을 때만 있었음을 텍스트는 명백히 기술하고 있다.

외계 비행사들은 토성을 지나 목성에 근접해서야 비로소 안도의 큰 한숨을 쉬었을 것이 분명하다. 이 5번째 행성을 그들은 '바르바루 Barbuaru' 곧 '빛나는 것'이라고 불렀고, 또한 '삭메가르 SAG.ME.GAR' 곧 '거대한 것', '우주복을 (다시금) 단단히 죄어매는 지점'이라고 불렀다. 또 하나의 별칭 '십지안나 SIB.ZI.AN.-NA' 곧 '하늘에서의 진정한 안내자'는 목성이 지구 도착 우주선에 대해 어떤 역할을 했는지 묘사한다.

곧 이 별은 목성과 화성 사이에 진입하는 데 필요한 고난도(高難度)의 커브 곡선 궤도에의 출발 신호 지점이자 위험한 소행성에의 진입 지점임을 보여 주는 것이다. 또한 이 지점에서 승무원들은 착용한 우주복(메 me)을 다시금 단단히 죄여야 했던 것이다.

화성은 '우트카갑아 UTU.KA.GAB.A' 곧 '물의 문에서 빛나는 신호의 불빛'이란 뜻으로, '윗 물'(7개의 외행성으로 이루어진 하늘)과 '아랫 물'(4개의 행성) 사이의 천계의 '팔찌' 곧 소행성대를 막 벗어난 지점에서의 우주선의 새로운 행로를 가리키는 신호의 불빛을 의미하는 듯하다. 좀더 정확히 표현해서 화성은 '쉘리부 Shelibbu' 곧 '태양계의 중심부에 가까운 별'이라고 불렀다.

한 원통 인장에 그려진 특이한 그림에, 우주선이 화성을 통과하여 지구의 관제소와 연락을 취하는 모습이 묘사되어 있다(자료 15 참조).

자료 15

　그림의 가운데에 날개 달린 구체 곧 제 12행성이 그려져 있다. 하지만 그 모습이 자연 상태라기보다는 기계적인 것처럼 보인다. 그 날개는 최근 대부분의 대형 인공 위성이나 무인 외계 탐사선에서 보듯이 태양 전지 패널처럼 보인다. 두 개의 안테나도 빼어 놓을 수 없는 것이다. 이 우주선은 원형의 동체에 왕관 같은 상부와 길게 뻗어 나온 날개와 안테나를 가지고 있으며, 화성(우주선 오른 편의 6각별)과 지구 및 달 사이를 날고 있다.

　지구에서는 한 신이 손을 뻗쳐 아직도 화성 근처를 날고 있는 우주선의 비행사를 영접하려 하는 것같이 보인다. 우주 비행사는 헬멧과 얼굴을 가리는 차광판과 가슴에 다는 방패와 같은 장비를 걸치고 있다. 아랫도리는 마치 물고기 인간의 그것처럼 보인다. 이것은 아마도 우주선이 착오로 대양에 착수(着水)할 경우에 대비하는 필수 장비인 듯하다. 또 그의 한 손에는 일종의 계기를 쥐고 있고, 다른 손으로는 지구에서 보내는 환영 인사에 답례하는 것처럼 보인다.

　그리하여 우주선은 지구를 목표로 순항한다. 지구는 그들 외계인들에게 있어서 '럭키 세븐' 곧 행운의 제 7행성이다. 지구는 '일곱 천신들'의 목록에서 '슈기 SHU.GI' 곧 '슈(최고의 것들)의 휴식처'란 뜻으로 불렸다. 이것은 또한 '슈의 목표가 결정지어지는 대지'를 의미하였다. 곧 태양계의 최고, 최상의 부분으로, 기나긴 우주 여행의 목적지였던 것이다.

고대 근동에서 gi(기, 지)라는 발음이 좀더 낯익은 키 Ki(지구, 굳건한 마른 땅)로 변했지만, gi라는 발음과 음절은 오늘날까지도 원래의 뜻이 남아 있어서 예컨대 지오그래피 geo-graphy(지리학), 지오메트리 geo-metry(기하학), 지오로지 geo-logy(지질학) 같은 형태로 되었다. 또한 가장 초기의 그림문자 형태로 남아 있는 슈기 SHU.GI(지구)는 또한 '시부 SHIBU'('일곱 번째')를 의미하였다.

천문학 텍스트에는 다음과 같은 설명이 있다. 샤르 샤디 일 엔릴 아나 카카브 슈기 이카비 Shar shadi il Enril ana kakkab SHU.GI ikabbi('산악의 주님 엔릴은 행성 지구와 동일한 존재다')—곧 엔릴은 지구의 주인으로 지구 곧 엔릴이란 의미이다.

옛 근동 텍스트에 '7은 50이다'이란 말이 간혹 나오는데, 7은 곧 지구이고 50은 엔릴의 수비적(數秘的) 칭호다. 다시 말해서 수메르 최고신 안(아누)은 60, 엔릴은 50, 엔키는 40, 그다음 샤마쉬(태양신)는 30… 이런 순이었다.

마르둑이 여행 중 경유했던 7곳의 중간 기착지에 대응하여 각 행성들의 이름도 또한 우주 여행과 어떻게든 연관을 가졌음을 옛 텍스트는 기록하고 있다. 여행의 마지막 기착지는 제 7행성 곧 지구였다.

지금까지 짧지 않게 언급한 고대의 외계인의 태양계 횡단 여행이 단순한 전설(그래서 서사 이야기로만 기록됨일) 뿐 아니라 더욱 실증적이고 구체적 증거라도 있어서 그 신빙성을 보완할 만한 것이 혹시 발굴되지 않았을까 하고 생각하는 독자도 물론 있을 것이다. 이것은 마치 1970년대 초기에 외계로 발사되었던 탐사선 파이오니어 10호에 나체의 남녀 전신상과, 또한 이것의 발신지인 태양계에서의 지구의 위치가 새겨져 있어서 미래 언젠가 먼 외계인들이 이것을 우연히 입수했을 경우, 이 그림 자체가 훌륭한 지구인의 외계 탐험 기록의 증거물이 되는 것과 동일한 일인 것이다. 말하자면, 먼 옛날 외계인들이 지구인들에게 자신들의 지구 원정을 입증할 물적 증거라도 남겨 두지 않았을까 하는 것이다.

실제로 그러한 특이한 증거가 존재한다. 그 증거란 19세가 중엽 니네베의 왕립 도서관의 유적에서 발굴된 원반형 점토판으로서,

이것 역시 의심할 바 없이 좀더 이른 수메르 시대의 조각품을 앗시리아 시대에 복제했던 것으로 판명된 것이었다. 다른 것과는 달리 원반형인데다가 새겨진 쐐기 문자의 보존 상태가 양호하지만, 이 것을 해독하려고 시도했던 학자들은 대부분 '가장 수수께끼 같은 메소포타미아의 기록물'이라고 논평하면서도 그 내용을 제대로 파악조차 못했던 것이다.

1912년, 대영 박물관 아시리아 및 바빌로니아 고고 유물 담당 큐레이터였던 L. W. 킹은 이 원반을 꼼꼼히 복사하였다. 이것은 8개의 구분으로 나누어졌고, 손상되지 않은 부분에는 다른 어떤 고대

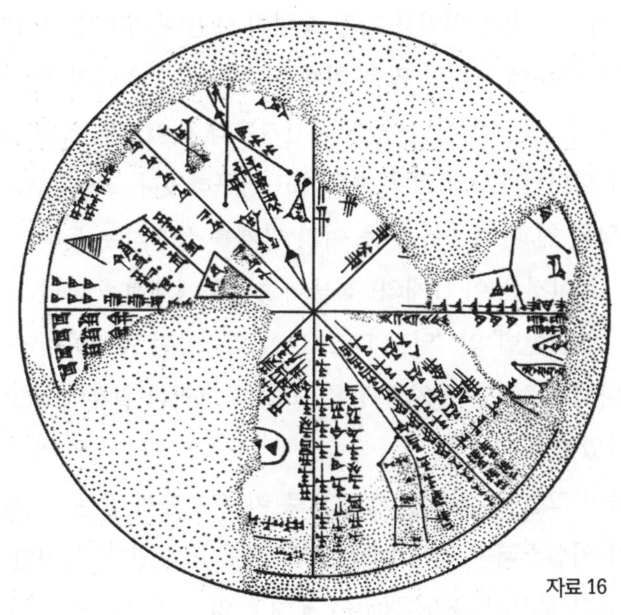

자료 16

유물에서도 볼 수 없었던 기하학적인 형태가 상당히 정밀하게 설계되어 그려져 있었다. 이 그림 형태에는 화살형, 삼각형, 교차선형, 심지어 타원형이라는, 고대에는 알려져 있지도 않았던 수학적, 기하학적인 곡선이 그려져 있었다(자료 16 참조). 이 특이한 수수께끼 같은 그림 점토판은 1880년 1월 9일, 최초로 영국 왕립 천문학회에 보고서가 제출됨으로써 학계의 주목을 끌었다.

R. H. M. 보우선키트와 A. H. 세이스는 최초로 열렸던 '바빌로니아 천문학' 토론 회의에서 이것을 평면구형도(plainsphere) 곧 둥근 공 모양의 천체도 같은 것을 평면에 투사해 그린 지도라고 주장하였다. 그들은 판면의 쐐기 문자가 '일종의 측정 단위를 표시하며 … 어떤 기술적 의미를 가진 것처럼 보인다' 라고 언급하였다.

8개의 부분에 나타난 많은 천체 이름들이 그 원반의 천문학적 특성을 보여 주는 것 같았다. 보우선키트와 세이스는 특히 그 중 한 조각에 나타난 7개의 점에 주목하고 연구하였다. 그들은 이것이 아마도 달의 참과 기울어짐 등 여러 단계를 상징하는 듯하다고 언급하며, 단 이것은 이 (7개의) 점들이 한 쪽 경계선을 따라 나타나서 '별들 가운데 별' 인 '딜간 DIL.GAN' 과 '아핀 APIN' 이라는 천체를 나타냄으로써(그들의 주장은 그렇다) 그러한 결론에 도달했다고 부언하였다.

더욱이 그들은 '간단한 설명으로 이 수수께끼 같은 그림을 파악하기가 의심스러운 것은 말할 것도 없다' 고 하였다. 하지만 그들은 단지 쐐기 문자의 음가(音價)를 제대로 읽고 파악함으로써 이 원반이 천체의 평면구형도라는 단순한 결론을 내렸던 것에 불과하였다.

결국 왕립 천문학회가 개입하여 이 평면구형도의 스케치를 출판하게 되었을 때, 줄 오페르트와 P. 옌센은 이 원반에서 추가로 일부 항성 또는 행성의 이름을 파악하였다. 1891년, 독일의 프리츠 홈멜 박사는 한 과학 잡지에 이에 관해 투고한 〈고대 칼데아인의 천문학 Die Astronomie der Alten Chalder〉이란 제목의 논문에서 이 구형도의 8개 구성 부분의 하나하나는 각기 45°의 각도를 가지고 있음을 설명하고 이것을 근거로 하늘 전체 360°가 전부 표시되어 있다고 주장하였다. 그는 또 제안하기를, '초점이 되는 중앙 지점은 바빌로니아의 하늘에 맞춰져 있었다' 고 하였다.

20세기에 들어 1912년 에른스트 F. 바이드너는 최초로 발간한 자신의 저서 『바빌로니아학: 바빌로니아 천문학상의 문제 *Babyloniaca : Zur Babylonischen Astronomie*』에 이어서 『바빌로니아 천문학 핸드북 *Handbuch der Babylonischen Astromie*』(1915년)에서 이 원반을 철저히 분석했지만, 단지 이해하기 어려운 모호한 결론을 내렸을 뿐이었다. 그에게 닥쳤던 어려움은, 원반의 여러 부분에 씌어진 기학학적 형상과 별들의 이름은 판독 또는 이해 가능하지만(그것들의 의미나 목적이 불명확할지라도), 각 부분의 분할선(서로 45°의 각도로 벌어져 있음)을 따라 평행하여 기록된 문자들은 전연 이해할 수 없다는 데 있었다. 이 문자들은 예외 없이 원반의 아시리아어의 음절들이 연속적으로 반복되는 것이었다. 예를 들면 이렇다.

루 부르 디 Lu bur di, Lu bur di, Lu bur di

밧 밧 밧 bat bat bat, 카쉬 카쉬 카쉬 Kash Kash Kash

알루 알루 알루 알루 alu alu alu alu …

이에 바이드너는 이 원반이 천문학적인 동시에 점성술적 특성을 가진 것으로, 동일한 반복되는 음절이 기록된 다른 텍스트들과 같이 엑소시즘(exorcism), 곧 귀신을 쫓아버리는 의식에 사용되는 마법의 판 같은 목적으로 사용되었던 것이라고 결론지었다. 이것으로 그는 이 특이한 점토판에 대해 더 이상 연구할 의욕을 거두었다. 그러나 만일 우리가 이 원반의 글씨와 그림을 완전히 다른 측면에

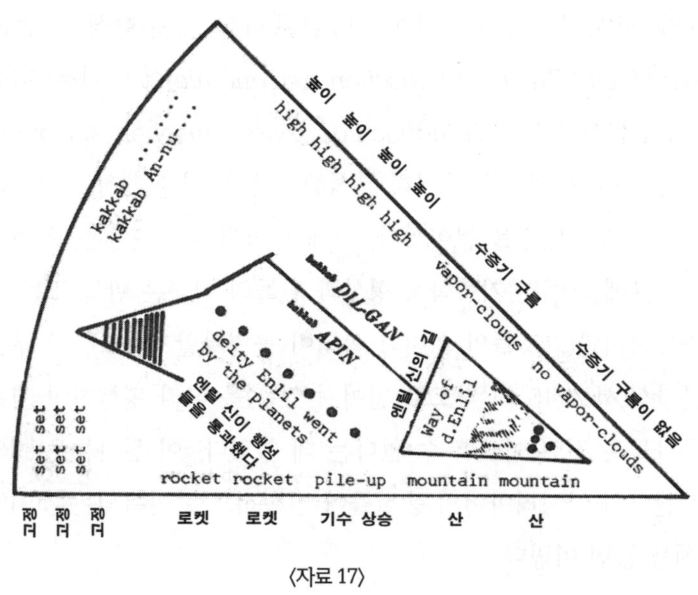

〈자료 17〉

서 바라보면, 곧 아시리아어가 아닌 수메르어의 단어 음절로 생각한다면 어떨까? 왜냐하면 이 원반 자체가 더 오래된 수메르의 원본 조각품을 그대로 아시리아에서 복제한 것이기 때문이다. 이렇게 가정하고 구성 부분 중 한 조각(이것을 제 1번이라고 가정한다)을 바라보면 그 외견상 무의미한 음절들은 이렇게 해석된다.

　　나 na 나나나 아 a 나 아 나누 nu(내려오는 직선과 평행하여)
　　샤 Sha 샤샤샤샤샤(둘레 둥근 부분을 따라)
　　샴 Sham 샴 부르 bur 부르 쿠르 Kur(수평선을 따라)

　이렇게 이 단어 음절들의 수메르어의 의미를 알기만 하면 금세 무의미한 것이 의미를 가진 것으로 바뀌게 된다(자료 17 참조). 이로써 알 수 있는 것은, 이 원반이 일종의 우주 비행 항로 지도로서 주신 엔릴이 비행 교범과 함께 이 지도에 의거해 '여러 행성들은 통과하며 도달한' 경로를 보여 준다는 사실이다.

　45°의 각도로 기울어진 직선은 우주선의 하강 예정선을 표시하는 것처럼 보인다. 우주선은 지표상의 아주 높은 지점(high, high, high, high로 반복 표시)으로부터 고공의 '수증기 구름'(vapor cloud)층을 통해 하강하여 증기가 없는 맑은 저공을 거쳐 지평선의 착륙 지점으로 향하게 되는 것이다. 지평선 가까이에서 우주 비행사에게 지시된 사항은 이러하다. 그들로(우주 비행사들) 하여금 최종 접근을 위해 계기를 고정시키도록(set) 반복 지시된다(set set set …). 그리하여 지상에 근접하면 반복하여 로케트를 재점화(再

点火)시키도록(rocket rocket) 지시하여 기체 속도를 줄이게끔 한다. 그 다음 착륙 지점에 도달하기 이전 높은 산이나 울퉁불퉁한 지역(mountain, mountain)을 피하여 기수를 다소 올리도록(pile-up) 지시한다. 이 단편 부분에 나타난 정보는 명백히 엔릴 자신의 우주 비행과 관련된 것이다.

위에서 언급한 부분 곧 원반의 첫 단편부에, 직선으로 이어진 두 개의 삼각형이 있다. 이 직선은 비행 항로를 표시하는데, 그 이유는 이 선을 따라 '엔릴 신이 행성들을 통과해 지나갔다' 라고 표시되어 있기 때문이다. 항로의 출발 지점은 왼쪽 삼각형에 있으며, 이는 지구에서 더욱 먼 태양계의 외행성을 의미한다. 목표 지점은 오른쪽에 있는데, 실제로 모든 다른 단편부들의 첨단 부분들이 이곳에 위치한 착륙 지점을 향해 초점이 맞춰져 있기 때문에 그러하기도 하다.

왼편에 밑변이 빠진 채 그려진 삼각형은 고대 근동 지역의 낯익은 그림 문자로서 그 의미는 '통치자의 영역, 산악 지방' 을 가리킨다.

오른편의 삼각형은 '슈-우트 일 엔릴' 곧 '엔릴 신의 길' 로서, 수메르에서 천구를 위도에 따라 북방 30° – 90° 까지의 천공을 가리킨다('주신 안의 길' 은 적도를 기준으로 남북위 30° 씩 합계 60° 지역, '엔키의 길' 은 남위 30° – 90° 임). 따라서 두 삼각형을 잇는 직선은 아마도 제 12행성 — '통치자의 영역, 산악 지방' — 과 지구의 하늘을 잇는 선이었을 것이다. 이 항로는 두 개의 천체 곧 '딜간' 과 '아핀' 을 지난다.

　어떤 학자들은 이 이름들이 먼 외계의 항성 아니면 성운의 일부라는 주장을 견지하였다. 하지만 만일 현대의 무인 혹은 유인 우주선이 어떤 행성을 목표로 항행하려 할 때, 이를테면 화성 탐사선이 배경의 α(알파)별인 카노푸스(별)를 항진 표적으로 선정하듯이 이와 유사한 테크닉을 태고적 네필림들도 사용했을 가능성을 배제하기 어렵다.

　그럼에도 불구하고 어쩐지 위의 두 특정 별들이 그렇게 현격히 멀리 떨어진 밝은 항성의 이름이라기에는 어울리지 않는 점이 눈에 띈다. 곧 딜간 DIL.GAN은 문자 그대로 '첫 번째 기착지'이고 아핀 APIN은 '올바른 항행 코스가 결정되는(set) 곳'이란 뜻이었다. 이런 의미는 항행 중의 기착지와 통과 지점임을 시사한다. 톰슨, 에핑, 슈트라스마이어 등 학자들은, 아핀을 화성이라고 하였다. 그렇다면 문제의 단편부 그림의 의의는 명백해진다. 곧 왕권의 별(제 12행성, 니비루/마르둑의 별)과 지구 상공 간의 항로는 목성(첫 번째 기착지)과 화성(APIN)을 통과한다는 것이다.

　이러한 용어의 사용법으로써 네필림의 외계 항행에 있어서 관련된 여러 별들의 역할을 풀이하여 그 별들이 어느 별인가를 파악할 수 있다. 곧 그림에서 보듯이 '엔릴이 통과했다'고 명시된 7개의 슈 SHU 행성 곧 명왕성 — 지구 사이의 일곱 별들을 식별할 수 있는 것이다. 또 놀랄 일도 아니지만, 남은 4개의 천체, 곧 '혼란의 지역'에 위치한 4개의 별들(태양, 수성, 금성, 달)은 별도로 지구의 북쪽 하늘 너머에 모여 있다.

이 조각난 둥근 점토판이 의심할 바 없이 우주 지도이자 비행 교범임을 보여주는 증거는 또 있다. 지금까지 설명한 부분(전체의 1/8에 불과하다)에서 시계 반대 방향으로 돌아가 보자. 그 첫 단편부 중 판독 가능한 것은 '잡아라(take), 잡아라, 잡아라, 향하라(cast), 향하라, 향하라, 향하라 및 완료(complete), 완료'다. 제 3부(맨 처음부터 세어서)에는, 특이한 타원형 형상의 일부가 보이며 판독 가능한 문자는 '카카브 Kakkab, 십.지.안.나 SIB.ZI.AN.-NA, … 안.나 AN.NA의 사절… 이슈.타르 ISH.TAR 신' 및 '(로켓의) 하강 비행 감독 니.니 NI.NI 신'이라는 흥미 있는 구절이 새겨져 있다.

제 4부분에는 특정한 성단(별무리)에 따라 로켓의 도착지를 결정하는 지침같이 보이는 도면이 그려졌는데, 그 하강선은 특정적으로 하늘의 직선(skyline)으로 확인된다. 하늘(sky)이란 말이 이 선 밑으로 11회 반복된다. 이 단편부는 지구 근접 또는 착륙 지점 근접 비행 지침을 묘사한 것일까? 이 점에 관해서는 수평으로 이어진 선을 읽어 보면 확신이 선다. 곧 '둔덕(hills), 둔덕, 둔덕, 둔덕, 꼭대기(top), 꼭대기, 꼭대기, 꼭대기, 도시(city), 도시, 도시, 도시'란 말들이 나타난다. 단편 중심부의 문자는 '카카브 마쉬.탑.바 MASH.TAB.BA'(쌍둥이 자리)에 초점이 맞춰졌다.

카카브 십지안나(목성)가 위치 고정 참고 자료다. 실제로 이 단편부가 지상착륙을 위한 지침으로 정리된 것이라면, 누구든 그 옛날 네필림들이 지구의 우주 공항에 접근했던 순간의 흥분과 짜릿함을 느낄 수 있을 것이다.

그 다음 단편부에는 또한 하강선을 확인하듯 '하늘(sky), 하늘, 하늘이 표시되면서 그 나머지는 이러하다.

> 우리 선체의 착륙 등(our light), 착륙 등, 착륙 등,
> 변경(change), 변경, 변경, 변경
> 항로와 고지대 … 저지대 … 를 관측하라

이 단편부의 수평선에는 처음으로 숫자가 나타난다.

> 로켓 로켓
> 로켓 상승 활공
> 40 40 40
> 40 40 20 22 22

그 다음 단편부의 상부 직선에는 '하늘 하늘' 하는 말이 더 이상 나타나지 않고 그 대신 '채널 채널 100 100 100 100 100 100 100' 이라는 호출 신호 숫자가 나타난다. 이 크게 파손된 단편부에서는 하나의 특징이 두드러진다. 곧 선들 중 하나를 따라 '아슈슈르 Ashshur' 란 말이 새겨져 있는데, 이는 '볼 수 있는 사람' 혹은 '바라봄' 을 의미하는 말일 수 있다.

일곱번 째 단편은 파손이 너무 심해 읽을 만한 것이 거의 없으나, 단지 식별 가능한 구절은 '먼 거리(distant), 먼 거리 … 시야

(視野, sight), 시야 를 의미하는 것과, 기술 지침으로는 '배기 압력 저하(press down)' 정도다.

여덟번 째, 곧 마지막 단편은 거의 완벽하다. 두 행성들 사이의 연결을 표시하는 직선들, 화살표들과 문자들이 선명하다. '상승하라, 산악, 산악이다' 를 의미하는 4조의 엇갈린 십자들과 '연료, 급수, 식량' 을 표시하는 문자들이 두 차례, '수증기 급수, 식량' 이 두 차례 나타나 보인다. 이 단편은 지구로의 항행을 준비하기 위한 예비 물자들, 혹은 제 12행성에의 귀환 비행을 위한 물자의 준비를 표시하는 것이었을까? 후자가 옳을 것 같은데, 왜냐하면 날카로운 화살표가 붙은 직선이 지구상의 착륙 지점을, 다른 끝에 붙은 화살표가 '귀환(return)' 을 가리키고 있기 때문이다(자료 18 참조).

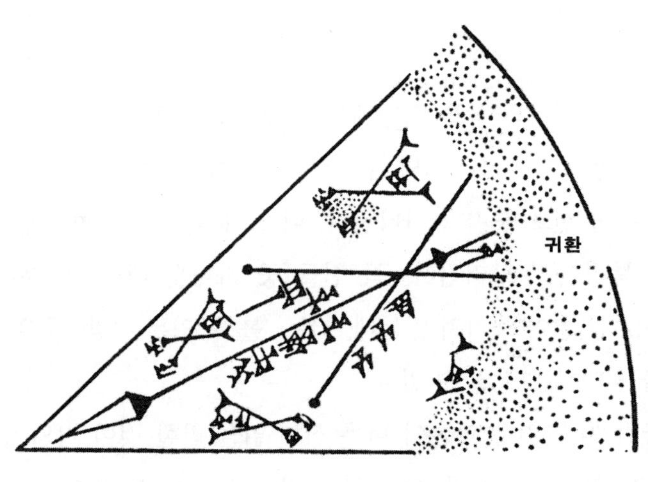

자료 18

엔키/에아가 안/아누의 사절에게 '아다파를 하늘에의 길로 들어
올려 보낸다'고 약속하여 아누가 이 책략을 눈치챘을 때, 그는 사
실을 말하도록 명령했다〔'아다파'는 성서의 아담으로, 외계인(엔키/에
아)이 최초로 창조했다는 인간이며, 뒤에 엔키가 그를 천국(하늘)으로 보
내어 영생을 주려고 했으나, 아다파는 이를 거절했다는 수메르/바빌론 전
승의 주인공이다〕.

> 어찌하여 에아는 한 푼 값어치도 없는 인간에게
> 천지를 잇는 계획을 알려 주고
> 그를 높여 그에게 쉠 shem(로켓)을 만들어 주었는가?

지금까지 설명한 점토판 평면구형도를 보건대, 우리는 진실로 그
러한 '하늘 — 지상을 잇는 계획'이 그려진 궤적의 지도를 보고 있
는 것이다. 거기에 표시된 말과 기록된 언어로서 네필림은 우리에
게 그들의 거처인 행성에서 지구까지의 궤적(항로)를 그렸던 것이
다.

한편 이와는 별도로 하늘의 별 사이의 거리들을 기록한, 해명하
기 힘든 텍스트가 있다. 그 중 하나는 약 4천 년 된 것으로 닙푸르
의 유적에서 발굴되어 동부 독일 예나 대학의 힐프레이트 컬렉션
에 소장되어 있다. 오토 뉴지보어 교수는 『고대의 진정한 과학 *The
Exact Science in Antiquity*』에서, 이 점토판 그림이 의심할 바
없이 '더욱 오래된 옛 원본을 복제한 것'으로 확신하며, 이 점토판
에 두 천체 지구 — 달 사이의 거리를 비롯한 6개의 행성까지의 거

리의 비율이 모두 기록되어 있다고 본다. 이 문제의 텍스트의 두 번째 부분에는 행성 간의 거리 문제를 해결하기 위한 수학 공식이 기록되어 있다. 어떤 판독에 의하면 그 예는 이러하다.

40 4 20 6 40 × 9는 6 40
13 카스부 Kasbu 10 우쉬 Ush 물 mul 슈.파 SHU.PA
엘리 eli 물 mul 지르 GIR 수드 sud
40 4 20 6 40 × 7은 5 11 6 40
10 Kasbu 11 ush $6\frac{1}{2}$ 가르 gar I a mul GIR tab eli mul SHU.PA
sud.

학자들 사이에는 이 텍스트의 문제 부분에 있는 단위들을 어떤 방식으로 읽고 이해해야 좋은가에 대해 일치된 견해가 없었다(이에 관한 새로운 판독법이 예나 대학 힐프레히트 컬렉션의 관리인 J. 윌스너 박사가 Z. 시친에게 보낸 서신에 표시되어 있기는 하다). 그런데 분명한 것은, 이 거리는 슈.파(명왕성)로부터의 거리를 기록한 것이라는 점이다. 오직 이 머나먼 방대한 행성 궤도를 주파했던 네필림들만이 이런 자료가 필요했기에 그러한 공식을 완성했던 것이 분명하다.

8 가상적인 최장 거리 우주 여행과 우주선

현대의 천문학 또는 천체물리학 지식으로 아직까지 전승되어 온 이 미지의 제 12행성 — 태양과 달을 제외한다면 제 10행성 — 의 존재를 확정적으로 인식시켜 줄 객관적 증거는 아직 나타나지 않고 있다. 이것과 비슷한 증거가 하나 있기는 하다.

곧 1972년, 캘리포니아 대학 부설 로렌스 리버모어 연구소의 죠셉 브래디는 당시 관측되었던 핼리 혜성의 궤도의 어긋남〔당시는 혜성이 그 근일점(perihelion)에 근접하기 15년 전이었고 따라서 육안으로는 보이지 않았을지라도 대형 망원경으로는 관측이 가능했을 것이다〕이 아마도 태양 주위를 1,800년만에 1회전하는 목성 크기의 행성의 섭동(pertubation)에 의해 일어났을 것이라는 계산 결과를 제시했던 것이다. 하지만 이 발견은 당시 일반 천문학계에서 한바탕 '소동' 으로 끝났던 것이다. 실제로 1980년대 말까지 아니, 90년대 초에도 이 미지의 행성에 대한 추적이 지속되어 당시(90년대 초)

신문 기사에 "제 10행성은 없다"는 제하의 기사가 실리기도 하였다. 이 문제에 대해서는 뒤에 재론하기로 하고, 여기에서 시친의 주장대로 제 12행성이 실제로 존재했다고 가정하고 그곳으로부터 지구까지의 항행이 어떠했던가를 신화의 세계를 떠나 현실 과학의 잣대로 상상해 보기로 하자.

저 머나먼 암흑 세계에서 혜성처럼 빛났던 모성(母星)으로부터 지구까지 가는 장거리 우주 비행은 옛 우주인들(네필림)에게도 결코 쉬운 일은 아니었을 것이다. 그들의 모성의 공전 궤도는 지구와는 전혀 다른 타원형인 데다가 우리 지구가 다른 행성들과 같이 태양 주위를 시계 반대 방향으로 도는 궤도인 반면, 제 12행성은 그 반대 곧 시계 방향으로 돌았고 또한 회전 주기가 1대 3,600년이라는 차이를 가진 두 별(행성) 사이를 연결해야 하였다.

1960년대 말, 당시 현대 과학의 에센스였다는 아폴로 달 탐사선도 실제로 지금의 기준으로서는 구닥다리 고물이지만, 당시로서는 최신형 컴퓨터를 동원하여 눈앞에 빤히 보이고 또 거리(편도)도 40만 킬로미터라는 지근 거리인 달을 향해 지구에서 발사되어 무엇보다 먼저 달까지의 거리쯤 진입한 시간의 달의 위치를, 또 그 착륙 지점을 정확히 사전에 예측해야 하였다.

마찬가지로 태고적 옛날 네필림들도 자신들의 모성과 목표인 지구가 항시 끊임없이 움직인다는 사실을 수학적으로 정밀하게 계측하고, 자신들의 우주선을 발사 당시가 아니라 착륙 예정 시각의 지구의 상대적 위치를 향해 조준했을 것이다. 이것은 현대 과학자들이 달이나 화성 탐사선의 탄도 조정 작업과 매우 닮았을 것이다.

그들의 우주선은 분명히 제 12행성으로부터 이 행성의 자체 궤도 방향으로 발사되었지만, 이 별이 지구에 근접하기 상당히 전에 발사되었을 것이다. 이런저런 미세한 요소들을 모두 고려하여 수학적으로 계산, 종합한 결과, 이스라엘의 항공공학 박사 암논 시친은 두 개의 가상적 모델 궤도 비행 계획을 입안하였다. 그 제 1방식은, 우주선을 이 행성이 원지점(apogee)에 도달하기 이전에 발사하는 것이다. 이 경우 별 다른 추가 동력의 필요 없이 비행이 가능하고 또 감속시와 같이 코스를 변경해야 할 실제적 필요성도 줄어든다. 제 12행성(그 자체가 거대한 우주선이다)이 방대한 타원형 궤도를 따라 공전하는 동안 우주선은 더욱 짧은 포물선 코스를 그리며 모성에 훨씬 앞서 지구에 도착할 수 있다.

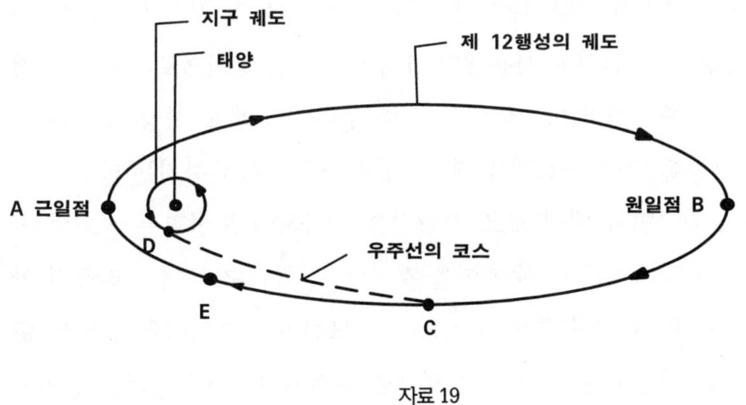

자료 19

이 방법은 네필림에게 이점과 더불어 불리한 점도 주게 된다. 그 불리한 점은 무엇일까? 제 1방식의 경우 네필림의 지구 체재 기간이 보통 그들의 모성의 완전한 1회전 기간 곧 3,600년으로, 이 기간은 지구에서 갖가지 임무를 수행하기에는 좀 긴 기간이다. 따라서 이것 말고 제 2방식을 선호했을 수도 있었을 것이다. 곧 모성이 원일점을 벗어나 근일점으로 다시금 귀환하는 코스의 중간 거리(c 지점)에서 우주선을 발사(자료 19)하는 방식으로서 이 경우 우주선이 비교적 단거리를 비행하고 지구 체재 기간도 짧아지며, 지구 이륙 시점이 모성의 지구 근접시와 일치하게 된다는 장점이 있다. 다시 말해 우주선 발사시(C 지점) 모성의 궤도 속도가 급속히 증가하게 되면, 우주선은 모성의 중력을 벗어나 지구(D)에 도착하기 위해 강한 추력이 필요하며, 모성이 근접하기 몇 해 전 지구에 도착할 수 있다.

복잡한 기술적 자료들과 또한 메소포타미아의 고전 텍스트들을 근거로 검토하건대, 네필림들은 분명히 그들의 지구 탐사 임무를 NASA가 달 탐사에 사용했던 방식과 동일한 방식으로 수행했을 것이라는 증거가 있다. 곧 그들의 주 우주선이 목표 행성(지구)에 착륙 가능할 만큼 근접했을 때, 실제로 스스로 착륙하지는 않고 지구를 선회하면서 대신 보조 착륙선을 발사하여 모선과는 별도로 착지하여 각종 임무를 수행했을 것이다. 정확한 착륙이 어려웠던 만큼 이륙하며 지구 중력을 이탈하여 모선과 재결합하든가 또는 모성으로 귀환하는 것은 온갖 재간을 부려야 할 만큼 어려운 일이었을 것이다. 착륙선이 모선과 연결되기 위해서, 또한 이것이 그 즈음 화성과 목성 사이의 근일점을 막 벗어나 최고 궤도 속도로 멀어져 가는 제 12행성을 따라잡기 위해서는 엔진 효율을 급격히 상승시 켜 극도의 가속도로 전속력을 올려 돌진하듯이 항진해야 했을 것 이다.

　Z. 시친 박사는 지구 궤도의 우주선이 제 12행성을 향해 발진하 는 추력에 있어서 적절히 응용될 수 있는 3개의 수학 공식을 계산 해 보았다. 이에 따르면, 우주선은 멀어져 가는 제 12행성을 1.1 내 지 1.6 지구년 이내로 따라 잡게 된다는 결론이 나왔다(이 구상은 1976년경에 시도되었다). 하여튼 지구에 이착륙하는 데 있어서 적 절한 지형, 지구에서의 이착륙 유도 및 모성과의 완벽한 조화가 지 구에의 성공적인 이착륙 및 출발 – 귀환에 필수적인 요소들이었을 것이다.

　지금까지의 설명에 덧붙여 그들 외계 행성의 탐사자들이 탑승했 던 우주선이 실제로 어떤 모습을 가지고 있었으며, 그 성능이 어떠

자료 20 우주선을 확대한 그림

했던가를 상상하는 것도 흥미 있는 일이다. 고대 수메르의 원통 인장 그림(자료 15)에서부터 그 뒤 약 1천 2백 년이 지난 아시리아 시대의 그림(자료 20)에 이르기까지 일관되게 묘사된 우주선에는 선체의 양쪽으로 펼쳐진 날개 비슷한 태양 전지 패널이 보인다. 이 장치는 태양빛을 받아 전기를 발생시키는 가장 보편적인 수단이다. 아마도 현대적 기술보다 수천 년이나 앞섰던 공학 기술로 설계되었던 이 고대의 태양 전지 패널로 생산된 전기는 높은 효율을 가지고 무선 통신뿐 아니라 이온 로켓 추진 동력 또는 레이저 추진 시스템에 이용되었을 것이다.

이온 로켓은 아르곤, 크세논 Xenon, 수은 증기 등 불활성 기체의 추진제를 진공 방전의 일종인 글로우(glow) 방전에 의해 플라즈마(이온과 전자)로 변환시켜 분출시켜 그 반동으로 추진되는 로켓의 일종이다. 배기 속도가 초당 100킬로미터나 되므로 먼 항성간 우주 비행에 적합한 것으로 생각된다. 하지만 이것뿐이 아니다. 우주선이 만일의 경우 행성 표면에 불시착하든가 하는 경우에 대비해서 효율이 좋지 않지만 화학 연료 추진 로켓도 준비할 필요가 있었을 것이다. 이 로켓은 이를테면 액체 산소 및 수소를 연료로 쓰던가, 폭발성 질소 화합물을 사용하는 방식이었을 것이다.

1994년 초, 일본 국립 공업기술원은, 질소 원자 60개가 축구공처럼 안정하게 결합된 N60(또는 N70)이 미래의 고성능 폭약이나 로켓 연료로 사용 가능하게 될 것이라고 발표하였다. 이 물질은 요컨대 분자 가운데에 상당한 양의 에너지를 저장하고 있어서, 이 결합이 파괴될 때 대단히 많은 에너지가 방출되는 것이다. 니트로글리셀린이나 TNT 등 고성능 폭약들이 거의 전부 질소화합물임을 생각하자. 이와 같은 다(多) 질소 원자 복합체의 구상은 원래 풀러렌 Fullerene 곧 60개의 탄소원자가 축구공처럼 단단히 결합된 C60에서 나왔음직하다. 이 물질은 이론상 경도가 같은 탄소 원자 결합체인 다이아몬드보다 훨씬 높은 것으로, 이미 1960년대에 과학자이며 자유사상가였던 버크민스터 풀러의 이름을 따라 명명된 것이다.

하여튼 외계인 비행사들은 실제로 거대한 우주선과 그에 걸맞는 고성능의 추진 시스템을 제작할 수 있었다. 이 우주선은 항성간 화물과 인원 수송 업무 외에도 지구 궤도 모선으로서 역할을 수행했던 것으로, 그 승무원은 '이기기 IGI.GI' 곧 '(높은 곳에서) 관측하여 감시하는 자' 라고 하였다.

이 대형 모선과 지상 사이를 왕복했던 소형 왕복 우주선이 또한 존재하였다. 말하자면 오늘날의 칼럼비아 호, 아틀란티스 호, 엔데버 호와 같은 우주 왕복선이었다. 이것에 관련해 독자들은 먼저 『구약성서』〈에제키엘 서〉에 나오는 우주선(자료 21)을 연상할 것이다(성서 원문에는 불의 '전차' 라고 되어 있다). 필자가 보기에 이 우주 연락선은 지상 착륙용 역추진 장치(프로펠러)에서 나오는 강렬한 폭풍과 소음이며, 또 동체 내부에서 방사되는 불빛으로 인해 원시적 기술 수준을 가졌던 당시 민중들에게 강렬한 심리적 효과를 과시하게끔 설계되었던 듯하다.

자료 21 블룸리히가 상상하여 그린 에제키엘의 우주선

　추측하건대 저서 『에제키엘의 우주선』에서 이 우주선을 설명하면서, 이것이 아마도 현대 공학 기술 수준보다 여러 세기 앞선 것이라는 요제프 F. 블룸리히 – 오스트리아 태생의 전직 NASA 우주선 설계 기사 – 의 주장과는 달리, 필자는 이 정도라면 현대의 기술로서도 충분히 제작이 가능하다고 믿는다.

　또 〈출애굽기〉에서는 이스라엘의 족장 모세가 이집트에서 탈출하여 ‘약속의 땅’ 으로 이주하는 백성을 이끌고 가는 도중 시나이 산에서 야훼 하느님을 만나 십계명이 적힌 돌판을 받으려 했을 때, 야훼가 불과 짙은 구름과 안개 가운데에서 말을 걸었다고 한다. 이

〈자료 22〉 터키의 고도 투스파에서 발굴되었던 고대의 1인승 우주 왕복선(?)과 현대의 컬럼비아 호(오른편). 고대의 우주선은 날개와 조종사의 목 부분이 파괴되었다.

야훼의 '거처'는 『구약성서』 여러 곳에서 한결같이 '야훼의 카보드 Kabod'(히브리어로는 KBD)라고 불렀다. 이 Kabod는 문자 그대로 '무게가 나간다', '무겁다'는 뜻이지, 추상적인 뜻인 영광(glory)이 아니다. 에제키엘도 이것을 상기하고 '야훼의 카보드가 모습을 나타냈다'고 기술했다(〈에제키엘〉서 10 : 4). 곧 카보드는 UFO처럼 '무거운 물체'란 뜻이었다.

이 말의 연원은 아카드어(바빌로니아/아시리아/히브리어의 공통 모어)의 '캅붓투 Kabbuttu', 곧 '무거운 것'이며, 비슷한 '카브두 Kabod'(히브리어의 Kabod에 상응한다)는 '날개가 달린 것'을 의미하였다. 이 모든 것들의 근원은 수메르어의 '키밧두 KI.BAD. DU'로, '먼 곳을 활개치며 날음'을 의미하였다. 또한 '후쉬 HUSH'는 '붉게 빛나는 (것)'이란 의미로, '멀리 활개치며 나는 물체'를 묘사하는 데 사용되었던 형용사였다.

1990년 초, 터키의 고도 투스파 근처에서 오늘날 우주 왕복선과 유사해 보이는 비행기 같은 이상한 점토 조각상이 발굴되었다(자료 22). 목이 없어진 파일롯의 몸통이며 배기 노즐과 원추형 머리 등 분명히 오늘날 컬럼비아 호나 아틀란티스호와 닮은 데가 있었다. 이 유물은 현재 이스탄불 고고학 박물관에 소장되어 있지만 전시되지는 않고 있는데, 그 공식적 이유는 이 물체의 실체에 관한 신빙성이 아직 입증되지 않았기 때문이라고 한다.

하지만 이것은 설득력이 부족하다. 아직까지 주류 고고신화학계에서는 고대 중동에서 어떠한 인공적인 비행 물체도 존재하지 않았다는 믿음이 화석처럼 굳어 있는 것이다. 대신에 구태의연한 형이상학적이고 추상적인 설명만이 철옹성처럼 버티고 있을 뿐이다. 여기에 또 하나의 학문적 패러다임의 전환이 필요한 것이다.

더욱이 수메르/메소포타미아 신화의 천계(天界)의 이야기에 자주 등장하는 '아눈나키'나 '이기기'는 실제로 정통 종교신화학자 M. 엘리아데의 저서나 신화 사전을 찾아보면 쉽게 나타나는 보통

명사들이지, 결코 Z. 시친이나 다른 연구가들이 편의상 임시로 명명했던 존재들이 아니었다(학자에 따라서 아눈나키는 '큰 신', 이기기는 '작은 신'으로도 불려지는데, 이들은 외계 우주선을 타고 지구로 원정 왔던 외계인들로서 전자는 고위 간부들을, 후자는 이를테면 하급 장교와 하사관급(rank-and-file) 외계인으로, 이들은 주로 지구 궤도 우주선에 머물며 각종 관제 업무와 잡무를 처리, 담당했던가 또는 지구상에서 노동을 했던 하급자들이었다).

또한 대홍수 이전 수메르의 성도(聖都)였다는 닙푸르 Nippur도 근래에 유적이 발굴되었던 고도였는데, 이 도시는 다른 지역의 성지와 비교하면, 이를테면 예루살렘, 올림포스 산, 헬리오폴리스(이집트의 옛 '태양의 도시'), 페루의 잉카의 고도 쿠스코 Cuzco, 아라비아의 메카 등과 같이 '세계의 중심', '지구의 배꼽'(navel of the world)이라고 불렸다[그리스의 경우 신탁(信託)의 중심지였던 델피와 도도나가 이에 포함되기도 하였다].

이 '닙푸르'란 말의 어원에 관해서는 일치된 견해가 없는데(이는 마치 '서울'이 서벌 → 서라벌 → 새벌 →서울 같이 변천했다는 식의 설명), Z. 시친은 이를 '니브루 키 NIBRU KI' 곧 이 '지상에서의 니비루 별(왕권의 별로 제 12행성) 같은 세계'로 연결시킴으로써 손쉽게 해석하였다. 닙푸르는 이 말이 아카드어로 변한 것이다.

다시 화제를 돌리자.

외계인들은 처음으로 지구를 탐험한 뒤(하기야 약 2억 년 전인 중생대 초기의 석회석에 현대적인 구두 발자국이 찍힌 화석 흔적이 60여 년 전 미국 네바다 주 퍼싱 카운티의 피셔 계곡에서 발견된 적이 있었지만, 이런 것은 논외로 하고) 자신들의 모성과 같이 여러 개의 '도시'들을 세우려고 했다고 한다. 이것들은 도시라기보다는 우선 자그마한 촌락 규모의 집단 거주지이었을 것으로, 우리나라 신화의 경우에도 환웅과 단군왕검이 천계에서 태백산 아래로 하강하여 '신벌'(神市)을 처음으로 세웠다는 것과 같은 맥락의 이야기였을 것이다. 곧 인간 세계에 문명을 널리 전파하고 인간을 교화하기 위한 소규모의 인위적 근거지였다는 것이다.

9 | 신들이 세웠던 도시들

바빌로니아 판 〈창조의 서사시〉에는 신들이 자발적 의도로 지도자 마르둑의 지시에 따라 천상(하늘)에서 내려와 지상의 세계를 개척했다고 기술한다. 서사시에 나온 마르둑의 말은 이러하다.

> 너희들 여러 신들이 살고 있었던 심연 같은 위쪽에서
> '위쪽에 있는 왕의 위엄을 갖춘 거처'를 내가 건설했노라.
> 그러면 그와 어울리는 상대로서
> 나는 아래쪽에서 또한 거처를 건설하리라.

그런 다음 마르둑은 자신의 목적을 설명한다.

> 하늘에서 열린 집회의 결정에 따라 너희들은 내려갈 것이니,
> 그곳에 너희들 모두를 위해 밤에 편히 쉴
> 휴식처가 있을 것이니라.

나는 그것을 '바빌론 Babylon' 이라 이름지을지니 —
이는 신들의 출입문(The Gateway of Gods)일지라.
[바빌론은 원래 아카드어로, 문자 그대로 신들의(ili) 출입문(Bb-ili)
인 것이다.]

이리하여 지구는 신들이 잠시 체류하는 곳이 아닌, 영구적인 '고
향에서 멀리 떨어진 또 하나의 집'이 된 것이었다. 『구약성서』〈창
세기〉에 나오는 에덴이 바로 이러한(외계의) 신들의 거처였음은 쉽
게 짐작할 수 있다. 하느님(엘로힘)이 선선한 바람을 쐬기 위해 오
후 산책을 즐겼다는 시적 표현이 그 3장 8절에 보인다. 이곳은 특
히 과수의 낙원이었다. 이곳은 또한 네 강으로부터 물이 흘러드는
곳이었다.

'그리고 이 세 번째 강의 이름은 히데켈 Hidekel(티그리스) 강으
로, (수메르 서북부의) 아시리아의 동쪽에서 흘러오는 강이고, 네
번째는 프라트 강(유프라테스 강)이었다'(〈창세기〉 2 : 14).

그리고 첫 번째 강은 비손 Pishon 강('풍요로운 강물'이란 뜻)이
었고 두 번째는 기혼 Gihon 강('용솟음치며 흘러나오는 강')이라
고 성서는 기록하고 있지만, 이곳들의 위치에 대해서는 최근까지
수수께끼였다.

〈창세기〉의 기록대로라면, 첫 번째 강은 하빌라 지방(메소포타미
아의 먼 동쪽 아라비아 사막지대로 판명됐음)을 가로질러 동쪽으
로 흘러 다른 두 큰 강과 합류하는 강이었다. 그런데 1980년대 말,
사하라 사막과 서부 이집트 일대를 지구 궤도 회전 위성과 우주 왕

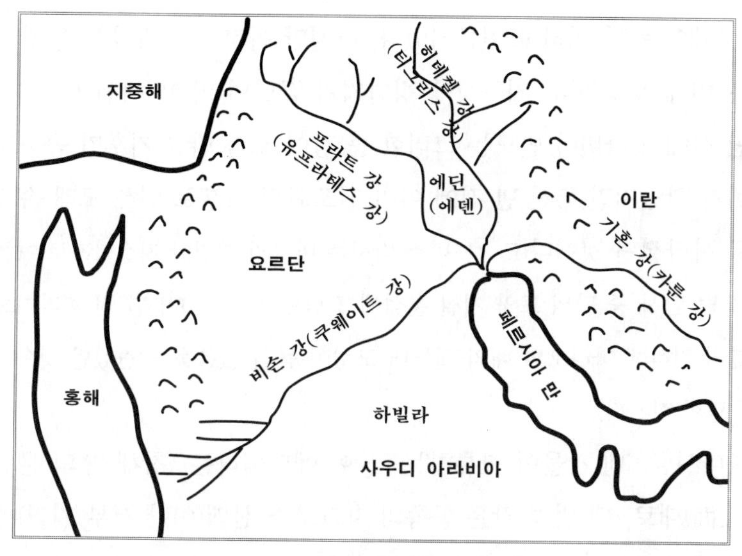

〈자료 23〉 에덴의 위치

복선 콜럼비아 호 등에 적재되었던 토양 침투 탐사 레이더로 샅샅이 훑어본 결과, 이 지역 사막과 건조한 강 바닥의 지하에 수맥이 있어서 한때 이곳에서 물이 흘렀음을 확인하였다. 또한 추가 조사에서 이 지역 일대는 약 20만 년 전에서 4천 년 전까지 물이 풍부하여 큰 강과 수많은 지류가 있었지만, 그 뒤 기후가 변해서 건조화된 것으로 드러났다.

드디어 1993년 3월, 보스턴 대학의 원격 탐사 센터의 파루크 엘−바스 소장은 태고적에 아라비아 반도 서쪽 히자즈 산맥에서 무수한 지류를 만들며 페르시아 만 입구로 흘렀던 길이 850킬로미터가 넘는 큰 강이 모래 속에 파묻혀 있음을 발표하고 이 사라진 강을 '쿠웨이트 강'이라고 이름지었다. 하지만 이것이 문제의 비손 강임은 이제 분명하다. 지구상에 빙하기가 끝났던 약 1만 1천 년~6천 년 전에 아라비아 반도는 그러한 큰 강이 흐를 만큼 기후가 습하고 비가 잦았지만, 5천 년 전에 이미 건조화된 기후로 인해 모래 속으로 사라졌던 것이다(F. 엘-바스 박사는 미국의 저명한 지질학자로 아폴로 달 탐사 중 달의 토양 지질 분석에 전념했고, 또 10여 년 전 피라미드 옆의 지하에 파라오의 배의 실물대 모형이 묻혀 있음을 발견했던 것으로 유명한 학자다).

다시금 '네 강물이 합류하는 곳'이 에덴이라는 〈창세기〉의 문면(文面)대로, 네 번째 강은 동쪽의 자그로스 산맥(이란 서부 지역)에서 흘러 나와 다른 세 강과 만나는 강이라야 한다. 이 강이 바로 현대의 카룬 Karun 강으로, 먼저 자그로스 산맥 남쪽으로부터 산맥과 평행하여 북으로 흐르다가 위로 솟은 다음 다시 아래로 흘러 그 출구가 다른 세 강과 함께 페르시아 만의 샤트-엘-아랍 수로라는 늪 지대에서 만나게 된다(이 늪 지대는 80년대의 이란-이라크 전쟁 중 격전지 가운데 한 곳이었다 – 자료 23 참조).

에덴은 바로 이 합류 지점 약간 북쪽의 두 큰 강 사이에 위치했던 것이다. 이처럼 성서 특히 『구약성서』의 이야기는 결코 신화가 아니라 사실에 근거하고 또 이처럼 물적 증거에 의해 보완되기도 하는 역사적 기록이라는 점을 확인할 수 있다.

최초로 지구에 도래했던 '신들'은 물론 에덴에 가까운 페르시아

만 - 아라비아 해 - 에 근거지를 잡았다. 그 첫 근거지가 에리두 E.RI.DU라는 곳으로, 이미 고대에 다시 말해서 적어도 약 4천 년 전에 유프라테스-티그리스 두 강의 토사에 파묻힌 곳으로서, 이 말의 본 뜻은 매우 적절하게도 '(고향 집에서) 멀리 떨어진 곳에 세워진 (또 하나의) 집' 이다.

이 말은 어원학(etymology)으로 볼 때 흥미 있는 말이다. 곧 Earth의 어원으로 현대 독일어의 Erde(에르데), 고대 고지 독일어의 Erda(에르다), 아이슬랜드어의 Jordh(이외르드), 덴마크어의 Jord(요르), 중세 고트어의 Airtha(아이르타), 중세 영어의 Erthe(에르드) 및 시대를 거슬러 올라가 예수가 사용했다는 아람어의 Ereds(에레즈), 중동의 인도 - 유럽어인 쿠르드어의 Erd(에르드) 또는 Ertz(에르츠), 히브리어의 Eretz(에레츠)이며, 페르샤어의 ordu(오르두)는 야영지(野營地, camp)를 의미한다. 또한 파키스탄의 국어를 의미하는 우르두 Urdu는 보통 땅, 나라, 국토로 번역된다.

이 말은 아마도 지구상에서 가장 오래된 단어들 중 하나일 것이다. 수메르어로 씌어진 가장 오래된 홍수 설화인 〈지우수드라 이야기 Epic of Ziusudra〉는 1914년 필라델피아 대학의 아르노 포에벨이 최초로 번역, 발표한 것인데, 그 내용은 인간 창조, 에덴, 태초의 도시들, 홍수로 이어지는 것으로 그 제 88행에 태초의 도시들과 그 통치자들에 대한 기록이 나타나 있다.

왕권이 하늘로부터 내려온 뒤
고상한 왕관과 왕좌가 하늘로부터 내려온 뒤
그는 …에의 의례를 위한 예식을 모두 갖추었다.
청정한 곳에 다섯 도시를 세우고 그들의
이름을 짓고 근거지들로 삼았다.

이 도시들 중 첫 번째는 에리두였고
그는 이것을 그 지도자인 누딤무드(엔키)에게 주었으며,
두 번째는 밧-티비라 BAD-TIBIRA로
이것을 누기그 Nugig에게 주었다.
세 번째는 라라크 LARAK로, 파빌삭 Pabilsag에게 주었다.
네 번째는 십파르 SIPPAR로, 이것을 영웅 우투 Utu에게 주었다.
다섯 번째는 슈루파크 SHURUPAK로, 수드 Sud에게 주었다.

이 도시들에 이름을 주었고 배급 그릇(인원)을 배당해 주었다.
진흙으로 막힌 곳에 운하를 파서 배수를 잘하게 하였다.
좁은 운하를 파서 풍성한 수확을 얻게 하였다.

그런데 처음으로 왕권을 지상에 내리고 도시 계획 등 모든 계획
을 입안, 실천했던 신인 '그'의 실체는 알려지지 않았다. 그렇지만
최초로 이 습지에 상륙하여 '여기에서 우리는 근거지를 만든다' 고
했던 지도자가 엔키였음은 분명하다. 그의 이름 EN.KI는 '굳건한
대지의 주' 였으나 그보다 에아 E.A(곧 '그의 집이 물가에 있다' 또
는 '그는 물의 주(主)다')가 더욱 적합하며, '세상 사물을 빚어 만든
창조자' 라는 누딤무드 Nudimmud는 그의 별칭이었다. 그는 수메

르 문명의 선구적 개척자, 아니 인류 세계 문명의 개척자였다. 그를 찬양하고 칭송하는 시들은 고대로부터 수없이 많이 기록되었다.

그 전형적인 예가 〈엔키와 세계 질서 Enki and The World Order〉로서, 문명의 일어남에 필수적이었던 여러 자연적 및 문화적 현상을 성취시켰던 엔키의 창조적 활동을 찬양한 기록이다.

이 서사 이야기는 S. N. 크레이머 박사가 1961년에 저술한 『수메르 신화』에 최초로 전모가 소개되었고, 지금까지 발굴된 수메르의 설화 시집 중 가장 보관 상태가 좋은 것으로서, 전부 470행 중 375행이 해독 가능하다. 다만 첫 50행이 파손되었고 그 다음에는 엔키와 그의 아버지 안/아누, 누이 닌티 및 형제 엔릴과 일정한 관계를 형성함을 찬양하는 내용이다. 그 다음은 엔키 자신이 지구에 내려왔던 당시의 일을 1인칭 형식으로 보고하는 것이다.

> 내가 지상에 접근했을 때, 거센 홍수 물이 흐르고 있었다.
> 내가 그 푸른 벌판에 접근했을 때, 내 근거지에
> 자그마한 산들과 언덕이 솟아 있었다.
> 나는 청정한 곳에 집을 지었노라 …
> 나의 집은, 그 그늘이 '뱀의 늪지' 에 떨쳐 있었고
> 작은 기지 gizi 갈대 사이에 잉어들이 꼬리치며 놀았다.

그 다음엔 3인칭 형식으로 엔키의 업적을 묘사하고 있다.

> 그는 늪 지대를 지적하여 그곳에 잉어와 … 물고기를 길렀다

…운하 감독 엔비룰루에게 습지를 책임지게 하였다.

그가 쳐 놓은 그물로는 물고기도 새도 도망치지 못하였다.
… 그는 물고기를 좋아하는 신인 …의 아들에게 새와 물고기들을 맡
겼다.

수로와 웅덩이를 팠던 엔킴두에게
엔키는 그것들을 책임지게 하였다.

흙 벽돌 찍어내는 일을 감독하는 자,
이 땅의 벽돌 제조공인 쿨라에게
엔키는 벽돌 찍는 틀과 벽돌 만들기를 맡겼다.

문자 그대로 엔키는 수로와 운하를 파고, 갈대가 자라는 선창에
집을 지어 ‘심연의 집’(E. ABZU)이라는 멋진 이름을 붙였다. 이
이름은 그 뒤 수 천 년 이상 전해 내려온 미지의 신비한 지역의 대
명사였다. 그는 또한 유람선을 이용하여 수상 여행을 즐겼는데, 이
모습을 묘사한 원통 인장이 적잖이 발굴되었다. 요컨대 엔키는 과
학과 문명의 기술의 신이며 휴머니스트였던 것이다. 황도 12궁에
서의 위치(각 궁은 각기 특정한 신을 상징한다)를 볼 때, 엔키는 물
병을 든 자, 곧 보병궁(寶甁宮) 혹은 쌍어궁(雙魚宮)의 둘 중 어느
것인가가 아직 확정되지 않았다.

엔키가 개척 작업을 대충 완료하자마자, 기다렸다는 듯이 지상의
왕자로 새로이 도래한 것이 그의 이복 형제이자 법적 후계자인 엔

에리두의 엔키 신전 상상도(≪월간 과학 뉴튼≫, 1996년 7월호)

릴 EN.LIL이었다(이 말은 '강렬한 바람의 주님' 이란 뜻이다). 처음에 그는 라르사에 근거를 잡았지만 뒤에 닙푸르로 옮겨 이곳이 영구적 통제 본부가 되었다. '닙푸르 Nippur' 란 말은 '니브루키 NIBRU.KI' 곧 '지구의 교차점' 으로서, 이 말은 원래 제 12행성이 지구에 가장 근접하는 천계의 지점을 '천계의 교차 지점' (Celestial Place of the Crossing)이라고 부르는 데서 연유한 것이다.

이 닙푸르에 '두르안키 DUR.AN.KI' 곧 천계 – 지상의 연결점이 세워졌다(이 말은 결코 필자의 독자적 용어가 아니라, 예를 들어 M. 엘리아데의 종교신화학 서적에서 볼 수 있는 보통명사다). 엔릴과 그의 배우자 닌릴 및 닙푸르를 찬양하는 〈항상 자비로우신 엔릴 님에의 찬가〉에 따르면 닙푸르에는 그의 신전 '에 쿠르' E. KUR(산의 집, 산 같은 큰 집)가 있었고(이 말은 후대에 엔릴을 모시는 최고 신전의 대명사같이 되었다.), '두르안키'가 솟아 있는 곳에 '키우르 KI.UR' 곧 '세계의 뿌리의 땅'이 그의 본부였다.

요컨대 그는 천공과 지상의 모든 것을 통제하는 제우스 같은 대신(大神)이었다. 황도궁에서의 엔릴의 위치는 염소인 마갈궁 혹은 금우궁(황소자리)의 둘 중 하나인 것으로 추측된다.

에리두와 닙푸르 외의 도시들은 어떠했는가? 먼저 밧 - 티비라는 일종의 공업 생산 도시로서 엔릴이 아들인 난나르 신 Nannar/Sin〔달(月)의 신〕에게 맡겼던 곳이다. 앞서의 〈지우수드라 이야기〉에 나오는 누기그 NU.GIG(=난나리)는 '밤 하늘의 남자'란 뜻이다. 이곳에서 아마도 쌍둥이 이난나/이쉬타르 Inanna/Ishtar〔금성과 미(美)의 여신〕및 우투/샤마쉬 Utu/Shamash(태양신)가 태어났을 것이다. 그래서 이들의 아버지 난나르와 이들 남매의 결합으로 황도대의 쌍자궁(雙子宮) 곧 쌍둥이자리가 생겼다. 샤마쉬 자신은 거해궁(巨蟹宮) 곧 게자리이고, 그 뒤를 이은 이쉬타르는 사자궁으로, 그녀는 전통적으로 사자의 등에 올라 탄 것으로 묘사되었다.

엔릴과 엔키 형제의 이복누이인 닌하르사그 Ninharsag도 무시할 수 없다. 그녀는 수드 SUD로 불렸으며 엔릴에 의해 의료의 중심지인 슈루파크를 책임지게 되었다. 그녀는 황도대의 처녀궁에 상응한다. 마지막으로 라라크 Larak는 엔릴에 의해 자신의 아들 니누르타 Ninurta에게 맡겨졌으며, 파빌삭 PA.BIL.SAG은 '위대한 수호자' 란 의미로 니누르타의 별칭이다. 황도대의 인마궁(人馬宮, Sagittarius)이 이에 상응한다.

여기에서 주목할 것은 이상의 일곱 도시들 중(이 7이라는 숫자가 의미심장하다. 7은 곧 성스러운 수였다.) 닙푸르는 메소포타미아 전 역사상 수도는 아니었지만 거룩한 성도(聖都)로서 마치 유대교의 예루살렘처럼 존중되었다는 점이다. 종교신화학적으로 보면 이러한 일은 당연한 현상이었다.

〈창세기〉에서 야곱은 주의 '사절들' (angels)이 사다리를 타고 (UFO에 올라) 하늘로 올랐던 곳을 '베이트 엘 Beit El' 곧 '주님의 집' 이라고 불렀으며, 뒤에 성지인 베델이 되었다. 닙푸르는 아마도 벨－바알 신앙이 소멸되었던 서기 기원 직전까지 성도로 남았다.

또한 에리두에도 엔키의 신전이 있어서 서기전에 상당히 오랫동안 숭배되었던 곳이었다. 오늘날 하지날에 토착 드루이드교 신도들이 모여든다는 전설을 가진 영국의 스톤 헨지 유적도 고대에는 지극히 거룩한 성지였을지 모른다.

10 외계의 신들의 기지와 지구라트

이처럼 고대 수메르의 천계 여행 신화는 근대 이후 신화학자들이 주장해 왔듯이 인간의 의식의 깊숙한 곳에서 이루어진 것, 곧 영적인 체험의 산물이 아니라 문자 그대로 데우스 엑스 마키나(deus ex machina) 곧 '기계 장치를 갖춘 문명한 외계의 신들'에 의해 실제로 이루어졌던 사건이었음이 분명하다.

고대 수메르뿐만 아니라 이집트의 여러 신들, 예를 들어 오시리스, 이시스, 네프티스, 세트, 호루스 등도 이러한 정신적, 물질적 능력을 지녔던 초인 같은 존재들이었을 것이다. 그들이 몸소 체험했던 사건들이 그러나 수천 년의 시간이 지남에 따라 문명의 쇠퇴와 더불어 종교 신앙화하던가 미신으로 변하여 오늘날까지 남아 있는 것이다. 그들이 지녔던 영적 특성만이 그런대로 남아서 지나치게 강조되어 신격화하거나 신비화하였다.

그러면 메소포타미아에서 외계인들이 처음으로 어떻게 지상에 외계 비행의 근거지를 설치했는가를 일종의 가상현실적 방법으로 상상해 보자.

첫째로, 오늘날 대기권을 항행하는 모든 항공기와 우주선에 똑같이 적용되는 방법이지만, 비행체들이 지상에 접근, 착륙하려 할 경우 가장 안전하고도 기계나 인체에 부담이 적은 방식은 평탄한 착륙 지점 근처에 높은 산 같은 지형지물(beacon)이 있어서 이것이 자연적인 착륙 유도 시설이 되는 것이 그 한 방법이다. 이것은 특히 평탄한 메소포타미아의 평야 지대에 이착륙 시설〔우주 비행장(cosmodrome)〕을 설치할 경우 효과적일 수 있었을 것이다. 외계인들은 지구에 관한 한 처음부터 이방인이었다. 먼 외계에서 지상을 감시할 때 그들은 먼저 산악과 산맥들에 주목했을 것이다. 이것들은 물론 이착륙에 장애가 되는 시설이었겠지만 동시에 천연의 지상 표지 구실도 하였다. 특히 최초로 메소포타미아 평원을 지구 원정의 근거지로 했을 경우 그들이 주목했던 것은 그 정북방에 우뚝 솟아 있었던 아라랏 산이었을 것이다.

휴화산인 아라랏 산은 높이가 1-1.5 킬로미터에 직경이 약 40킬로미터나 되는 대지 위에 솟아난 두 봉우리로 구성되어 있다. 곧 소아라랏 봉은 높이가 약 3,820미터이고 대 아라랏 봉은 5킬로미터가 넘는다. 더욱이 반 호(湖)와 세반 호라는 커다란 두 내륙 호수의 거의 중간에 위치한 이 산은 정상부가 항시 눈으로 덮혀 있어서 대낮에도 거대한 반사경 같은 구실을 한다. 착륙 예정지인 메소포타미아는 이 산지에서 충분히 먼 거리에 위치해 있어서 이 산들이 비행의 장애물이 될 우려도 없다. 이 산지의 동남부 방향으로 두 강 사이의 너른 평야지대는, 그러니까 이상적인 착륙 지점이었을 것이다.

〈자료 24〉의 지도를 살펴보며 고대 텍스트에 나타난 도시들을 연구해 보자. 이것들은 그 일부가 고대의 외계 비행과 연관될 것 같은 어의(語意)로 함축하고 있다.

우선 십파르 Sippar를 보면, 이 말은 고대 아카드어로 '새'(bird)란 뜻이다. 더욱이 그 위치는 범람이 일어나기 쉬운 두 강의 삼각주지대가 아닌 중류쪽의 비교적 고지대인 점이 특징이다. 아라랏 산을 통과하는 경선(meridian)과 그것과 45°의 각도를 가진 관제소(본부)인 닙푸르를 연결할 때 십파르는 그 교차점에 정확히 위치한다. 또 닙푸르를 중심으로 동심원을 그릴 경우 가장 외곽에 바닷가 도시 에리두가 있다.

또 십파르를 지나는 동심원에는 라르사 LA.AR.SA 곧 '붉은 불빛이 보이는 곳'과, 밧 티비라 및 라가쉬 LA.AG.ASH 곧 '6시에 광휘(光輝)가 보이는 곳'이 위치해 있다. 또 닙푸르와 그 남동쪽의 슈루파크를 잇는 동심원의 북서쪽에는 라라크 LA.RA.AK 곧 '빛나는 광휘가 보이는 곳'이 위치했던 것으로 추측된다.

그리고 각 동심원 사이의 거리는 정확히 6베루(약 60킬로미터)였다. 이상 설명한 것이 그 옛날 네필림들의 지상에서의 우주 계획 마스터 플랜이었을 것이다. 곧 먼저 가장 적합한 우주 공항의 위치(십파르)를 선정한 다음 다른 기지들을 구상, 개설하여 그에 따라

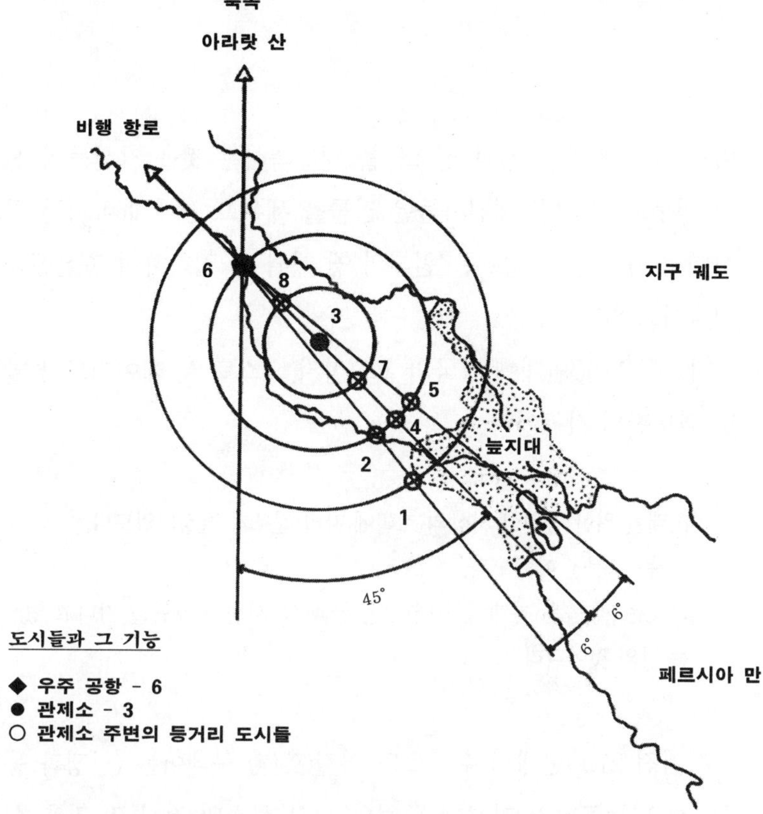

〈자료 24〉
1. 에리두 2. 라트사 3. 닙푸 르 4. 밧-티비라 5. 라라크 6. 십파르 7. 슈루파크 8. 라가쉬

비행로를 설정했던 것이다. 중심지인 닙푸르는 두르안키 곧 '하늘-지상의 연결점'에 위치해 있었다.

그러나 이러한 원래의 '신들의 도시'나 유적은 두 번 다시 인간에 의해 목격되지 않았다. 약 1만 2천 년 전의 대홍수가 이 모든 것들을 파괴하고 지상에서 휩쓸어 버렸던 것이다. 그러나 그 뒤를 이어 몇 천 년 간 메소포타미아의 왕들은 '원래의 계획'에 의거하여 바로 그 위치에 신전과 성소들을 재건축하는 것을 자신들의 신성한 의무로 여겼다. 재건자들은 건물을 세우고 신에게 바치는 헌정사에서 자신들이 그토록 '원래의 옛 계획'에 집착하여 충실했음을 기술하고 있다.

다음은 1850년대에 영국의 고고학자 오스틴 A. 레이어드가 발굴한 점토판의 기록이다.

> 미래를 위한 영원한 지상의 계획에 따라 건조가 결정되었도다.
> '나는 그것을 따랐노라.'
> 그것은 저 높은 천계에서 내려 온 글과 옛 시절의 그림을 지니고 있는 자의 것이니라.

서기전 2100년대의 수메르의 영걸(英傑) 구데아는 (전쟁과 농업의) 신 니누르타가 가르쳐 주었던 신전 성소의 건립 및 건축 설계(석판에 그려짐), 그리고 '하늘과 지상을 날았던' 여신(이난나/이쉬타르)의 지시에 따라 라가쉬에 신전을 건립하였다. 이것은 아마도 태고적 대홍수 이전 라가쉬가 '신들의 도시' 이자 외계 비행 기지의 한 곳이었기에 그러했던 것이 아니었을까? 이와 같은 신성한 의식(물론 신전 성소의 건립을 포함하여)은, 현대의 종교 신화학자 M. 엘리아데의 표현을 빌리면, 신이나 조상에 의해 (어떤 활동이나 의식이) 시작되었을 때(in illo tempore, 역사의 시작)에 실행되었던 원형적 행동의 반복 또는 답습에 의해 성현(聖顯, epiphany)되어 신앙의 한 원형적 형태가 되었던 것이 아니었을까?

에리두 근교의 우르에
남아 있는 지구라트.
서기전 2100년경의 왕
우르난무에 의해 건설됨.

　일부 한국의 재야 사학자들은 몽골 족의 신앙의 한 특징적 형태로 고산 숭배를 지적하며, 이를테면 멕시코의 아스텍/마야 족의 피라미드와 수메르/메소포타미아의 지구라트 Ziggurat를 예를 든다. 이것이 반드시 옳은 이론인지 이 자리에서 판단하기는 쉽지 않지만, 고산 숭배 신앙의 정의와 형태를 좀더 엄격하게 규정할 필요가 있다. 실제로 옛 수메르인들의 신앙이나 신화가 우리의 그것과 대단히 차이가 많다는 점을 고려한다면, 그들과 우리의 고산 숭배 신앙이 반드시 일치한다는 이론은 성립하지 않을지 모른다. 또한 지구라트는 어떤 의도로 세워졌을까? 평탄하여 범람하기 쉬었던 메소포타미아에서는 인공적으로 돋우어진 대지를 세워 신전을 세울 필요성이 우선 강조되었을 것이다.

　문헌 텍스트나 원통 인장 그림을 보면 아주 초기에는 원시적인 초막이나 오두막 같은 형태로 신전이 축조되었다. 그 뒤 돋우어진 대지에 점토 벽돌로 지어진 여러 층의 건물로 발전하였다. 그 밑층일수록 넓었으며, 계단이나 경사로를 통해 윗층으로 오르내렸다.

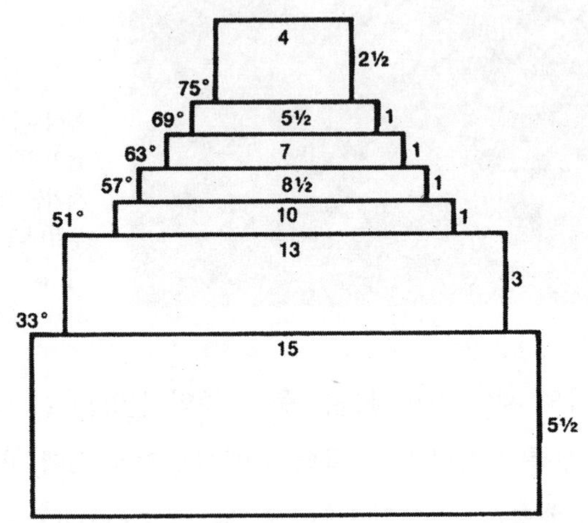

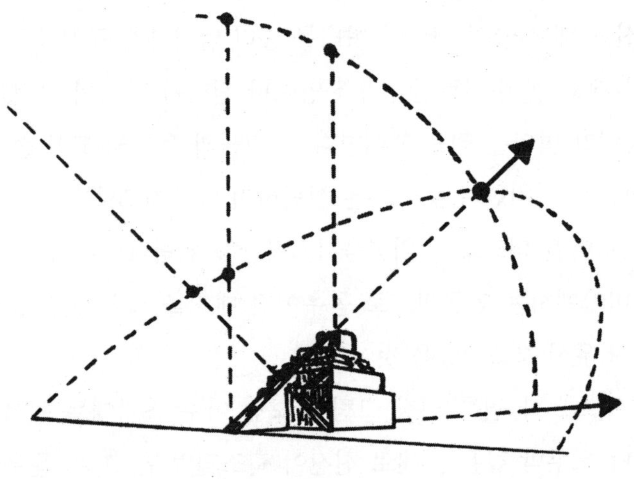

자료 25 a(위), b(아래)

정상부에는 신들의 '거처'가 마련되었고 벽돌담으로 둘러싸인 안뜰에는 신들의 '새'(우주선 또는 우주 왕복선)가 이착륙했다. 바빌론의 마르둑은 그곳에 자신의 지시대로 지구라트와 신전이 집결된 복합 건축물인 에사길 E.SA.GIL('머리를 드높이'라는 뜻)을 세웠다고 주장하였다.

프랑스의 학자 앙드레 파로가 분석하여 저술한 『바벨의 지구라트와 바벨 탑전 *Ziggurates et Tour de Babel*』에 의하면, 조지 스미스가 해독한 〈스미스 점토판〉에 기술된 7층의 지구라트는 완전한 정사각형으로, 제 1층은 각 변이 15 가르 gar 길이였다고 한다. 따라서 전체가 완전할 입체였으며, 길이의 단위 가르는 12단(短) 큐빗 곧 대략 6미터 길이로 산정되었다. 또한 학자들에 의하면, 수메르의 60진법에 따라 지구라트의 기단이 15×4 곧 60가르였다(자료 25a 참조).

또한 각 단계의 높이는 어떻게 결정되었을까? 곧 제 1단계의 높이(5.5 가르)를 제곱큐빗으로 곱하면 33이 되는데(이 수치에 맞게끔 제 2단계가 설계됨), 이 수치는 바빌론의 위도(북위 32.5°)와 거의 일치한다. 이와 비슷하게 계산하여 제 2단계는 51°의 관측 각도를 갖게끔 설계되고 마지막 최정상부(제 7단)까지는 6°씩 더해진다. 그리하여 제 7단은 바빌론의 지리적 위도상의 지평선 위로 75°가 되게끔 돋우어진 대지 위에 솟아오르게 되었다. 이 마지막 단계에 15°가 보태져서(= 90° 직각) 관측자들이 수직으로 하늘을 바라보게끔 하였다. 결국 각 단계는 7층의 천문대의 한 단계와 같은 역할을 하여 둥근 하늘의 호(arc)에 관련되어 예정된 고도에 설치된 것 같은 효과를 가졌던 것이다.

독일의 학자 G. 마르티니는 『바빌로니아의 탑에 관련된 천문학 *Astronomisches zur babylonischen Turm*』에서, 지구라트의 형태가 천체 관측에 적합하도록 설계되었음을 설명하고 또한 '에사길라'의 최정상부가 행성 슈파(명왕성으로 밝혔음)와 은하계의 양좌를 지향하고 있음을 입증했다(자료 25b 참조).

그러나 지구라트가 밤하늘의 별을 측량하는 데만 사용되도록 건조되었을까? 지구라트의 네 각은 이집트의 피라미드처럼 정확하게 동·서·남·북을 가리키게 설계되어 네 변들이 각기 일정한 방향을 지향하게끔 설계되었다. 그 결과 네 변들은 네 기본 방향에 대해 45°의 각도를 가진다. 만일 외계의 우주선이 이 측면 중 어느 하나를 따라 비행로를 조정하면 그 지역 상공에서의 자신의 위치를 정확히 파악할 수 있다. 아라랏 산에서 정확히 남쪽으로 향하다가 메소포타미아로 구부러지는 곳(곧 45°각도로 방향을 동남쪽으로 변경시켜야 하는 곳)에 십파르가 있었다. 이곳이 비행 관제소였던 곳이다.

지구라트는 아카드/바빌로니아어로 '신의 영혼이 흐르는 관(tube)'을 함축하는 '주키라투 Zukiratu'였다. 수메르인들은 이와는 달리 '최고' 또는 '최상'이라는 의미를 함축하는 에쉬 ESH로 불렀다. 실로 이 건조물들은 그러하였다. 이 말은 또한 지구라트의 측정이라는 측면과 연관된 수학적 본질을 표시하는 의미일 수도 있었다. 이 말은 또한 '열의 원천'(아카드어와 히브리어로는 '불')을 의미하였다. 외계 우주와의 연관성이라는 선입견을 배제하고 순수하게 학문적으로 이 주제(지구라트)에 접근했던 학자들까지도 이 건조물이 높이 솟아오른 신의 거처(추상적으로든 구체적으로든) 이상의 그 어떤 다른 용도를 가졌음을 부인할 수가 없었다. S. N. 크레이머 박사는 이에 관해 학계에서 일치된 견해를 설명하였다. 곧 "지구라트라는 층계 지어진 건물은 메소포타미아 신전 건축의 정화였다. … 그것은 실제적·상징적 양 측면에서 하늘의 신과 지상의 인간을 연결하는 연계선으로 역할을 했던 것이다."

건축공학적 의미에서도 지구라트는 말 그대로 장엄한 건물이었다. 가장 대표적인 지구라트라는 바빌론의 바벨탑은 1913년 독일의 고고학자 로베르트 콜데바이에 의해 처음 발굴되었으며, 이곳에서 서기전 229년에 기록된 점토판이 발견되었다. 이 판의 기록에 따르면, 탑은 7층으로 상부에 신전이 설치되었다고 한다. 가능한 한 모든 자료를 수집하여 계산한 결과, 바벨탑을 세우는 데 모두 8천 5백만 개의 벽돌이 소요되었고, 가로, 세로, 높이가 각기 약 90미터라는 점이 밝혀졌다. 서기전 229년이라면 알렉산드로스 왕이 바빌론을 점령하기 직전이었으므로 아마도 먼저 페르시아에 의하여 침공, 파괴된 뒤 문제의 점토판이 기록되어 이 폐허 속에 은밀하게 보존되었던 것이 아니었을까?

고대 이집트의 석조 피라미드와 지구라트를 비교하는 것은 별 의미가 없는 것 같다. 전자가 후자보다 그 건립 연대가 확실히 더욱 오래된 것이며, 현재까지 알려진 그 건립 목적은 일종의 지식과 정보의 타임 캡슐인 듯하다. 곧 피라미드의 정상부와 환기공 같은 것이 특정한 별을 지향하는 것 같으며(그 별이 나타난 시기에 인류사상 어떤 특별한 사건이 일어남을 암시하는 것 같다), 그것의 내외부를 측정한 결과로 나타난 수치들은 각기 어떤 지구과학적, 천문학적 거리나 시간을 축약(縮約), 표시하는 것 같다고 한다. 그러나 그것은 신과 인간이 만나는(communion) 장소는 아니었다.

그것에 비하면 지구라트는 어느 쪽인가 하면, 더욱 실용적이며 실제적인 목표를 가졌던 건축물이었을 것이다. 그 건축 재료도 영구적인 것이 아닌 점토 벽돌을 사용했고 외부는 구운 벽돌로 쌓았다. 항시 끊임없는 전란이 일어 나곤 했던 메소포타미아의 정치적·지리적 환경에서는 영구적인 석조 건물을 세운다는 것은 자원의 낭비였을 것이다. 그러나 분명한 것은 지구라트가 상징적인 '우주의 산'을 의미했으며, 또한 분명히 일종의 고산 숭배 신앙의 상징적 표현이었다는 점이다. 동양 특히 알타이 족들에게 있어서 신들은 고산의 정상부에 살았다는 고정된 믿음이 있었으며(서양의 그리스의 올림포스 산 숭배도 그렇지만), 그런 점에서 지구라트는 피라미드처럼 일종의 오묘한 우주 에너지의 집결체로서의 역할(이에 관해서는 근래에 밝혀진 것이다)보다는 단순히 지상에 고산의 모형을 건축하려는 의도로 세워졌던 듯하다.

11 그 밖의 이야기들

진지한 과학자들이나 SF 작가들은 지구인들이 외계 행성으로 원정하여 이주하려는 이유 중 하나가 지구에서 구하기 힘든 진귀한 금속이나 첨단 산업에 불가결한 금속 원료를 채취하는 데 있다고 상상하고 있다. 예를 들어 아폴로 계획에 의한 월면 탐사 중 순도가 높은 티타늄 같은 희토류(稀土類) 광물이 상당량 발견되었다고 한다. 태고적 옛날 지구로 원정하여 이주했던 네필림들도 이런 점에서는 우리와 동일했을 것이다.

메소포타미아 신화에는 왜곡된, 이른바 주류 신화학자들의 견해가 아닌 문자 그대로의 텍스트의 문면을 살펴보건대 분명히 금속이나 광산 또는 금속의 제련에 관련된 내용들과 원통 인장 그림들이 수없이 많이 발견된다(『구약성서』〈창세기〉에도 아담의 현손인 투발-카인이 인류 최초로 철과 구리를 제련하는 직업을 가졌다고 기록하고 있다). 또 이런 금속들은 대개가 '하계(nether world)'에서 채굴되었다고 하는데, 수메르의 텍스트에는 이 하계가 수메르의 서남쪽에 위치하며 배를 타고 대충 일주일에서 열흘간을 항해하여 도착할 수 있었던 아랄리 Arali 지방에 있었다고 기록되어 있다.

이것이 사실이라면, 하계는 오늘날 동남아프리카 지역 일대(남아프리카, 짐바브웨, 탄자니아 일대)가 아니라면 다른 어디이겠는가? 이곳은 지금도 전세계에서 가장 광물 자원이 풍부한 곳 중 하나이다. 금이나 철광석, 우라늄은 물론 코발트, 니켈 등 필수적 광물의 매장량과 산출량이 모두 세계 굴지인 지역이다. 다시 한 번 '하계'의 실체에 관하여 설명하겠지만, 고대 수메르인들은 하계를 명계(冥界) 곧 후대에 바빌로니아인, 그리스인 또는 로마인들이 상상했듯이 죽은 영혼의 거처가 아닌, 오히려 지리적, 천문학적인 관점에서 상상했다는 점을 염두에 두어야 할 것이다.

그럼에도 불구하고 후대의 학자들은 순수한 신화 전승을 지나치게 유비적(類比的)으로 해석하여 하계를 심판과 부활을 기다리는 영혼의 세계로, 두무지(탐무즈)와 이난나의 사랑과 죽음을 계절의 변동과 식물들의 죽음과 회춘(回春)으로 상상하는 등 오류를 범했던 것이다. 신화의 올바른 해석이란 이처럼 어려운 것이다.

또한 예를 들어 하늘을 3등분하여 중간(적도에서 남북 위도로 30°씩 포함하여)을 '최고신 안(아누)의 길', 북쪽 하늘을 '엔릴의 길', 남쪽 하늘을 '에아(엔키)의 길'로 상정하고 그에 소속된 성좌와 행성들을 각기 구별했으며, 지상에서는지 표면에서 육지가 더 넓은(적도 이북) 지역을 엔릴이 다스리는 윗 세계(上界, The Upper World)로, 아랫 지역 곧 광대한 해양이 잇는 지역을 아랫 세계(下界, The Lower World)로 구분하였다. 이 아랫 세계가 하계(명계)로 변했다.

엔키/에아는 과학과 지식의 신이자 광산의 주(아카드어로 벨 니미키 Bel Nimiki)였다. 그는 천공의 주(主)이자 지구의 지배자인 엔릴의 명에 따라 아눈나키를 이끌고 하계(아프리카)에서 광산을 개척하여 광물 특히 금을 채취하여 본토(수메르)로 운반하는 임무를 짊어져야 했다. 광석을 채굴하는 작업은 아무리 과학이 발달되어도 불가피하게 체력과 정신력이 많이 소모되는 상당한 중노동이었다.

수메르 텍스트에 따르면, 천공(외계)에서 지구 궤도를 도는 우주선에 300명의 승무원(이기기 I.GI.GI 곧 '관측하며 감시하는 자')들이, 지상에는 600명의 아눈나키(지상에 내려와 정착한 외계인들)가 있어서 이들이 토지를 정비하고, 수로를 개설하여 배수를 하며 도시를 건설하는 노동과 함께 가장 중노동인 하계에서의 광산 채굴을 담당했던 자들이었다고 한다. 또한 기록에 의하면, 이들은 인간의 일생의 절반에 가까운 약 40년에 해당하는 기간을 지하에서 보내며 노동으로 지샜다고 한다.

하늘과 땅의 신들인 아눈나키들이 일하고 있다.
도끼와 흙을 나르는 바구니로 터를 닦고 도시를 세웠다.

한 번 가면 되돌아 올 수 없는 남쪽의 오지에서의 노동은 한층 더
고달펐다. 옥스포드 대학의 W. G. 램버트와 A. R. 밀라드가 번역
한 바빌로니아판 『아트라 하시스: 바빌로니아 홍수 이야기 *Atra -
Hasis; The Babylonian Story of the Flood*』(1969년)에 나타난
기록은 이러하다.

> 산들이 인간처럼 일에 얽매어 고통을 겪었을 때
> 신들의 신고(辛苦)는 참담했고 일은 힘들고 비탄은 깊었다.

참다 못해 하급신들이 주동이 되어 반란을 일으켰다. 그 주된 목
표는 총사령관 엔릴이었다. 이에 그는 니비루 별의 통치자인 아버
지 안(아누)를 불러 대 아눈나키 회의를 소집하여 주동자를 엄하게
처벌하자고 주장하였다. 그러나 안은 생각보다 이해심이 있었다.
"그대들이 우리에게 대해 저주하는 것이 도대체 무엇 때문인가? 하
고 그가 묻자, 그들은 자신들이 중노동과 비탄을 솔직히 토로하였
다. 이때 영리한 엔키가 나서서 해결책을 제시하였다. 룰루 Lulu
곧 원시적 인간 노동자를 창조하여 하급 아눈나키들의 노동의 고
통을 해결해 줄 수단을 마련하겠다고 선언하였다. 모든 신들은 이
제안에 찬성했고, 신들의 어머니 마미(닌후르사그, 닌티, 수드 등
여러 이름으로 불렸다)도 도움을 자청하였다.

ii. 인간의 창조 이야기

인간이 외계인 네필림에 의해 '창조' 되었다는 주장은 수메르인에 의해 최초로 기록되고 전승되어 왔다. 실제로 거의 대부분의 신화들 — 문명권의 그것이든 미개인의 것이든 — 에서 신이 인간을 창조했다는 이야기는 거의 필수적으로 나타나고 있지만, 그 창조의 과정을 서사시적으로 시종 상세하게 묘사했다는 점에서 수메르 신화는 놀랄 만큼 특출한 것이며, 실로 신화가 아닌 역사적 사실인 것처럼 보일 정도다. 물론 이 서사 기록이 현대적인 과학 용어로 씌어진 것이 아닌 상당한 유비와 상징, 그리고 형이상학적 의미를 가지고 기록된 것이지만 …….

이 수메르의 인간 창조 기록은 진화론 및 성서에 근거한 유대 – 기독교의 교리와 상치되는 것처럼 보이지만, 실제로는 이 두 가지를 모두 만족시킬 수 있는 것이라고 필자는 확신하게 되었다〔요컨대 원시 상태에서 진화론적으로 성장해 온 원시 인간과, '신' 의 유전자(gene)를 교배하여 인간다운 '인간' 을 창조했다는 것이다〕.

동시에 필자는 깊은 회의(sceptism)의 감정에 휩싸였다. 이 고대 수메르인들의 인간 창조 신화가 실제로 사실이었다면, 창조의 당사자들은 문자 그대로 육체적 · 정신적 · 영적으로 대우주(macrocosm)의 축소판인 소우주(microcosm)인 인간을 임의로 창조했다는 것이다. 그것도 마치 최근 1997년 봄, 실험에 성공한 복제 양(羊) '돌리' 를 만들었듯이 대량 생산하든가 혹은 70년대 초기에 이미 성공했던 클로닝(Cloning) 기법을 이용하여 생산했든지 간에 그것(인간 창조)이 가지는 의미는 실로 우주 자체와 맞먹는 정신적 · 영적 의미를 갖는 것이다. 곧 광대무비한 이 우주 세계에서 지구라는 한 행성의 모든 것을 완전히 지배하는 권능을 가진 초신적(超神的)인 위대한 존재가 있어서 그같은 창조의 특권을 누렸다는 상상이다. 이 존재는 유대-기독교의 신 같은 존재가 아니라 그를 훨씬 능가하는 존재이었을는지 모른다.

지구상의 50억 인간이 모두 각기 다른 지문을 가지고 있고 다른 유전자(gene)를 가지고 있다. 그런 점에서 인간은 하나하나가 하늘의 별과 같은 존재인 것이다. 만일 이러한 '신'이 실제로 존재해 왔다면 그는 하나인가, 혹은 여럿이었는가? 아니면 하나가 일종의 가면(mask)를 쓰고 여러 민족들의 선조 인간들을 창조했던 것인가? 또한 만일 인간이 지금이라도 이 '신'에 접근하여 조금이라도 그 실체를 파악한다면 인간의 종교 신앙과 윤리 법칙은 전혀 새로운 것으로 변할 수 있을 것인가? 이처럼 밑도 끝도 없는 생각은 잠시 덮어 두고 다시금 수메르의 인간 창조 이야기로 돌아가려 한다.

고대 메소포타미아인들은 한결같이 신들이 힘든 노동을 대신 시키기 위한 수단으로 인간을 창조했다고 믿었다. 〈창조의 서사시〉나 〈아트라 하시스〉에는 이 점에 관해 이렇게 기록한다.

그(사람을 닮은 신 웨일라 Weila)의 피를 섞어 사람을 창조하였다.
(사람들에게) 신들의 노역을 감당시켰고 신들은 쉬게 했다.

고대 수메르/아카드인들은 인간을 '원시적인 사람'을 뜻하는 '룰루 Lulu'라고 불렀고 '원시적 노동자'는 '룰루 아멜루 Lulu amelu'라고 했으며, '사람'은 '아윌루 awilu'로 불렀다. 이것의 목적격 곧 '사람을'은 '아윌라 awila'인데, 위 시에 나오는 '웨일라 Weila'는 아눈나키의 반란의 주모자였으며, 아윌루와 발음이 유사하다. 곧 노예 같은 원시 노동자를 창조하기 위한 희생물이었을는지 모른다. 또 바빌로니아/아시리아의 왕들은 자신들의 정식 칭호 외에 '… 신의 아윌룸' 곧 '신에게 봉사하는(신분 낮은) 인간'이라는 별칭을 가지고 있었다.

이것은 어떤 점에서 보면 중국의 천자(天子) 개념과 비슷하다. 고대 중국의 황제들은 자신들이 하늘의 신(天神, 上帝)이 보낸 신분 낮은 존재로서 '하늘의 자식(天子)'이라는 별칭을 가지고 있었고, 또 심한 가뭄, 홍수, 지진 등 지상의 백성을 괴롭히는 천재지변도 자신들이 천신의 뜻을 온전하게 지상에 전파시켜 다스리지 못한 까닭에 일어난 하늘의 심판으로 생각하여 자신들을 궁전 밖 광야에 내몰아 하늘의 징벌을 자청하였다. 이것은 단순한 수사(修辭)나 알맹이 없는 의식 행위가 아니었다.

과학자 엔키/에아는 어머니 여신이자 출산의 여신 닌티 NIN.TI(티는 생명과 더불어 '갈빗대'를 뜻한다)의 도움으로 인간 노예들을 창조하는 일에 착수하였다. 그러나 처음부터 시행착오가 되풀이되었다. 이것은 주로 어머니 여신이 먼저 창조 작업을 시도했을 때 일어났는데, 온갖 종류의 장애인들, 이를테면 손을 펴기만 하지

구부리지 못해 노동자로 쓸모가 없는 것들, 장님들, 발목이 부자유
스러워 걷지 못하는 것들, 정신 지체자, 신장과 방광이 불완전하여
오줌을 싸는 장애인, 불임녀, 그리고 생식기가 없는 인간 등 7종의
장애인들이었다고 〈아트라 하시스〉는 상세히 기록한다.

　여신 대신에 실무 작업에 나선 엔키는 결국 『구약성서』 〈창세기〉
의 아담과 같은 존재인 아다파 Adapa('인간' 이란 뜻)를 창조하는
데 성공하였다. 이 인간 주형(mold)인 아다파를 모델로 노동자로
쓸 복제 인간을 생산하는 데 전력을 다했다(이것은 아마도 완전한 인
간 곧 인간으로서의 개성을 갖춘 인간을 탄생시키기 위한 일종의 실험이
었던 것 같다).

　'생명의 집'에 엔키와 모신(母神)과 14명의 출산의 여신들이 모
였다. 이들 14인이 출산의 주역으로, 신성한 숫자 7을 둘 곱한 것이
다. 모신은 그들의 자궁 속에 신의 '에센스'가 혼합된 찰흙(인간의
외모 형상과 신의 개성을 상징하는 유전인자?)을 집어 넣었다. 자
궁이 열리는 시기가 조금 늦어서 10개월이 지나서야 기대했던 출
산이 성취되었다. 그것도 제왕절개 수술 같은 외과적 처치가 가해
진 다음의 일이었다. 여신들은 기쁨에 넘쳐 흥분하였다.

　이것에 앞서 인간 주형(鑄型)으로 창조되었던 아다파(아담)는 아
마도 엔키의 배우자 닌키가 직접 임신하여 출산했던 것 같다. 메소
포타미아의 텍스트는 "그 옛날 에리두의 현자 에아가 인간의 모범
인 아다파를 창조했다."고 강조하고 있다. 그래서 그를 엔키의 자
식이라고 생각해 왔다. 그렇지만 이것은 사실이 아닐 수도 있었을

것이다. 왜냐하면 아다파가 천신 안/아누 앞에 불려갔을 때, 엔키
는 아다파에게 영생을 부여해 주려는 안/아누의 의도를 좌절시켰
으니까…. 그러나 인간의 원형으로서 아다파라는 개인은 특별한
존재였음이 분명하다. 그는 아버지 신(神) 엔키로부터 온갖 종류의
과학 지식과 인간으로서의 윤리 규범을 전수받고 배웠다고 한다.

후대에 이르러 바빌로니아/앗시리아의 왕들은 자신들을 ‘아다파
의 (직계) 후손’, ‘아다파에게서 지혜를 이어받은 제왕’ 이라고 불렀
다고 한다. 이것은 물론 단순한 수사(修辭)가 아니었을 것이다. 이
러한 전승은 아담이 낙원에서 추방되었다는 성서의 이야기와는 아
주 상반된 것이다.

수메르 시대에 있어서 인간 창조에 관한 신들의 인간관은 〈아트
라 하시스〉에 기록된 것과 같다.

> 신과 인간은 흙으로 함께 묶여질 것이다.
> 그리하여 마지막 날까지 신의 안에서
> 성숙된 살과 영혼
> 이는 영혼이 피의 영혼으로 묶이는 것이다.
> 생명이란 그것의 표상임을 선언하노라.
> 그리하여 그것은 잊혀지지 않으리라.
> ‘영혼’ 으로 하여금 피의 인연으로 서로 묶여지게 하라.

이 시구는 신의 피〔‘키시르 Kisir’ 로 불리며, ‘신의 에센스’ 로 해
석될 수도 있다. 현대 과학 용어로 유전자(gene)라고 할 수 있다〕

가 찰흙(인간의 육체)에 섞여져서 마지막 날까지 신과 인간이 유전
적으로 결합됨으로써 인간에게 신의 살(형상)과 영혼(성격, 개성)이
혈연적으로 주어졌음을 의미한다. 〈창세기〉에서 '야훼 엘로힘'은
우리의 형상과 모양을 본떠서 '인간'을 창조하자고 하였다. 이것은
인간이 육체적·정신적 또 내면적·외면적으로 창조자인 신들과
유사함을 확인시켜 준다. 곧 뒤이어 그는 땅의 찰흙으로 사람을 빚
어 콧구멍에 생명의 입김을 불어 넣으니 아담이 살아 있는 영혼으
로 변했다고 한다. 이 '땅의 찰흙'은 무엇인가? 신들 자신은 물론
이 땅(earth)의 자손도 무엇도 아니다.

그렇다면 인류학 용어로 말해 직립 원인(호모 에렉투스 Homo
erectus)이 아니면 무엇인가? 또 '생명의 입김'은 위의 신의 에센
스(또는 유전자)가 아닌가? 다시 말해 인간은 이 지구의 흙에서 위
에서 태어난 신토불이(身土不二)의 존재가 아닌가?

메소포타미아의 텍스트는 두 종류의 유전자 곧 신과 호모 에렉투
스의 유전자를 서로 섞어 인간이 창조되는 과정에서 남성 유전자
에 신의 에센스를, 여성 유전자에 지상의 그것을 섞는 것을 묘사하
고 있다. 예를 들어 〈길가메쉬 서사시〉에서는, 신들이 반신(半神)
인간 길가메쉬의 복제를 창조하기로 결심하자, 어머니 여신이 '찰
흙'(길가메쉬의 외모 형상)에 니누르타 신(엔릴의 아들이며 안/아
누의 손자)의 '에센스'를 혼합하여 만들었다고 한다. 또한 같은 이
야기에서, 길가메쉬의 길동무인 야만인 같은 엔키두가 가진 무서
운 힘이 역시 니누르타를 통해 얻은 안/아누의 '에센스'에서 나왔

다고 말하고 있다.

　이상과 같은 메소포타미아의 창조 설화에 대비하여 필자는 아프리카 나이지리아의 요루바 족의 인간 창조 설화를 들려주려 한다. 어쩐지 이 낯선 신화가 필자에게 창조의 신의 본질이 무엇인가를 좀더 잘 이해하게끔 해주는 것 같기 때문이다.

　하늘의 최고신 올로룬은 혼돈 상태인 지상을 다스리기 위해 휘하의 신 오리샤 늘라를 보냈다. 그는 바다와 육지를 분리시켜 생물이 거주할 수 있는 땅을 만들었다. 올로룬은 다시 그에게 땅에 나무를 심게 하고 비를 내려 수분을 빨아들이게 하였다. 그리고선 최초로 사람을 만들기 시작하였다. 흙으로 사람을 빚는 것은 오리샤 늘라였지만, 이 사람들에게 생명을 줄 수 있는 자는 최고신 올로룬뿐이었다. 오리샤 늘라는 올로룬의 작업장에 숨어서 어떻게 인간에게 생명을 주는지 엿보려 하였다. 그렇지만 올로룬은 오리샤 늘라가 거기 숨어 있음을 알고 그를 깊은 잠에 빠지게 만들었다. 그리하여 올로룬 외에는 인간의 몸에 생명을 주는 비법을 아는 사람이 아무도 없었다. 오늘날까지도 오리샤 늘라는 부모라는 대리자를 통해 인간을 만들지만, 오직 최고신만이 그 몸에 생명을 부여할 수 있다.

　한 생명이 ‘창조’ 되는 가장 궁극적 비밀은 옛 메소포타미아의 이야기에서나 혹은 현대의 최신 유전공학지식으로도 해명할 수 없는 것처럼 보인다. 요루바 족의 신화는 바로 이 점에서 정곡을 찌르는 것 같다.

메소포타미아 텍스트에는 『구약성서』의 아담과 이브의 타락과 추방 이야기와 같거나 비슷한 뉘앙스를 풍기는 기록도 없다. 따라서 『구약성서』의 이야기는 편집자들이 실제의 사실을 왜곡 조작하여 기술했던 것 같다. 아마도 유대 신앙에서는 인간이란 신에게 절대 복종해야 할 피조물일 수밖에 없었다는 전통으로 인하여 그러한 날조가 행해졌던 것 같다.

수메르 문학에도 〈욥기〉에 대응할 만한 에세이가 있지만, 성서처럼 맹종적인 인간상을 묘사하지는 않았다. 에덴의 동산에서 놀던 이브에게 뱀이 접근하여 야훼 엘로힘이 엄중히 금지했던 선악과에 접근하여 그 열매를 따먹도록 유혹한다. 이 유비적인 표현의 참된 의미는, 신의 입장에서 보면 이득이 되는 배타적인 그 무엇이었기에 인간에게 허용될 수 없었던 어떤 지식(앎 Knowing)을 아브에게 소유하게끔 가르쳐 주었던 뱀(엔키였다고 할 수 있음)이 있었다는 것이다. 뒤이어 아담도 따라서 타락한다. 그리하여 그들은 멀리 낙원의 동쪽(타우루스 산맥 남부 지역)으로 추방되었다.

이 점에 대해 성서는, 문명이 메소포타미아에 인접한 산악 지대에서 시작되고 뒤이어 시나르(수메르)로 전파되었다고 기술하고 있다. 카인과 아벨, 그리고 세트 등 비극적이었거나 그저 평범하기만 했던 아담에서 노아까지 10대에 이르는 가계의 주인공들의 이야기는 메소포타미아 텍스트에서는 찾아볼 수 없고, 그 대신에 뛰어난 통치자이거나 신들의 총애를 받는 주인공들의 이야기가 주류를 이룬다.

조금 전에 말한 '앎'은 〈창세기〉만이라도 주의 깊게 읽으면 알겠지만, 남자와 그 배우자의 성적 교접, 그것도 대부분 자식을 얻기 위한 교접을 의미하는 것이다. 신의 입장에서 볼 때, 인간의 남녀가 서로 '앎'으로써 한 가정을 이루게 되면 신에게 봉사해야 할 노동력이 그만큼 손실을 입게 되는 것이다. 그래서 처음부터 아담과 이브를 영원히 낙원인 에덴에 가둬 두려 했던 것이다. 그것도 성적 교접과 생식의 기쁨을 모르는 열등한 존재로서 ……

지상에 사람들이 넘쳐 흐르다시피 늘어나고 하늘에서 많은 네필림들이 내려왔다. 사람들이 서로 사랑하고 교합하여 피를 나누어 자손들을 퍼뜨리는 것을 네필림들도 목격하고 이에 스스로 초연한 체 하지 않았다. 곧 그들 자신들도 동물적인 본능을 채우기 시작하였다.

> 지상에 사람이 불어나기 시작했을 때 그들의 딸이 태어나자, 하느님의 아들들〔성서에서는 네필림(거인)이라고 번역했다.〕이 그들을 보고 마음에 드는 대로 취하여 아내로 삼았다(〈창세기〉 제6장 첫 구절).

> 그래서 하느님은, 사람은 탈선하여 동물(flesh : 살덩어리)에 지나지 않으므로 나의 입김(영혼)이 언제까지나 사람들에게 머물러 있지 못할 것이다(〈창세기〉 6 : 3).

라고 선언하였다.

곧 신들과 인간, 인간과 인간들 사이의 난잡한 혼혈로 인해 처음 인간에 주어졌던 순수한 신의 유전자 – 하느님의 입김 – 가 퇴화되었고, 인간은 원래의 원숭이와 같은 동물적 근원에 가깝도록 퇴화된 것이다.

그런데 원래 이러한 신들의 타락은 성서가 아니라 원래 수메르 텍스트 기록에서 나왔던 것이다. 이는 펜실베니아 대학의 에드워드 키에라 E. Chiera의 『수메르의 종교 텍스트들 *Sumerian Religious Texts*』에 기술된 '신비한 내용의 기록'에서 발견한 것인데, 위에 말한 성서의 기록과 거의 동일하다. '그 옛날 신들이 지상에 내려오고 있었을 때, 마르투라는 젊은 신이 함께 내려오며 지상에서 불평을 쏟아놓고 있었다. 곧 자신에게도 다른 신들처럼 인간의 여인을 배우자로 가질 수 있게끔 허용되어야 한다고 ……'

> 닌압 신의 도시가 세워졌지만, 싯탑의 도시는 아직 없었을 때,
> 신성한 보석으로 된 관은 있었지만, 아직 왕관은 없었을 때,
> (신과 인간의) 동거가 행해졌다 …
> (아이들을) 낳는 일이 많아졌다.

큰 나라에 세워졌던 닌압 시(市)에 숙달된 악사(樂師)인 고위 신관이 아내와 딸을 데리고 살고 있었다. 사람들이 그에게 모여 신들에게 구운 쇠고기를 공물로 바치곤 하였다. 독신이었던 마르투가 그 신관의 딸을 보자, 연모의 정을 느껴 그녀의 어머니에게 달려가

속을 털어 놓았다.

> 이 도시에 친구는 있지만, 그네들은 아내를 데리고 있습니다.
> 나는 동료는 있지만 그네들은 아내를 가졌습니다.
> 이 도시에서 그네들과는 달리 나는 아내를 취하지 못했지요.
> 나는 아내가 없고 자식들도 없습니다.

마음속으로 사랑했던 처녀에게 시선을 보내며 반응을 떠보자, 처녀의 어머니와 주위의 여신들은 그녀를 달래어 동의를 구할 수 있었다. 청혼이 허락된 것이다. 젊은 신들은 연회를 준비하며 혼인이 이루어졌다. '닌압의 시에 구리로 만든 북소리가 울리자 사람들이 모여들었다. 일곱 개의 탬버린(악기의 일종)이 소리내어 울렸다.' 그러나 주신 엔릴은 이러한 교합을 우려하며 순결한 신의 피가 혼탁하게 오염될 것을 두려워하였다. '사람들과 신들이 거친 황소들처럼 딩굴며 즐겼다. 신들의 피가 더러워졌다.' 그리하여 엔릴은 지상의 온갖 살아 있는 것들을 절멸시키기로 결심을 굳혔다.

더욱이 성서에 의하면, 홍수의 영웅 노아가 태어났을 때 그의 아버지 라멕은 '이 아들로 하여금 하느님이 저주하신 이 땅에서 우리가 겪어야 했던 고난으로부터 우리를 편안하게 하자'고 했다고 한다. 곧 대홍수 직전 빙하기의 절정기에 토지는 황폐할 대로 황폐하고 바싹 마른 날씨가 오랫동안 계속되어, 사람이 먹고 살아야 할 땅에서의 노동은 헛수고나 다름없었고 , 인심은 저주와 푸념으로 각박해지기만 했던 것이다. '노아'란 이름 자체가 휴식이든가 유예

(respite), 곧 실행의 시일을 늦춘다는 의미였다. 대홍수가 노아의 시대 직후로 미뤄졌다는 뜻이다. 그러나 이 모든 상황은 대홍수를 위한 무대가 준비되었음을 보여 주는 것이었다.

대홍수는 지상의 모든 피조물이 순간적으로 허무로 돌아가게 하는 대격변이었다. 이 사건은 그 뒤 전세계의 여러 민중의 의식 속으로 확산되어 — 사건 자체가 전지구적 대격변이었지만 — 인류사상 가장 참담하고 비극적인 전승이 되었던 것이다. 다른 여러 민족들의 전설과 마찬가지로 수메르의 홍수 이야기에는 대홍수 직전 신으로부터 은밀하게 구원을 약속받았던 한 인간이 있었다.

이 수메르 판 노아는 지우수드라 Ziusudra로, 아카드어로는 우트나피슈팀 Ut-napishtim 이었으며, '새로이 생명을 부여 받은 자'라는 뜻이었다. 실제로 천계의 모든 신들이 이 홍수의 임박을 미리 예감하였고, 이 기회에 지상의 온갖 '오염된' 피조물들을 절멸시키자고 주신 엔릴이 강력히 주장하여 다른 모든 신들로 하여금 이 결의에 이의가 없도록 서약하게 하였다.

그러나 휴머니스트였던 인간의 창조자 엔키는, 단 하나 의로운 인간 지우수드라를 살리기로 은밀히 다짐하고 그에게 배를 만들어 미리 대피시켰던 것이다. 성서에서 보듯이 유일신 야훼가 변덕스럽게 피조물을 죽이고 살리고 했던 것이 아니라, 신들이 각자 역할을 분담하여 이야기 자체가 전후 모순이 없게끔 자연스럽게 진행된 것이다.

지구과학적 측면에서 보면, 대홍수는 빙하기의 종말적 결과이었을 것이다. 기온의 저하가 가져온 한랭한 기후로 인해 전세계적인 결빙 상태가 지속되었고, 따라서 얼어붙은 바다로 인해 지표면의 육지의 면적도 오늘보다 더욱 광대했을 것이다. 결국 극지방에 쌓이고 쌓이는 눈과 얼음은 스스로의 무게로 인해 열이 생겨서 그 바닥에 균열을 일으켜 갑작스러운 얼음층의 붕괴를 일으킨다.

만일 평균 두께 1.6킬로미터의 남극의 얼음의 절반만 남빙양에 미끌어져 들어가도 이로 인해 거대한 파도가 일어나 전세계 해양의 수위를 18미터 이상 상승시켜 해안과 저지대에 일대 범람을 일으켰을 것이다. [오늘날 범지구적 기온상승으로 인한 양극(특히 남극) 지역의 얼음층의 융해, 붕괴는 우려할 만한 상황으로 진전되고 있다. 단 2℃의 기온 상승으로도 남극 빙하가 해빙되어 전세계 해수면이 6미터 가량 높아질 것으로 예상되고 있다. 1993년 3월, 〈사이언티픽 아메리칸〉지에 따르면, 특히 남극 동부 로스 해 지역의 빙관이 물과 진흙이 뒤섞인 '윤활제'에 의해 미끄러져 급속히 붕괴하거나 화산 활동으로 흘러 내릴 경우 해수면이 60미터나 상승한다고 경고했다고 한다. 1998년 1월, 〈사이언스〉지에 의하면, '지구의 마지막 빙하기의 끝에 나타난 대홍수'의 증거에 관한 기사에서 1초당 6억 5천만 입방피트(1억 7천 5백 5십만 입방미터)의 물이 남쪽에서 순식간에 카스피 해 서북방의 얼음산을 덮쳐 넘어 450미터 높이로 서북쪽 알타이 산맥 일대로 흘러갔다고 과학자들은 추정하였다. 이것이 아마도 수메르와 『구약성서』에 기록된 대홍수인 것 같다고 했다].

더욱이 이 대참변은 때맞춰 지나갔던 제 12행성에 의해 '방아쇠'

가 당겨졌던 것이라는 사실을 극명하게 입증할 고문서 텍스트들이
발견되었다. 저명한 독일의 동양학자 에리히 E. 에벨링이 아슈르
의 잔해 속에서 건져내어 해독한 『삶과 죽음』이라는 텍스트가 그것
으로, 이것은 원래 죽음과 부활에 관한 찬송의 노래로 알려졌던 것
이었다. 그러나 이것을 세밀히 읽어 보면, 천계의 '영웅'(행성)이
그 자신의 힘으로 온갖 고난을 무릅쓰고 태양 주위를 회전하면서
'홍수'가 이 영웅(행성)의 무기였다고 하는 내용이 있다.

> 그의 무기는 홍수다
> 그의 무기로 사악한 자들에게 죽음을 가져온 신은
> 지고(至高)한, 지고한, 기름 부어진 주님이다…
> 그는 태양처럼 온 세상을 가로질러 간다.
> 그의 신인 태양도 전율한다.

　　지구의 영향권을 벗어나 다시금 돌아가는 길에 그는 전에 티아마
트와 싸웠던 목성 근처에 접근하고 있다.

> 둥근 고리를 망치질하여 늘린 자,
> 그녀를 부숴서 두 조각을 낸 주님,
> 그는 아키티의 철에
> 타아마트와 싸우던 자리에서 휴식한다. …
> 그의 시종은 바빌론의 아들,
> 목성의(거대한) 힘으로도 그의 길을 빗나가게 할 수 없다.
> 그는 광휘로서 창조한다.

대홍수의 일시와 그 경과에 관한 메소포타미아의 텍스트들과
『구약성서』의 기록들은 서로 완전히 일치한다. 더욱이 홍수가 황도
대의 사자궁(House of Leo) 시대(서기전 10860~서기전 8700년)
에 일어났으며, 기자의 대 피라미드가 이즈음 세워졌다는 주장이
있다. 심지어 물이 빠지고 방주가 아라랏 산봉우리 가운데 걸렸다
든지 비둘기를 날렸다는 기록도 서로 일치한다.

다만 성서는 인간의 절멸을 획책했던 하느님이 대홍수가 끝난 뒤
노아가 올린 제물을 냄새 맡은 다음에 마음을 바꿔 인간을 용서한
다는 모호한 내용으로 일관한 반면, 메소포타미아의 텍스트에는
홍수를 피해 우주 왕복선에 탑승하여 외계로 철수했던 신들이 지
상으로 귀환하여 생존한 인간(노아/지우수드라/우트나피슈팀)이
차려놓은 제물인 불에 그을린 고기를 허겁지겁 먹으며 주신 엔릴
이 애초에 정한 방침을 바꿔 이 인간을 살려 주고 돕는다는 것이다.

그런데 메소포타미아의 이러한 신화에는 다른 수많은 신화 이야
기들에서 나타나는 사라진 아틀란티스 대륙 이야기와 같은 전승이
전혀 없다는 점이 특이하다. 실제로 서기전 3세기경 그리스의 철학
자 플라톤이 구체적인 기록으로 남기기는 했지만, 이 신화는 오늘
날까지 강렬한 믿음을 지닌 채 전해 오고 있는 것이다.

옛 이집트에서는 문명의 전수자였던 토트의 고향이 서쪽의 아멘
티 Amenti라는 사라진 땅이었고, 그리스에서는 해신 포세이돈의
영지로서, 옛날부터 서쪽 바다건너 있었다는 '헤스페리데스의 동
산' 이야기가 있었다.

중남미 마야 족의 경우에는 더욱 구체적으로 나타나 이 침몰한 대륙의 생존자들이 이 지역의 문화 영웅으로 나타났다는 전승이 여러 코덱스(두루마리 문서)에 나타나 있다. 이런 전승은 나아가 메소포타미아에 가까운 페니키아와, 영국 이북 북유럽 지역의 선사 시대의 기록이라는 『오라 린다 북 *Oera Linda Book*』에도 비슷한 내용으로 기술되어 있다.

그렇다면 수메르의 텍스트들처럼 더욱 오래 되고 또한 이를테면 모호한 신화상의 낙원이었던 에덴의 위치까지 명확하게 지적해 주는 기록에 어찌하여 아틀란티스 대륙의 침몰이라는 지구적 규모의 대격변의 기록이 나타나 있지 않은가? 혹시 수메르의 전설적인 낙원이라는 틸문 TIL.MUN이 아틀란티스가 아니었을까? 하지만, '틸문'은 문자 그대로는 '로켓의 땅'이라는 뜻이지, 사라진 대륙과는 관련이 없는 것이 분명하다. 또 50년대와 60년대에 뉴햄프셔 주 킨 주립대학의 찰스 햅굿 교수가 발견하고 연구했던 고대 지도들, 예컨대 얼음 없는 남극의 지형과 해안선의 모습이 그려져 있다는 고대 해왕(海王)들의 지도들이며, 16세기 터키의 피리 레이스 제독의 지도는 분명히 대홍수 직후 얼음이 모두 씻겨 내려간 남극의 모습을 묘사했던 것임이 분명한 것 같다.

이 모든 상상과 의문에 대한 해답은 후일을 기다리기로 하고, 지금까지 수메르의 우주 창생 신화를 대충 소개한데 보태어 이러한 신화의 내용이 현대 과학과 얼마만큼 일치하고 있는가 살펴보고자 한다. 신화가 신화로서 제대로 빛을 보려면 그것이 역사와 시대를 초월하는 어떤 일관된 가치를 가져야 옳지 않을까?

　예를 들어 오리온 이야기나 견우 직녀 전설은 우화(fable)이겠지만, 앞서 소개했던 〈창조의 서사시〉는 사실에 입각한, 과학적으로 설명이 가능한 신화 이야기일는지도 모른다는 점을 증명해야 하는 것이 더욱 가치 있는 일이 아닐까? 말하자면 고대인들의 지식 체계가 기나긴 시간이 흐름에 따라 신화가 되었지만, 그 많은 부분이 현대의 과학 지식 체계와 일치한다는 것이다.

고대 신화와 과학의 일치점

1 태양계의 가족들 — 하늘 아래의 가족들

세계의 거의 모든 민족에 있어서 가장 일반적인 기도는 '하늘에 계신 우리 아버지'에게 드려졌다. 곧 하늘이 가장 전지전능한 신의 거처였기에 그러한 믿음과 기도가 생겨난 것이다. 이런 의식은 북미 인디언 부족들이건 뉴질랜드의 마오리 족이든 아프리카의 반투 족이나 에웨 족이건 동북 아시아의 퉁구스 족이나 북구의 여러 민족들, 또는 메소포타미아, 인도, 중국 같은 고대로부터의 문명 국가와 민족들에게도 사소한 점을 제외하면 거의 공통된 것이다.

이 같은 관심과 주시에서 종교의 원형인 천신 숭배와 천문학이 태어났다. 최고신과 천신들의 동태를 파악하자면 긴 세월 동안 하늘의 별을 관측해야 할 필요와 당위가 생겨났던 것이다. 신앙과 과학으로서의 천문학은 그만큼 절실한 당위성에서 생겨나고 발전한 것이지, 결코 일반 종교학자, 인류학자들이 상상하듯이 막연한 자연 숭배에서 자라난 것이 아니다.

필자가 여기에서 다루려고 하는 메소포타미아의 천문학 전승에 있어서 특히 강조하고 싶은 것은, 우리 태양계가 지상에서 인간을 가르치고 벗하며 살아 왔던 천신들의 거처였으며, 태양계의 행성들이 판테온의 12신과 상징적으로 대응하는 존재였다는 사실이다. 〈창조의 서사시〉 (〈에누마 엘리쉬〉)에 이것이 소개된다.

예를 들어 태양신은 우투/샤마쉬, 달의 신은 난나르/신, 금성신은 여신인 이난나/이슈타르, 해왕성은 바다와 과학 기술의 신 엔키/에아로 상징화되었다. 그만큼 옛 메소포타미아인들(특히 수메르인들)은 이런 '외계의 가족들'에 대해 친근감을 가지고 있었으며, 동시에 이들(태양계)에 대해 현대의 우리들보다 더욱 상세한 지식을 가지고 있었음을 시사하는 증거가 특히 외계 탐사가 시작된 지난 20여 년 간 드러나고 있다.

곧 지난 20여 년 간 지구에서 발사된 외계 행성 탐사선들이 송신했던 정보가, 그 직전까지 집적되었던 천문학 지식을 훨씬 뛰어넘어 오히려 옛 수메르인들이 가졌던 지식과 많은 점에서 공통되든가 비슷함이 드러났다는 사실이다. 이것은 마치 태고적에 이집트에서 건조되었던 피라미드에 관한 공학적, 지구과학적, 천문학적 정보를 현대인들이 아직 제대로 완전히 파악하지 못하고 있다는 사실과 비슷해 보인다. 이런 궁금증은 종국적으로 한 가지 의문을 일으킨다. 곧 이처럼 고도로 발전한 지식 체계를 소유하고 과시했던 고대인들이 지구 인류가 아닌 외계인이었던가 하는 의문이다.

많은 민족 신화에서 우주가 태초에 카오스(혼돈)로부터 — 혹은

카오스로 가득찬 우주란(cosmic egg)으로부터 — 생성되었다는 전
승은 대략 1백 80억 년 전의 빅뱅 Big Bang을 포함한 우주의 생성
과 물질적, 정신적 진화를 동시에 시사하는 대단히 포괄적인 개념
인 듯하다. 폭발적 대개벽과 그 다음 필연적으로 뒤따르게 되는 삼
라만상의 출현과 진화에 대해서는 각 전승에 따라 세밀하게 전개
되거나 간소하게 넘어가기도 한다. 그러나 우리 태양계의 생성과
정렬(fixation)에 관한 한 상징적으로나마 혹은 유비적으로 전승해
주고 있는 민속 신화는 그다지 눈에 띄지 않는다(메소포타미아를
제외하면).

　일반적으로 천문학자들은 태양계가 가스상(狀)의 구름으로 된 태
초의 물질에서 형성되었다고 믿는다. 그러면서 이 거대한 가스 구

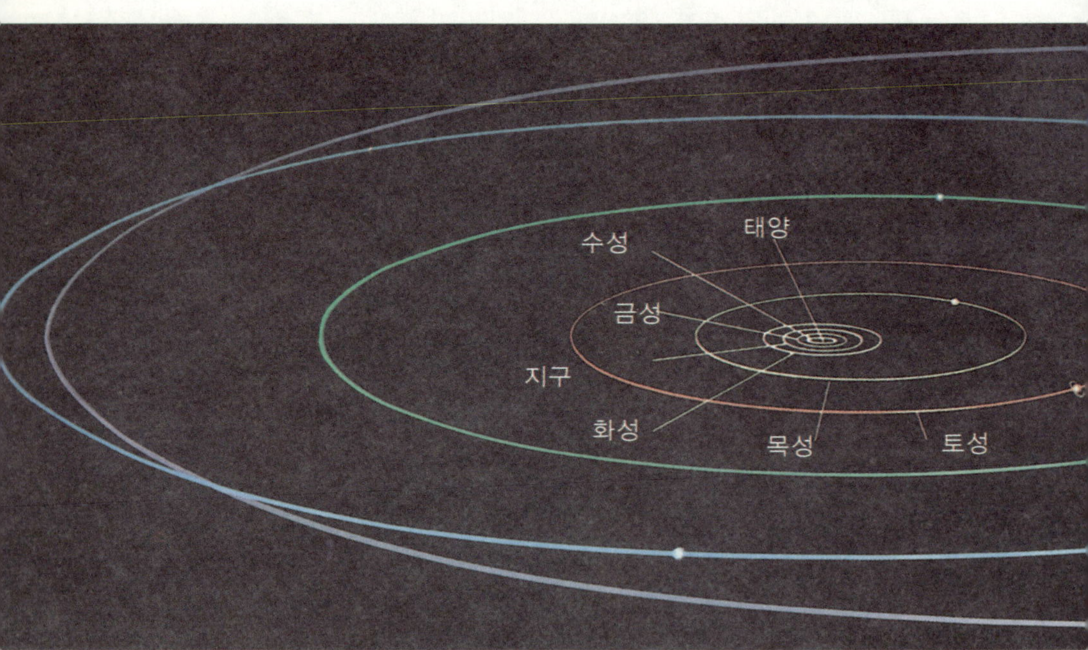

름은 자체의 중력의 중심을 돌면서 동시에 머나먼 중심 은하계(우
리 은하계의 중력의 중심)를 공전하고 있었다. 이 뜨거운 가스의 구
름이 서서히 펼쳐지고 냉각되고 서로 결합하여 그 중심이 항성인
태양이 되었으며, 회전하는 구름의 원반이 결합하여 행성이 되었
다. 그 뒤로 이 태양계의 '가족들'은 모두 태초의 성운들과 똑같은
방향으로 태양 주위를 돌게 되었다. 그들이 거느린 달(위성)들도 그
러하였다. 이런 태초의 성운의 결합에서 제외되었거나 분해된 물
질들은 혜성과 소행성이 되었으며, 이들 역시 다른 태양계의 가족
들과 똑같은 방향인 '시계 반대 방향'(counter clockwise)으로 태
양 주위를 공전해야 하였다.
　수메르인들 역시 이런 보편적인 사실을 몰랐을 리는 없었을 것이

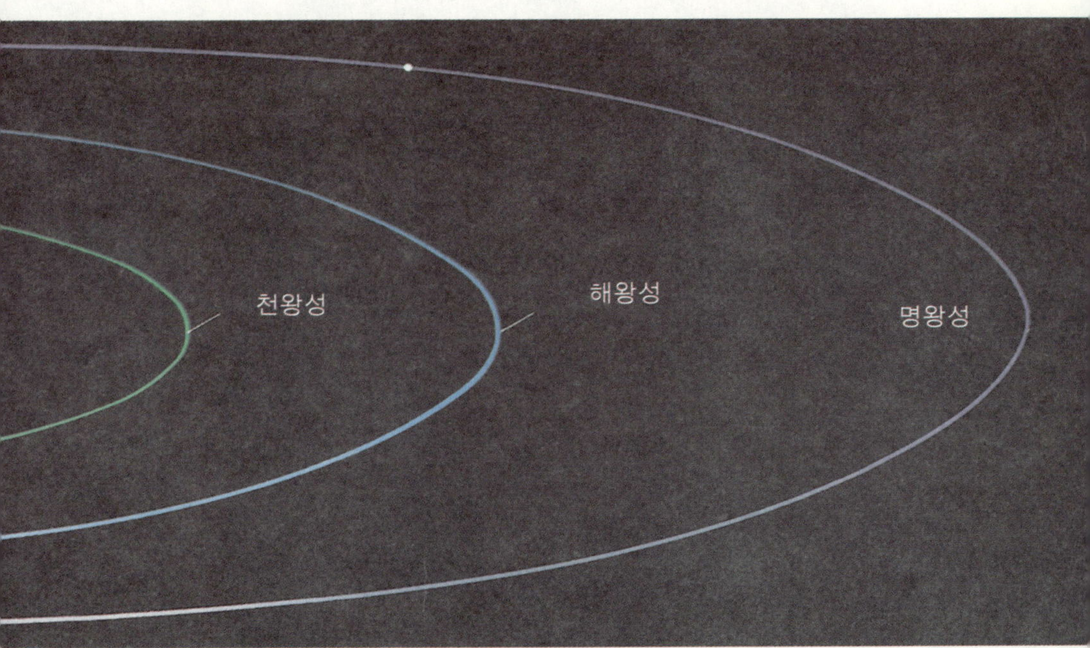

다. 그러나 특히 태양계의 생성과 그 실체에 관한 그들의 지식은 현대의 우리들보다 더욱 세밀하면서도 포괄적이었던 듯하다. 이를테면 그들의 '하늘'은 우리가 생각하듯이 지구 주위의 푸른 대기로 둘러싸인 하늘이 아니라, 태양계라는 대가족 중 지구형 행성 곧 수성에서 화성까지의 범위를 그 외계 행성들의 세계와 구분하고 경계 짓는 소행성대라고 했어야 옳은 것이었다. 그만큼 그들의 우주 공간에 대한 개념이 광대하고 규모가 컸던 것이다. 또한 그들은 태양계의 '가족들' 각자의 생성과 변동을 세밀하게 기술하여 문학 작품을 남겼다(〈창조의 서사시〉가 그것이다). 그리하여 결론 짓기를, 이 모든 태양계 삼라만상의 생성과 조화는 절대적인 한 신의 솜씨라고 평가했다(곧 니비루/마르둑이었다).

이러한 우주적 신관(神觀)은 유사 이래 인간이 느끼고 가졌던 모든 신앙 형태 중 가장 정점(頂点)에 다달은 것이었으며, 과학과 합리주의가 극도로 발달된 오늘날에도 결코 무시할 수 없는 어떤 호소력을 가진 듯하다. 곧 우주의 모든 현상과 인과(因果)의 정점에는 최고 형태의 이성을 가진 '신'이 존재한다고 주장한 프랑스의 예수회 신부이며 고생물(古生物)/고고인류학자인 고(故) 테이야르 드 샤르댕(Pierre Teihard de Chardin: 『인간 현상 *Le Phenomene Humain*』의 저자)의 신념과 유사해 보인다(이러한 신념으로 인해 그는 정통 가톨릭교계에서 일종의 이단으로 치부되었던 것이다).

실제로 고대에 있어서 왕은 신을 섬기는 최고위의 사제(司祭)였으며, 각 국가에는 주신을 섬기는 고유한 국가 종교가 있었고, 신전은 과학 지식의 보고였으며, 신관(사제)들은 학자들이었던 것이다. 이런 신과 인간의 일체감이 긴 세월이 지남에 따라 와해되거나 왜곡되어 종교와 과학은 완전히 별개로 분리되고 서로 충돌해 왔지만, 신과 인간의 일체감, 과학과 종교의 조화라는 원초적 신념 체계는 미래의 인류에게 있어서 가장 바람직한 정신적, 영적 기초 체계가 될는지 모른다. 필자가 생각하기에 아마도 UFO를 포함한 현대 과학 문명의 산물을 그대로 인정하며, 한편 정신적, 영적 성장을 강조하는 우리의 고유 전통 사상, 예컨대 증산(甑山) 사상이 이러한 범주에 드는 것 같다.

이야기가 다소 빗나가겠지만, 잠깐 여기에서 고대인들이 물질의 4원소 중 하나인 '물'을 어떻게 생각하고 있었는지 검토해 보기로 한다. 〈창조의 서사시〉에 따르면, 태초에는 물〔심연 Absu〕밖에는 아무것도 없었다고 한다. 실제로 다른 많은 민족들과 마찬가지로 옛 수메르인들은, 물 곧 바다는 우주 만물의 원천으로 우주의 모든 것이 생성되며 소멸하는 생명과 죽음의 장(場)으로 파악했다(이 표현은 우주 공간을 텅빈 '허공'이라고 표현하는 것보다 훨씬 심오한 표현인 듯하다). 또한 지상의 바다(Lower Water)는 변화와 혼돈의 세계를, 천상의 바다(Higher Water)는 통합된 신적 질서의 세계를 상징하는 표현으로 썼다.

[그런데 거듭 태어남(再生)과 죄를 씻어냄(淨罪)을 상징하는 침례 의식(baptism)에 대해서, 그레이엄 핸콕은 『신의 암호 *The Sign and the Seal*』에서 이르기를, 원래 사라진 대륙 아틀란티스의 잔존자들의 생존과

시련을 기념하는 상징적 의식에서 시작되었다고 말한다. 필자는 이에 일정 부분 동의하지만, 동시에 인간의 태아가 자궁 안의 양수막 속에서 '방황' 하다가 출산시 태양 아래 밝은 세상에 태어남을 상징하는 무의식적인 기억의 재현이라고도 보고 있다].

수메르인들은 나아가 태양계의 원초의 두 존재 곧 압수 Absu(태양)를 심연(abyss)으로, 또 티아마트를 물이 풍부한 '생명의 여주인' 으로(각기 남성과 여성으로), 또한 『구약성서』와 마찬가지로 소행성대를 물이 풍부한 아랫하늘(Firmament)과, 그렇지 않은 윗하늘을 구분하는 '망치질하여 늘린 팔찌' 라는 시적인 표현으로 멋있게 묘사하였다. 따라서 태양계에는 '윗하늘의 물' 과 '아랫하늘의 물' 의 세계가 있는데, 전자는 말하자면 가스 덩어리로 믿어지고 있는 외행성을, 후자는 우리와 같은 지구형의 내행성을 의미하는 것이라고 할 수 있다.

(여기에서 가스 덩어리 행성이란 표현이 문자 그대로 진실은 아님을 최근의 과학적 발견으로 유추하기 바란다. 예를 들어 태양계의 가장 외곽에 위치한 명왕성은 오히려 지구형에 가까운 '단단한' 별이며, 목성도 그 표면 중 2-5%가 사막과 열대 우림처럼 건조하거나 습한 지역임이 1997년 6월 초, NASA의 과학자들에 의해 밝혀졌다. 태양계란 실제로 우리가 상상하는 것 이상으로 복잡하고 수수께끼 같은 세계다.)

옛 수메르인들은 이처럼 물을 우주를 상징하는 것으로 묘사했을 뿐 아니라, 문자 그대로 우주 세계(태양계)의 어느 곳이든 물이 있다고 믿었다. 이집트 신화에서도 세상은 끝없는 '태초의 물의 심

태양과 행성들

이 그림은 같은 축척으로 태양과 비교하여 그 크기를 나타낸 것이다. 태양 가까이 공전
하는 4개의 행성(수성, 금성, 지구, 화성)은 작고 암석과 금속으로 이루어 졌고,
4개의 행성(목성, 토성, 천왕성, 해왕성)은 크고 수소나 헬륨 같은 가벼운 요소로 이루
어 졌다.

연' (abyss of primordial water)에서 생겨난 거품이라고 의미심장
하게 묘사하였다. 요약하건대 근대의 가장 위대한 신화학자로서,
독학으로 신화학을 연구하면서 신화를 인류 문화와 인간의 심리
기제(機制, 메카니즘)를 이해하는 값진 열쇠라고 파악한 이탈리아
의 서적상의 아들 지암바티스타 비코(1668~1744년)의 견해를 고
려할 때, 이러한 고대 인류의 우주관은 오늘날 인간의 문화 심리와
는 물론 객관적인 과학 지식과도 일치하는 점이 너무나 많은 것이
다.

　예컨대 실제로 물이 우주 공간에 편재(遍在)한다는 발상은 태양처럼 물과는 거리가 먼 뜨거운 기체의 경우에도 적응된다. 1996년에 밝혀진 사실이지만, 섭씨 6천 도나 되는 태양 표면에, 비록 ppb(십억분의 1) 미만이란 극미한 수치로 측정된 미소한 양이지만 물의 분자가 존재하고 있음이 관측되었던 것이다. 그러면 지금부터 태양계의 여러 행성과 위성들에 물이 얼마나 보편적으로 존재하는지를 설명하고자 한다. 물이 있다는 사실은 곧 생명이 존재한다거나, 적어도 그 씨앗이 있을 수 있다는 가장 직접적인 증거인 것이다.

　우선 태양에서 가장 가까운 수성은 어떠한가? 지금까지 달이나 화성, 금성에는 수십 대의 우주 탐사선이 찾아갔지만, 수성을 탐사한 것은 1974/75년의 마리너 Mariner 10호 단 한 대뿐이었다. 그러나 지금까지 수성에 관해 밝혀진 자료만으로도 놀라울 정도다. 첫째로, 태양에 가장 근접한 탓에 표면온도가 낮 시간 동안 약 700°K 곧 납이 녹는 온도를 넘고 밤에는 섭씨 영하 173도까지 떨어져 크립톤(Kr; 원자번호 36의 기체 원소)을 얼린다. 바위와 분화구 투성이 표면의 밀도가 비정상적으로 높아서 중심핵이 철 성분으로 추정된다. 또 예상외로 강력한 자기장(magnetism)이 형성되어 있어서 핵이 아마 액체의 철 성분임을 암시한다.

　그러면 자기장은 무엇인가? 그것은 행성의 내부 핵이 금속(철) 상태로 되어 있어서 행성 자체가 자석이 되어 이루어지는 것이다. 쉽게 말해 자기장이 있음으로 인해 지구가 유해한 태양의 방사선에서 보호되고 동서남북의 방위가 정해지며, 거대한 고래로부터 비둘기, 벌새에 이르는 작은 동물들이 각기 체내에 미세한 생물학적 자기장 검출 기관을 갖추고 있기 때문에, 이것을 근거로 장거리 이동과 여행이 가능한 것이다. 또 인간은 인간대로 다소간 지자기의 영향을 받아들임으로써 생리적 성장과 균형이 이루어지게 된다. 말하자면 자기장은 행성의 물리적 자기정체성(自己正體性, identity)의 한 근거인 것이다.

더욱 놀라운 것은, 지금까지 행성급 이상의 별에서만 별에서만 발견되었던 자기장이(달은 예외이지만) 위성에도 존재한다는 사실이다. 1996년 10월 초, NASA의 발표에 따르면, 목성 탐사선 갈릴레오 호가 목성의 위성 가니메데와 이오에서도 강력한 자기장이 있음을 발견했다는 정보를 보내 왔다고 한다. 이 정보는 곧 이 두 위성들이 활발한 지각 활동과 더불어 철의 내핵을 가진, 거의 행성급의 위성임을 암시하는 증거인 것이며, 나아가 생명체의 존재를 가능케 하는 증거가 될지도 모르는 것이다.

둘째로, 더욱 놀라운 사실은 수성의 양극 지역이 얼음으로 덮혀 있다는 정보였다. 그렇다면 혹시 이 얼음층의 가장자리 온난하고 습기 있는 곳에 어떤 생명체가 자라고 있지 않을까? 이런저런 호기심으로 인해 1997년 11월, NASA는 '우주 탐사의 새로운 천 년 New Millennium Deep Space One'이란 새로운 종합 우주 탐사 계획을 발표하면서, 그 안에 수성의 재탐사가 포함되어 있다고 부언하였다. 수성은 수메르 신화에서 압수(태양)의 발빠른 시종인 '뭄무'이며, 그리스 신화에서는 또한 신들 사이의 재빠른 메신저인 헤르메스였고, 이것이 로마 신화에서 머큐리 Mercury가 된 것이다.

그 다음 금성은 또한 작열하는 고온의 행성임에도 매우 흥미 있는 별로 알려졌다. 1960년대 초에서 90년대에 이르기까지 여러 차례 무인 탐사선을 보낸 결과, 미국과 소련의 과학자들은 경악하였다. 표면온도가 최고 섭씨 480도에 달한 것은, 그것이 태양에 너무 가까웠기에 그로 인한 강렬한 온실 효과로 인한 것임이 드러난 것이다. 곧 이 행성은 두터운 이산화탄소와 황산이 포함된 구름의 대기에 감싸여 있는 것이다. 그 결과 태양열이 서늘한 야간에도 외계로 탈출, 확산될 수가 없었던 것이다. 그리하여 지속적으로 상승하는 온도로 인해 물이 증발해 버린 것이다.

하지만 과거 언젠가 물이 풍부했던 때가 있지는 않았을까? 탐사선이 계속 송신해 온 정보를 면밀하게 분석한 결과, 과학자들은 이에 대해 긍정적인 해답을 끌어낼 수 있었다. 곧 1978년 12월 이후 파이오니어 비너스 1호와 2호가 보내온 자료를 검토한 과학자들은, 금성에 한때 전 지면을 10미터 깊이로 덮을 수 있는 물이 있었을지 모른다고 확신하게 되었다. 그들은 결론적으로 금성은 한때 적어도 현재 수증기 형태로 남아 있는 물의 100배나 되는 물을 가지고 있었다고 언급했다(1982년 5월 7일자 〈사이언스〉지).

뒤이어 지속된 연구 결과, 이 고대의 물의 일부가 황산의 구름을 만드는 성분으로 이용되었고, 일부는 산소를 빼앗겨 이것이 이 행성의 암석투성이 지면을 산화하는 데 이용되었다고 상상하였다.

사진에 보이는 수 천 개의 분화구(크레이터)는 태양계가 생성될 때 부터 암석 파편에 의한 충돌로 만들어진 것들이다. 달의 암석을 조사한 결과 45억 년이 된 것들이다. 대부분의 크레이터들은 달 나이 10억 년 이전에 생성된 것들이다.

1986년 5월, 〈사이언스〉지에 발표된 미·소 과학자들의 합동 조사 결론은, 금성의 암석을 추출, 분해함으로써 이 '잃어 버린 금성의 바다' 를 확인할 수 있다는 것이었다. 실로 지구뿐 아니라 금성에도 '창공(Firmament) 아래 물이 있었던' 것이다.

그 다음 달 역시 수수께끼 같은 천체다. 실제로 1971년 아폴로 11 호의 탐사 직후 한 NASA의 관계자는, '우리는 달에 백 번 천 번도 더 갔다 올 수 있다. 하지만 그렇게 하더라도 달의 수수께끼를 풀수 없다'고 탄식 비슷하게 털어놓았다. 달이 외계인들의 기지였다는 믿음은 오래 전부터 있어 왔고, 필자가 생각하기에도 사실 그러한 것 같다. 화성의 고대 유적을 추적하여 유명해진 전 CBS 방송 기자이며 NASA 자문위원이었던 리처드 C. 호글랜드는 오랜 연구와 추적 끝에 1994년 여름, 월면에서 각양각색의 인공적인 구조물이며 로스앤젤레스 시만한 거대한 도시의 폐허 등 예상치도 못했던 놀라운 문명의 증거를 발견했음을 발표하였다. 더욱이 그 각각의 규모도 방대하여, 예컨대 커다란 탑은 높이가 36킬로미터가 넘었다고 하며, 또 15킬로미터 직경의 돔, 2.4킬로미터 크기의 볼링핀 형태의 구조물 등이 발견되었다고 주장한다.

필자가 생각하기에는, 외계인들이 지구를 탐험하거나 혹은 점거하기 위해 기지를 세웠다고 하는 가정이 옳더라도, 이 목적을 위해 건설한 구조물의 크기가 너무 크다는 것은 의문이다. 혹시 그들은 달에 있는 귀중한 지하 자원(티타늄 등)을 대규모로 채굴하기 위해 영구 기지를 세우고 많은 인구를 수용했던 것인가? 더욱이 1995년 10월, 미 국방부 탄도 미사일 방어국(BMDO)이 첩보용으로 발사한 미 해군의 비밀 달 탐사선 클레멘타인이 보내온 전송 사진을 분석한 결과, 태양빛이 닿지 않는 달의 남극에 거대한 빙하군이 존재한다는 사실이 흘러나온 뒤 1996~97년 동안 이에 대한 확인 작업이 이루어졌고, 큰 흥미거리가 되었던 것이다. 외계인들이 이 빙하군의 물을 전기 분해하여 호흡용 산소와 연료로 사용될 수소를 생산하기란 대단히 용이한 일일 것이다.

옛 수메르 전승(〈창조의 서사시〉)에서는, 달이 원래 티아마트의 우두머리 시종이었으나 니비루/마르둑에 의해 추방되어 '납의 냄비'(납이란 일종의 비유로서, 실제로는 '생명이 없는 토기'라고 해야 옳겠다)로 전락하여 지구의 위성으로 궤도가 옮겨졌다고 하며, 다른 행성들의 경우와는 달리 우주 여행(니비루 — 지구 원정)에 있어서 특별한 역할을 담당했던 기지로서의 역할은 기술되지 않았다.

그러나 이집트든 수메르든 거의 모든 고대 민속 전승에서 월신(月神)은 항상 태양신보다 우월한 대접을 받았거나, 연장자 혹은 (수메르의 경우) 태양신의 아버지였던 것은 어찌된 일인가? 이에 관해 신화학자들은 고대 민중들의 역법(曆法)에 있어서 음력 곧 달을 기준으로 하는 것이 더욱 보편적이고 용이했기에 자연히 월신 숭배가 행해졌던가 혹은 월신=어머니, 태양신=아버지라는 관념에서 고대의 여권 우월(female supriority) 시대의 반영이라고 분석한다. 또한 월신은 속성상 물신(水神)과 같은 성격을 가지고 있음을 보여 주는 민속 신화가 상당히 많다.

다음 화성 역시 대단히 흥미 있는 관심의 대상이다. 더욱 최근들어 점차 정설이 되고 있는 사실, 곧 화성에 다량의 물이 있었다는 과학적 발견은 또한 현대 과학과 고대인들의 기록이 일치함을 보여 주는 사례다. 19세기 말, 이탈리아 태생의 천문학자 조반니 스키아파렐리와 미국의 외교관이자 아마추어 천문학자였던 퍼시벌

협곡과 화산

높은 고도에서 찍은 이 화성 사진은 타르시스 고지대 Tharsis Bulge라 부르는 좌측의 넓고 높이 솟은 화산들,
우측 위에 있는 충격으로 생겨 난 크레이터들, 바람이 쓸고 가는 거대한 평원들 등을 보여 준다.
옆으로 길게 그어진 것은 마리네리스 계곡 Marineris Valleys이라 불리는 어마어마하게 거대한 계곡이다.

로웰은 망원경 관측을 통해 수수께끼 같은 화성의 운하를 발견했
다고 공표하여 일반 대중들 사이에 큰 호기심을 일으켰다(P. 로웰
은 대한제국 때에 주한 미국 공사관원으로 파견, 근무하기도 했다).
그러나 20세기에 들어 이런 견해는 조소를 받았으며, 화성은 건조
하고 황량하기만한 생명없는 천체라는 견해가 우세하였다.

그러나 1971년, 마리너 9호가 발사되어 화성 궤도를 선회하며 그
표면 사진을 전송해 오자, 과학자들은 놀라 입이 벌어졌다. 실로 화

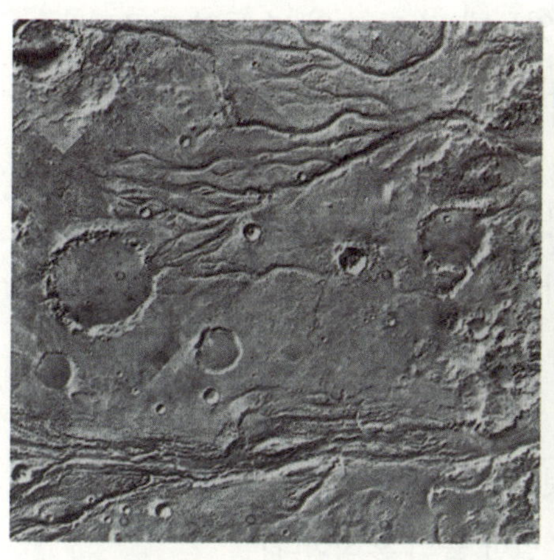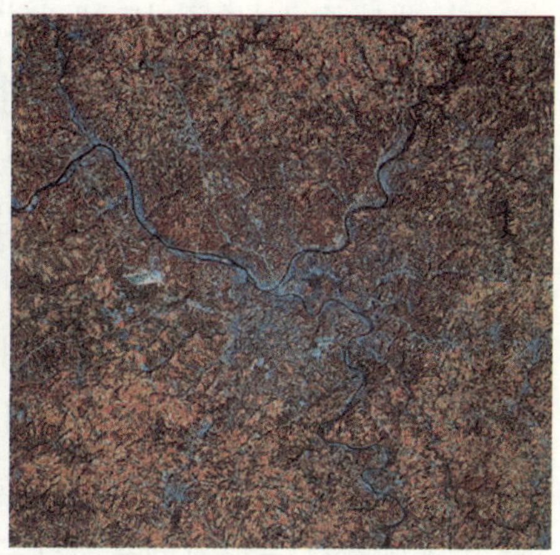

왼쪽은 화성의 지표면, 오른쪽은 지구.
옛날에 강이 흐른 것 같은 화성의 흔적들. 노끈 처럼 생긴 하상의 존재는 한때 화성도 대기가 두터웠고
기후도 지구 같아 물이 그 표면을 흘렀으리라는 것을 상상케 한다.
지금은 대기 중의 물이 급속히 끓어서 날아가든가 얼어 버린다.

성면에는 화산, 계곡, 마른 하상(河床) 등 예상도 못했던 복잡다기
한 지형이 널려 있음이 드러난 것이다. 당시 전송 사진 분석팀을 지
휘했던 연방 지질조사국의 핼 매서스키 박사는, '물이 이 행성의
진화에 있어서 매우 활동적인 역할을 담당했다'고 언급하였다. 전
송된 사진들에는 깊이 패인 구불구불한 수로가 나타났는데, 이것
은 과거 언젠가 빠른 속도로 지표면을 흘렀던 물에 의해 형성된 것
일 수밖에 없다는 것이 그들의 결론이었다. 1976년 여름, 화성에
도착했던 바이킹 1호와 2호는 평원 지대와 계곡에서 다량의 물이
흐른 흔적과, 과거 한때 호수, 연못 등 수원(水源)의 흔적을 밝혀 냈

다. 대기 중에서 수증기도 발견되었는데, 과거 수억 년 동안 지표면의 물이 방출되어 대기 중의 이산화탄소를 만드는 데 소비되었다고 한다. 특히 1985년, 연방 지질 조사국의 마이크 카 등 과학자들은 제안하기를, 화성도 지구처럼 자전하면서 자전축을 중심으로 약간씩 요동함으로써 매 5만 년마다 중대한 기후의 변화가 일어나곤 하며, 그리하여 빙하기가 지나가고 간빙기(온난기)가 되면 아마도 북아메리카의 5대호의 총량에 해당하는 수량에 깊이가 5킬로미터나 되는 호수들이 생겨 났을 것이라고 언급했다[현재 화성의 북극관(北極冠)은 눈에 띄는 거의 유일한 물의 흔적이다].

화성도 지구와 동일한 메카니즘으로 인해 주기적으로 빙하기를 맞이하는 것이다. 다만 지구보다 태양에서 더 멀리 떨어져 있는 등 여러 원인으로 기후 변화가 지구보다 더욱 극단적인 것이다. 적지 않은 과학자들은 지질학적으로 보아 화성 표면에 비교적 최근까지 액체인 물이 있었음이 분명하며, 심지어 단 1만 년 전 이전까지 간빙기의 온난한 기후를 누렸을 것이라는 견해도 가지고 있다. 결국 화성도 금성 및 지구와 함께 '창공 아래'의 물의 세계 곧 내행성에 포함되는 것이다.

더욱이 90년대에 들어서 화성에 물과 함께 생명체가 존재할지 모른다는 보고가 연이어 나왔다. 1995년 12월, 미국 브라운 대학의 마리 존슨 박사 연구팀은 지구에 낙하한 화성 운석 중 각섬석(角閃石)에 다량의 물이 포함되어 있음을 근거로 연구, 추산한 결과 화성 표면을 200미터 두께로 덮을 만한 물이 극지의 빙설, 지하수와 함

〈자료 26〉 패스파인더가 1997년 7월 5일 오전 8시 37분(한국 시각)에 보내온 화성 표면 사진. 공기가 완전히 빠지지 않은 에어백에 걸려 한때 땅으로 내려가지 못했던 탐사 로봇「소저너」너머로 사막 같은 땅이 펼쳐져 있다. 21년 만에 보는 붉은 별의 모습이다.

께 지하의 암석, 용암과 결합된 상태로 존재한다고 발표하여 70년 대와 80년대의 연구와 발견들을 재확인해 주었다. 화성의 생명체 는 어떠한가? 1996년 8월 초에, 남극에서 발견되었다는 화성 운석 앨런 힐스 ALH 84001에 지구의 박테리아와 어느 정도 닮은 단세 포의 미세 생명체가 들어 있음이 발견되었다는 뉴스로 전세계 과 학계가 일시 흥분하였다. 이 발견은 뒤에 적지 않은 반론에 부딪혀 확인되지는 않았지만, 결국 1997년 3월 초 『사이언스』지에 화성 생 명체의 존재가 신빙성을 가지고 있다는 결론이 게재됨으로써 일단 락되었다.

1997년 7월 4일, 무인 탐사선 패스파인더 Pathfinder의 화성 착륙은 전세계를 다시금 흥분시킨 획기적인 일대 우주 장정이었다.(자료 26 참조) 지표면을 주파하며 자료를 보내는 소형 탐사 로봇 차량 소저너 Sojourner에 의해 탐사 범위도 상당히 넓어졌다. 초기에 송신된 자료에 의하면, 패스파인더의 착륙 장소 부근에 한 차례 홍수가 있었던 듯하며, 또한 화성의 토양이 최소한 두 가지 이상인 것으로 추측되었다.

탐사의 한 성과로 11월 중순, NASA는 저명한 행성과학/행성지질학자 마이크 맬린 박사의 연구 결과를 발표하였다. 곧 송신된 전송 사진 자료를 검토한 결과, 지표면에서 약 4킬로미터 높이로 솟은 거대한 암벽에서 선명한 지층의 흔적이 발견되었고, 또한 눈사태의 흔적, 계곡에서 수분이 증발한 뒤에 남은 퇴적물, 거대한 표석(漂石) — 빙하가 녹은 뒤 그 자리에 남은 암석들 — 도 포착되었다는 것이다. 요약하건대, 화성은 물이 풍부하며 상상 이상으로 활성화된 '살아 있는' 행성이라는 것이다. 그런 상황에서 다양한 기후 변동, 지각 활동과 생명 활동이 왕성하지 않았다면 오히려 이상하지 않은가? 좀 과장하여 말해서 1950년대에 나온 레이 브래드베리의 SF 작품 『화성 연대기 *Martian Chronicles*』에 나온 '화성인'들만 제외하면 없는 게 없는 것 같다.

그러나 미심쩍은 일은, 패스파인더의 조사 대상 중 퀴도니아 지역에 집중되어 있는 인면상, 대 피라미드, '도시'를 닮은 유적 등 문명의 흔적들이 아마도 의도적으로 탐사 목표에서 제외되었을 것이라는 사실이다. 이런 증거들은 분명히 화성에 외계인들이 대단히 오랜 옛날부터 존재했을 것이라는 추측을 입증하는 것이다. 또 최근에 들어 1989년 3월 말, 소련의 탐사선 포보스 2호가 분명히 거대한 화성의 외계인 우주선에 의해 격추되었고, 화성 지하에 있는 대도시의 흔적이 적외선 카메라로 포착되는 등 공격적이기까지 한 '화성인'의 존재를 입증할 증거들이 드러났던 것이다.

탐사 계획의 당국자들은 이것을 인지하고 정부의 힘을 개입시켜 이에 관한 비밀 정보를 민간인들에게 은폐하며, 나아가 국가의 안전을 도모하려는 극비 계획을 진행시켜 왔을 것이다. 이것은 더 나아가 현대 서구 기독교 문명의 명운(命運)과도 관계되는 일인지 모른다. 그렇지 않아도 현재 많은 UFO/외계인에 관한 책들이 바로 이 주제에 관해 여러 일화들을 공개하고 있지 않은가? 이것이 전부 낭설이라기 보기에는 너무나 구체적이고 현실적인 이야기들이 공개되고 있다.

화성의 퀴도니아 유적군이 최근 흥미 있는 화제가 되고 있다. 연구가 리처드 호글랜드는 처음에 이 유적들 중 핵심적인 도시 – 얼굴 – '절벽'을 잇는 선이 과거 화성의 하지날에 정확하게 햇살의 방향과 일치하는 이른바 태양 광선 하지 정렬(summer solstice alignment)에 따라 건조되었으며, 그 때가 약 50만 년 전이라고 시기를 특정하기까지 하였다. 그런데 그 뒤인 약 20만 년 전에 우리 지구에 중대한 변화가 일어났다고 한다. 곧 달이 원래 외계인의 의도에 따라 지구 궤도에 인위적으로 배치된 것이었는데, 그때까지 지구 반지름의 60배 거리에 위치하도록 조정했던 것을 그때 두 천체에 큰 변화가 일어나서 매년 $\frac{1}{8}$인치(약 3.2밀리미터)씩 달이 멀어지고 있다고 했다. 이처럼 달이 차츰 멀어진다는 정보는 당시까지 뉴스 매체에 간혹 나오고 있었다. 바로 그 20만 년 전 현생 인류의 아프리카 이브 기원 가설의 근거가 된 현 인류의 미토콘드리아(mt) DNA가 나타났다고 한다. 곧 20만 년 전, 화성의 문명이 파괴되고 동시에 지구에 인류가 출현(창조?)했다는 가설이다. 이러한 그의 주장은 퀴도니아 − 이집트 기자 피라미드 군이 수학적, 지구과학적, 천문학적인 검토 결과 일단 상호연관성이 있음이 판명되었다는 사실과 함께 매우 흥미 있는 이야기다.

더욱이 피라미드 연구가 로버트 보발과 그레이엄 핸콕은 화성에 광범위한 폭발과 전쟁이 일어나 화성인들이 자멸하는 전쟁을 겪었을 것이라고 추측했다(그 증거로 높이 500미터나 되는 거대한 5면체 D & M 피라미드의 측면 일부에 폭발물로 인해 붕괴된 듯한 흔적이 보이며, 또 피라미드 우측에 밑이 보이지 않은 심연 같은 구멍이 발견되었다). 이런 파멸적 격변 직후 이집트의 기자 피라미드와 스핑크스 계획이 입안되어 실천되기 시작했다는 것이다(이것은 이들 유적이 그즈음 건조되었음을 액면 그대로 인정함은 아니다).

이러한 가정들은, 예컨대 퀴도니아 유적과 영국 실베리힐 유적과 기자 파리미드 군(群)의 연관 등을 밝힘으로써 오랫동안 미궁에 빠져 온 초고대 문명의 수수께끼를 푸는 것은 물론, 인류와 지구 문명이 원초적으로 외계 우주와 연관되었다는, 이른바 우주적 연계

(cosmic connection)라는 새로운 신념 체계를 인류의 의식 가운데에 싹트게 할 것이다. 인류가 진실로 이러한 우주적 신념 체계 — 신앙이라고 해도 좋지만 — 를 완전히 받아들이게 될 때까지는 아마도 현대 기독교-서구 문명 체계의 완전한 붕괴까지 포함될지 모르는 험난한 앞길이 예상되지만 ……..

영국의 여류 심령 치료사로, 또한 이집트 고대 문명 연구가로서 다수의 저서를 출판한 머리 호프 Murry Hope는 『시리우스 커넥션 *Sirius Connection* (대원출판, 1998)』에 기술하기를, 유사 이전 이집트의 신왕(神王) 호루스와 세트의 전투는 단순한 지상에서의 권력 다툼이 아닌 우주적 규모의 패권 싸움으로(Z. 시친도 그렇게 주장하지만), 형이상학적 측면에서 볼 때 그 뒤 서양 사상의 근원이 된 배타적 이원론(二元論, dualism)의 근원이 된 것이라고 주장하였다. 또 이 전쟁은 아마도 우주적 규모의 신들의 전쟁이 지상(이집트)에서 극적으로 재현된 것으로(그렇지 않아도 피와 전쟁을 상징하는 화성에서 이 전쟁이 일어났음은 흥미롭다.), 실제로 화성의 인면상=기자의 스핑크스= '지평선 위의 호루스' (또는 '지평선 위의 얼굴')라는 점과 관련시켜 보면, 그녀의 주장이 황당무계하게 들리지만은 않는다(달리 말해 그 옛날 화성에도 '호루스' 에 해당할 만한 영웅적인 화성 신이 존재했을까?).

그녀는 자신의 주장의 근거를 고대 이집트의 문화영웅 토트/헤르메스의 가르침이라는 헤르메스 트리스메기스투스의 〈에메랄드 판 Emerald Tablet〉에 기록된 어구, 곧 "한 신묘한 것을 완성하는

데 있어서 '위에 있는 것은 아래에 있는 것과 같고, 아래의 것은 위의 것과 같다'(as above, so below)"는 논거에서 인용했다고 주장하였다. 곧 '위쪽'인 우주 외계에서 벌어졌던 일이 '아래쪽'인 이 지구에서 재현되었다는 가정이다.

물론 필자는 이런 모든 그녀의 주장을 액면 그대로 수긍하지는 않지만, 한 가지 확신하건대, 인류가 가지고 있는 다양한 전통 신앙과 가치 체계 중 많은 것들이 그 근원을 훑어 올라가면 궁극적으로 우주적인 것으로 귀착된다고 본다. 이것은 예수가 외계인이었다는 따위의 단순한 호사가적 흥미로 하는 이야기가 아니다. 한마디로 말해서 신앙은 우주적 보편성을 가진다는 것이고, 또한 그 주체가 되는 인간은 신체적으로나 영적, 형이상학적으로 대우주의 축약이라는 것이다. 화성이 유혈과 전쟁의 별인 동시에 초고대 문명의 수수께끼를 푸는 열쇠로 서서히 떠오르고 있는 듯하다.

21 외행성들의 신비

소행성대 바깥쪽에 있는 외행성들 가운데 첫 번째는 목성이다. 덩치가 지구의 318배나 되는 이 거대한 태양계 최대의 행성은 20개가 넘는 위성을 거느린, 태양계의 축소판이라고 할 만하다. 위성들 가운데 갈릴레오가 발견했던 4개의 주 위성 — 크기 순서대로 가니메데, 칼리스토, 이오, 에우로파 — 은 실로 수성이나 명왕성보다도 큰 것이다. 많은 고대 신화들에서도 목성은 왕의 별로 알려졌으며, 고대 중동에서는 마르둑을 상징하는 별로 잘못 인식되었고, 지금의 주류 신화학계에서도 역시 그러하다.

슈메이커–레비 혜성의 조각들이 1994년 7월 16일부터 1주일 간 목성에 충돌하여 장관을 연출했는데, 이 충돌은 실로 1메가톤(100만 톤)급 수소폭탄 2천 만 개가 폭발한 위력에 비길 만하였다. 실제로 6천 4백만 년 전인 중생대 말기에 혜성(또는 소행성)이 지구를 강타하여 공룡들을 멸망시켰던 공포의 기억이 인류의 무의식 가운

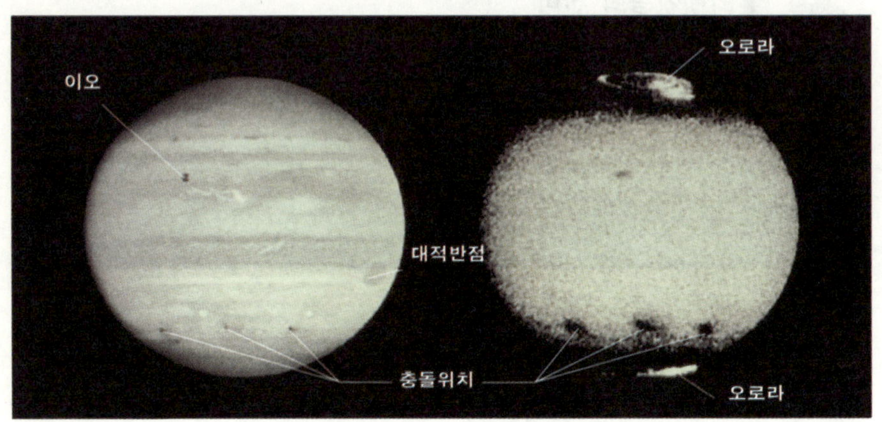

목성과 슈메이커 - 레비 혜성의 충돌

데에 남아 있었던 것 같다.

목성은 이미 1970년대 전반기에 발사됐던 파이오니어 10, 11호 및 후반기의 보이저 1, 2호에 의해 샅샅이 그 실체가 밝혀졌다(가장 많은 자료를 전송한 보이저 2호는 79년 7월 목성에 도달했다). 그 결과, 이 거대한 가스의 행성은 막대한 양의 방사선과 열을 방출하며 또한 두터운 구름 가운데에 폭풍이 부는 별로 알려졌다. 이 구름은 주로 수소, 헬륨, 메탄, 암모니아, 그리고 미량이나마 수증기와 아마도 물방울이 포함된 복합 성분으로 구성된 것으로 알려졌으며, 구름층 밑은 섭씨 약 20도 정도의 온도와 함께 물(H_2O)이 존재한다고 추측된다. 실로 물은 우리가 예상 하지 못하는 색다른 우주의 구석구석까지 존재하는 것 같다.

그런데 1989년 10월 발사되어 1995년 12월 목성에 근접한 갈릴

갈릴레오 탐사선이 찍은 목성의 위성들.
이오와 에우로파는 크기와 밀도가 달과 비슷하고 암석 등으로 이루어졌다.
가니메데와 칼리스토는 수성과 크기가 비슷하나 밀도가 낮아 물과 얼음 등으로
이루어진 듯하다.

레오 호에서 전송되어 온 각종 자료를 분석하고 있었던 NASA 과
학자들은 1997년 6월 5일, 의외의 사실을 공표하기에 이르렀다. 곧
목성의 표면은 딱딱하지 않기 때문에 생명체가 있을 가능성이 희
박하며, 종합적 연구의 결과 목성의 표면 중 2-5%만이 매우 건조
한 것으로 판단된다고 언급하였다. 바꿔 말하자면 그 나머지 지역,
곧 95-98%나 되는 지역은 습한 지역으로, 이것은 이를테면 수증
기나 물이 존재함으로써 가능한 것이 아니겠는가? 이런 상상은 좀
성급한 것일지 모르지만, 목성 표면에 수분이 있음은 분명하다.

더욱이 목성 자체보다 더 흥미를 끄는 것은 그 위성들이다. 목성
에서 가장 근접한 위성인 이오에서는, 보이저 2호의 전송 자료를
분석했던 과학자들에 의하면, 화산 활동이 있음이 발견되었다. 이
화산 분출물은 주로 유황 성분으로 이루어졌지만, 틀림없이 약간

의 물도 포함되어 있을 것이다. 이오의 표면은 지층이 가로와 세로로 갈라진 격자와 같은 모습으로 나타나 보이는데, NASA 과학자들은 이것이 얼어 붙은 얼음의 바다가 얕게 금이 가서 잘라진 것이 아닌가 상상하였다.

그러나 가장 흥미를 끄는 위성은 에우로파였다. 갈릴레오 탐사선이 1989년 10월 발사되어 1995년 11월부터 목성과 그 위성을 본격적으로 탐사하기 시작한 이래 1996년 초부터 1997년 12월 사이 이 위성에 관한 흥미 있는 뉴스 기사들이 쏟아져 나왔던 것이다. 곧 이 위성에 생명체의 존재를 시사하는 거대한 바다와 얼음 조각이 있

에우로파의 얼음 표면은 수 많은 줄과 균열로 뒤덮혀 있다.
이 줄들의 폭은 대략 20—40 ㎞다.

음이 발견되었던 것이다. 그리하여 1996년 11월 시애틀 소재 워싱턴 대학의 지질학자 J. 댈러니 박사는 "이제 화성은 잊자. 에우로파에 생명체가 존재할 공산이 훨씬 크다."고 언급했을 정도다. 이보다 앞서 8월 중순, 애리조나 주립대학의 론 그릴리 박사는, "…부서진 커다란 얼음 조각들이 발견되었는데, 이것들은 그림 맞추기 퍼즐처럼 서로 들어맞았다. 이것은 표면의 얼음 밑에 있는 좀더 '더운 얼음' 또는 심지어 액체의 물이 윤활유 같은 역할을 하여 미끄러지게 한 것으로 보인다. … 결국 에우로파는 생명이 존재하기에 충분히 따뜻하고 습기 있는, 환경상의 운 좋은 '이점(niches)'을 갖춘 위성일지도 모른다."고 언급하였다. 또한 외견상 금이 간 당구의 큐볼과 같은 모습은 강력한 목성의 인력으로 인해 일어난 열이 이 위성을 덥혀서 표면의 얼음 일부를 녹일 정도로 고온이라고 추측하였다.

드디어 1997년 2월 20일, 갈릴레오 호가 에우로파에서 불과 584킬로미터의 지근거리를 스쳐가며 얻어낸 정보를 보면, 그 내부는 고열로 녹은 암석 성분에 의해 가열되어 있는 것으로 추측된다. 또한 내핵에 철이 있어서 이 행성은 지구보다는 약한 자기장을 가지고 있음이 판명되었다.

한편 1986년 1월, 보이저 2호가 전송한 천왕성의 모습이 TV 화면에 클로즈업되자, 제카리아 시친은 "오 맙소사, 수메르 인들이 묘사했던 것과 똑같구나!" 하고 감탄하였다. 천왕성의 모든 위성들은 암석과 얼음 상태의 물로 이루어져 있다. 이것 역시 예상 밖의

천왕성, 지구, 해왕성.
천왕성과 해왕성은 질량, 크기, 화학 성분 등에서 아주 비슷하다. 보이저 2호가 찍음.

발견이었다. 실로 1986년 외계 탐사선이 발견했던 것은 새로운 것이 아니라, 이미 6천 년 전의 천문학 지식을 '재발견' 한 것이다.

또한 앞에서도 잠시 언급했지만, 천왕성과 해왕성은 쌍둥이와 같이 여러 점에서 서로 유사성을 보여 준다. 고대 아카드어로 천왕성은 해왕성의 '칵카브 샤남마 Kakkab shanamma' 곧 '꼭 닮은 별' 이라고 하였다. 그 크기, 빛깔, 주요 성분으로서의 물, 고리와 많은 위성을 거느리고 있다는 점에서 그렇다. 또 자기장의 강도도 비슷하고 하루의 길이도 비슷한 16–17시간이다.

더욱 주목할 것은, 해왕성이 천왕성보다 태양에서 16억 킬로미터 이상 더 먼데도 불구하고 내핵의 온도가 서로 비슷하기 때문에 외부 온도도 그리 큰 차이가 없음이 발견되었다는 사실이다. 해왕

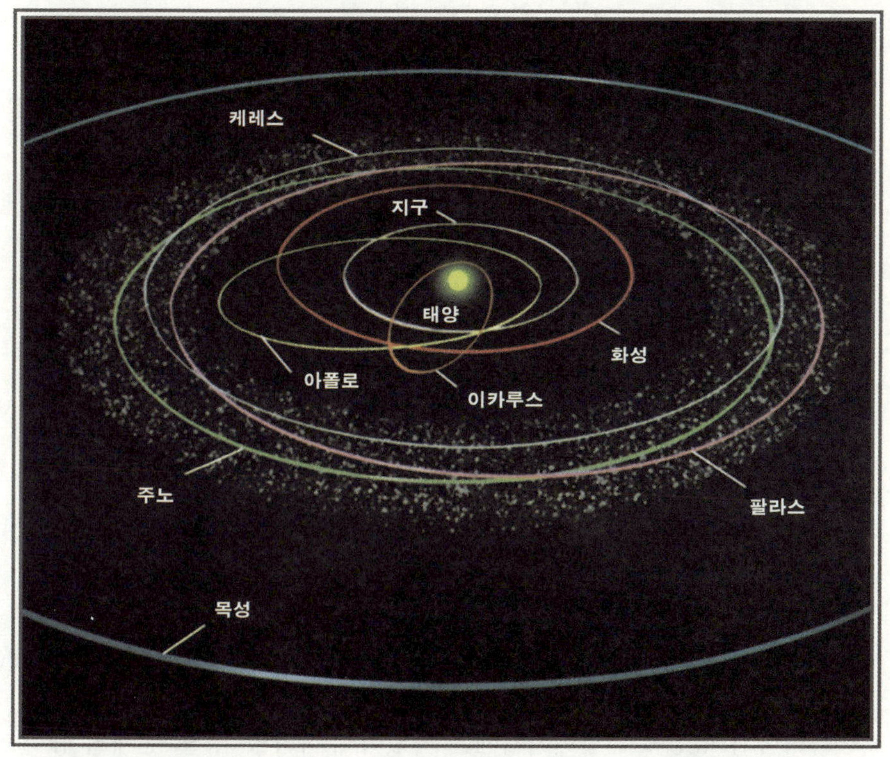

소행성대(Asteroid belt)

소행성들의 궤도는 대부분 화성과 목성 사이에 있다. 케레스(Ceres), 팔라스(Pallas), 주노(Juno) 등
이 있다. 그런데 아폴로(Apollo), 이카루스(Icarus) 등의 몇몇은 지구의 궤도를 가로지르는 편심적
인 궤도를 갖고 있다. 트로이 소행성들(Trojan asteroids)이라 불리는 다른 소행성들은 목성과 같
은 궤도로 돈다.

성의 지표면에서 부는 강풍과 혼탁한 얼음 조각층 등을 고려할 때,
이 별이 천왕성보다 내핵에서 더 높은 열을 생성하고 있음이 시사
되었다.

"보이저 호의 탐사 결과, 과학자들이 종전까지 예상하지 않고 있

었던 가설, 곧 '충돌설'이 이제야 주목을 받게 되었다."라고 보이저 계획의 수석 선임 과학자인 캘리포니아 공과대학의 에드 스톤 박사는 1990년에 언급하였다. 실제로 보이저호의 탐사 이전 과학계에서는, 오늘날과 같은 태양계가 불변하는 천체 운동 법칙과 중력에 의해 이미 생성 초기에 '순조롭게' 생겨났다고 하는 견해가 주류를 이루었다. 물론 어디에선가 나타나 이미 안정된 태양계 천체들에 분화구를 만든 운석과, 또 특이한 혜성들도 45억 년 전 애초 태양계 생성시에 만들어졌다가 행성이나 위성에 결합되기에 실패했던 찌꺼기라고 가상되었던 것이다.

이보다 더 의문스러운 것은 소행성대였다. '보데의 법칙'에 의하면, 화성과 목성 사이에 최소한 지구 크기의 두 배 가량 되는 행성이 발견되어야 했지만, 실제로 이 소행성대의 모든 물체를 합쳐도 하나의 행성이 만들어지기에는 턱없이 부족하였다. 또 천체의 충돌로 별 하나가 산산히 부셔져 이루어졌다면 언제 어떤 전체가 어떠한 과정을 거쳐서 이루어졌는지 그 결과에 대해 더욱 확정적인 결론이 나왔어야 한다.

하나의 예로 전송된 사진에 나타난 위성 표면에 빙산과 같은 빙괴들과 분화구가 없는 '투명한 띠' 같은 것이 발견되었으며, 북극 빙산과 같은 모습에 직경 3-6킬로미터 크기의 빙괴들은 큰 덩어리에서 부서져 나온 것처럼 보인다고 저명한 지질학자 마이크 카 박사는 언급하였다. 또 NASA 제트 추진 연구소(JPL)의 리처드 테릴도, 이 사진은 빙산형의 빙괴 밑에 '큰 바다가 있다는 유력한 증

토성

거'라고 했고, 테렌스 존슨은 도자기 파편 같은 얼음 덩어리가 흩어져 있는 모습은 에우로파 표면 가까이에 액체 상태의 물이 있음을 나타내는 가장 명확한 증거라고 부언하였다.

액체 상태의 물은 생명체에 필수적인 요소다. 이처럼 황량하고 메마르게 보이는 우주 공간에 어찌하여 이토록 물이 풍부할 수 있는 것인가? 에우로파는 화성 및 토성의 위성 타이탄과 더불어 SF계에서 우리 태양계 안에서 생명이 존재할 수 있는 희귀한 천체들 중 하나로 일찍이 지목되어 왔다.

그 다음 목성 다음으로 거대한 토성은 어떤 별인가? 옛 수메르인들은 토성을 '삭 우쉬 SAG.USH' 곧 '산출(産出)'이라고 했고, 아카드 어로는 '느리다'는 뜻의 '카이아마나 Kaiamana'라고 하였

보이저 2호에 찍힌 토성의 고리들
고리들이 수천의 작은 고리들로 이루어졌음을 보여 준다.
구분을 위해 고리에 색을 입혔다.

다. '산출'은 곧 토지의 산출을 의미하며, 중국어의 토(농업의 바탕)와 같은 의미이고, 고대 로마에서의 사투르날리아 Saturnalia는 토지신, 농업신의 축제였다. 이것은 토성을 의미하는 새턴 Saturn과 비슷하다. 토성은 질량이 지구의 95배나 되는 수소와 헬륨으로된 가스상의 행성으로, 무엇보다 그 특이한 아름다운 고리로 사랑받는 별이다. 이 고리는 토성 상공 구름의 정상부에서 약 7천-30만 킬로미터까지 뻗어 있고, 마치 레코드 판의 흠과 언덕처럼 가지런히 여러 층으로 구성되어 있다. 1980년~81년 사이 보이

보이저 2호에 찍힌 타이탄
이 거대한 위성을 감싸는 두꺼운 대기는 표면에서 그
주요층까지의 높이가 300㎞에 달한다.

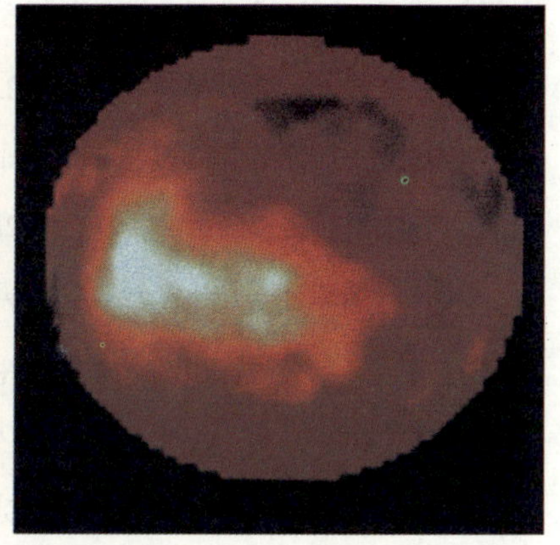

**적외선을 이용한 허블 망원경으로 본
타이탄의 대기**
사진의 어두운 부분은 탄화수소의 바다.
탄화수소는 빛의 대부분을 흡수하기 때문이다.
밝은 부분은 얼음과 암모니아가 있는 거대한 지역이다.

저 1호와 2호의 탐사 결과, 이 고리는 크기가 큰 덩어리는 집채만
한 다양한 크기의 얼음덩어리로 구성되어 '반짝이고 있음' 이 밝혀
졌다.

또한 도합 17개의 위성들 중 몇 개의 대형 위성들은 얼음 형태로
서 뿐만 아니라 다량의 액체의 물이 있는 것 같은 흔적이 나타났다.
그리고 오래 전인 1979년 파이오니어 11호의 탐사 결과, 토성의 근
접 위성들인 야누스, 미마스, 엔켈라두스, 테티스, 디오네 및 레아
는, 뒤이은 보이저 1호의 탐사에 의해 확인되었지만, 다량의 얼음
으로 구성된 구체들임이 밝혀졌다. 특히 근접 조사된 엔켈라두스

는 그 표면의 평탄한 지형이 지하에서 표면으로 스며 올라와 동결된 물로 인해 분화구가 메워짐으로써 형성된 것으로 드러났다. 보이저 1호의 탐사 결과, 멀리 떨어진 위성들 역시 얼음으로 덮여 있음이 드러났다. 특히 표면 전체의 절반씩 밝거나 어두운 특이한 위성인 야페투스는 밝은 반구 쪽이 물의 얼음으로 '코팅' 되어 있으며, 전체 질량 중 35% 가량 되는 암석의 내핵과 55%의 얼음 및 10%의 얼어붙은 메탄인 것으로 시사되었다.

다른 어느 것보다 흥미를 끈 것은 가장 큰 위성인 타이탄이었다. 그 직경이 달은 물론 수성보다 약간 큰 5,150킬로미터에다가 1.5기압의 대기가 있는 태양계의 유일한 위성(아마도 달을 제외한다면)으로 판명되었다. 이 대기는 생명체에 필수적인 탄화수소 성분이 풍부한 것으로, 질소, 메탄 및 아르곤이 포함된 것으로 알려졌다. 대기층 밑으로는 물의 얼음층과 진창 상태의 액체의 물이, 그 밑으로는 두께가 160킬로미터를 넘는 부글부글 끓는 물의 층으로 구성된 것으로 상상되고 있으며, 전체적으로 15%의 암석층과 85%의 물 및 얼음으로 이루어진 것으로 알려졌다.

1989년대 말, UFO 연구가 티모시 굿의 『초특급 비밀 *Above Top Secret*』에는, 외계인들이 이 위성에 근거지를 두고 지구로 날아왔다는 확인 안 된 일화가 실려 있다. 1997년 10월 15일, 최초의 토성 탐사선 카시니 호가 발사되었다. 무게 5.8톤의 이 무인 탐사기에는 33킬로그램의 방사성 원소 플루토늄이 탑재되어, 만약 폭발할 경우 그 위험성으로 인해 반핵 운동가들이 시위를 벌이기도

했었다.

근래에 이르러 천왕성 등 먼 외행성들이 발견되기 전까지 토성은 태양계의 끝의 별로 인식되었다. 지금도 일부 원시 부족들에게 이 별은 어떤 특별한 의미가 있는 천체로 알려지고 있다. 예를 들어 시리우스의 백색왜성은 알지만, 천왕성 등 외행성의 존재는 모르고 있는 서아프리카 말리의 도곤 족들은, 이 별이 '이 세상과 은하수 사이를 경계 짓는 별'로 알고, 또 이 별을 그릴 때 상징적인 두 개의 동심원(고리)를 그린다. 또 아프리카 중앙부 이투리 숲 속에 사는 피그미족들은 토성을 '비비타바 아브치아'(9개의 달을 가진 별)이라고 불렀다. 이 전승은 매우 오래 되었는데, 프랑스의 인류학자 장 피에르 알레는 18개월이나 그들과 함께 생활하며 이것을 확인했다고 한다. 실제로 그들은 1899년, 미국의 W. H. 피커링이 9번째 위성을 발견하기 훨씬 이전부터 알고 있었으며, 더욱이 이 전승은 도곤 족의 시리우스 전승과는 달리 그 근원을 찾을 수도 없었다고 한다.

만일 당신이 태양계 횡단 우주선이라도 타고 아마도 깜깜한 허공에서 빛나고 있는, 말로서는 도저히 표현할 수 없는 거대한 두 행성을 스치며 형형색색으로 반짝이는 수십 개의 그 위성들을 바라본 순간 기분이 어떠했을까? 아더 C. 클라크는 기념비적인 SF 역작 『서기 2001년: 우주 오딧세이 *2001: The Space Odyssey*』에서 다음과 같이 묘사한다.

　… 목성의 전파 소음은 … 불규칙한 간격을 두고 마치 새가 슬프게 지저귀는 듯한 휘파람 소리와 짹짹거리는 소리가 간간히 들렸다. 그것은 인간 세계의 소리가 아니었다. 그것은 등골이 오싹해지는 귀신들의 세계의 소리였다. … 파도 소리, 천둥 소리 등 별 의미 없는 외로운 소리였다.

　"이 세계에 모든 신들의 왕이며 천공의 지배자 주피터(제우스, 조브, 쥬노)의 이름을 붙인 옛날 사람들이 의외로 현명했던 것인지 모른다 …."

　그렇다. 괴이한 자연의 전파 소음으로 가득한 이 머나먼 거대 행성의 세계는 왜소한 인간이 보기엔 '귀신의 세계' 인 것이다. 주피터가 그 왕으로서 ……. 그 너머에 제우스의 아버지였지만, 그와 싸워서 패배한 크로누스 Cronus(토성)가 있는 것이다.

　그 다음 겉보기에도 쌍둥이라 할 수 있는 천왕성과 해왕성 역시 흥미 있는 별들이다. 보이저 2호는 인류가 수메르 시대 이후 '망각' 했던 첫 외행성인 천왕성을 1983년 1월에 근접 탐사하였다. 근대인 1781년 음악가에서 천문학자로 변신한 영국의 F. W. 허셀에 의해 발견된 이 행성은, 지구의 자전축이 공전 궤도에 비해 23.5° 가량 기울어졌듯이 놀랍게도 98° 나 기울어져 — 납작 눕혀져 머리가 그보다 더 아래로 기운 듯 — 자전하고 있음이 관측되었다. 꼭 어떤 미지의 거대한 외계 천체에 강타당해 누워 있는 듯하다. 더욱이 그 표면의 바람의 방향은 다른 행성들의 경우와 달리 역행(逆行;

여러 가지 모양으로 끼워 맞춘 듯한 미란다 위성
과거 언젠가 근처의 천왕성의 위성 또는 소행성에 의해 깨어질 정도의 충격
을 받은 뒤 다시 뭉쳐진 것 같은 모습이다. 바위와 얼음으로 이루어 졌다.

시계 방향)이고, 햇빛을 받는 면의 온도가 그 반대면과 같다는 예상
밖의 사실도 드러났다. 또한 15개의 위성들도 외형들이 각기 달랐
다.

특히 미란다 위성은 지표면의 고도가 높고 평탄한 고원 지대에
160킬로미터 길이의 인공적인 듯한 잘려진 단층면이 보이고, 그 양
쪽으로 동심(同心)의 곡선형 주름으로 된 경마장의 주로와 같은 지
형이 나타났다. 과학자들은, 이 위성이 실로 태양계 전체 위성 중에
서 가장 흥미 있고 특이한 지형을 보여 준다고 말한다.

천왕성 자체에 관해 가장 흥미 있는 것은 그 청록색 빛깔이다. 이

것은 다른 행성들에서는 전연 찾을 수 없는 특징이다. 보이저 2호는 또한 전혀 예상 외로 이 별이 종전의 추측대로 목성이나 토성과 같은 가스상이 아니라 물, 그것도 얼음이 아니라 대양과 같은 다량의 물로 덮여진 것임을 발견하였다. 옛 수메르인들은 올바르게도 이 별을 '엔티마쉬식 EN.TI.MASH.SIG' 곧 밝은 연녹색의 생명이 있는 '별'이라고 명명하였다. 그 표면 대기는 수소, 헬륨 및 메탄으로 되어 있다(녹색으로 보이는 것은 스펙트럼의 붉은 부분에 있는 메탄의 강한 흡수대 때문이다).

NASA 소속 제트 추진연구소(JPL)의 분석에 의하면, 이 대기층 밑에 실로 960킬로미터 두께의 물의 층이 있고, 이 층은 최고 섭씨 4,400도의 고열로 가열되었다는 것이다! 이 물의 층은 내핵부에서 방사성 원소의 활동으로 인하여 그런 높은 온도로 가열된 것이다.

태양계 행성들이 수직이 아니다. 다소간 수직을 벗어나 기울어지게 되었던 과정에 다른 행성과의 충돌이 개입하지 않았을까?

과학자들은 이에 대답할 길이 없었다. 스톤 박사가 인정했듯이 1986년 초 보이저 2호의 천왕성 근접 이후가 되어서야 천체 충돌이 초기 태양계 생성의 불가피한 한 요인이 되었던 것이다. 이를테면 천왕성은 이상하게도 납작하게 눕혀진 모습인데, 이것은 생성 초기부터 그랬던가, 아니면 다른 어떤 천체가 충돌하든지 또는 강한 중력이 힘을 뻗쳐 그처럼 기울어진 것인가?

보이저 2호의 탐사 결과 해답의 힌트가 마련되었다. 곧 위성들이 기울어진 모성(천왕성)의 적도면을 정곡을 찌르듯이 모두 동일한 평면에서 소용돌이치듯 회전한다는 사실은, 과학자들로 하여금 위성들이 모성이 기울어지게 된 사건이 일어났던 그 시각에 모성과 함께 존재했던가, 또는 충돌로 인해 떨어져 나간 물질들로 나중에 형성된 것인가 하는 의문을 불러왔다.

이 해답에 대한 이론적 근거가 프랑스의 지구역학 연구소의 크리스티앙 베이유 박사에 의해 제시되었다. 곧 만일 위성들이 그 모성과 동시에 형성되었다면, 이 위성들을 이루는 공간의 물질들 중 더 무거운 것들이 행성에 더 근접한 위성에 집중되어야 한다. 곧 모성에 가까울수록 더 무거운 암석질 성분과 얇은 얼음층이, 멀수록 그 반대의 물질로 구성되었어야 했을 것이다. 같은 이치로 태양계에서도 태양에 가까운 행성과 위성들이 더욱 무겁고 멀수록 가벼운 물질(가스 상태의)로 이루어졌어야 하는 것이다.

그러나 실제로는 이런 예상이 빗나갔다. 1986년 7월 4일자 『사이언스』지에서 일단의 과학자들은, (미란다를 제외한) 천왕성의 위성들이 모두 토성의 얼음투성이인 달들보다 상당히 더 무거운 것이라는 결론을 내렸다. 마찬가지로 보이저 2호는 모성에 근접한 두 주요 위성 아리엘과 움브리엘의 성분이 먼 위성들로서 두꺼운 암석과 얇은 얼음층을 가진 티타니아와 오베론보다 더 작은 암석핵과 두터운 얼음층을 가지고 있음을 알려 왔다. 요약하자면, 천왕성의 여러 '달' 들은 모성보다 나중에, 그리고 특이한 상황에서 형성되었음이 암시된다.

또 천왕성의 고리(1977년, 코넬 대학의 고공 조사 팀에 의해 발

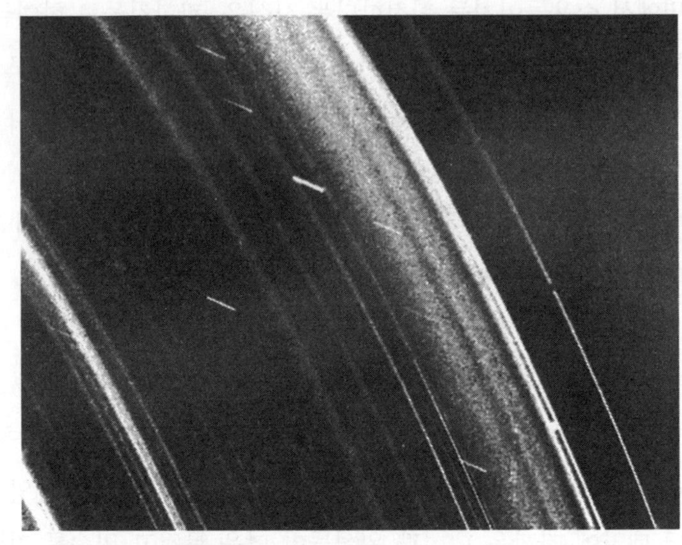

천왕성의 고리들
태양의 반대쪽에서 태양 빛에 의해 희미하게 빛난다. 짧은 흰 줄들은 찍는
기간 동안 움직인 별들 때문에 생긴 것이다.

견되었다)가 '석탄 먼지보다 더 검은' 칠흑 빛임이 발견되었다. 4
개가 넘는 이 고리들은 탄소가 풍부한 물질로, 아마 태초에 먼 외계
에서 유입되었던 타르 성분인 듯하다. 더욱이 옆으로 자빠진 듯 꼬
아지고 이상할 정도로 타원형으로 나타난 이 고리들은 토성의 아
름답고 대칭적인 고리와도 전혀 다른 모습이다. 또 새로 발견된 얼
음 입자로 구성된 6개의 작은 위성들은 또 마치 이 고리의 목자(牧
者)들인 듯 칠흑처럼 보였다. 결국 이 고리들과 위성들은 과거 언젠
가 천왕성에서 일어났던 대격변의 흔적이라는 결론이 명백해졌다.
곧 외계의 '침입자'가 천왕성의 세력권에 들어와 파괴하기조차 어

려울 만큼 단단했던 당시 현재보다 더 큰 한 위성을 박살내었을 가능성이 크다고 한 과학자는 쉽게 설명하였다.

더욱이 고리를 이루는 돌덩어리들은 매 8시간, 곧 모성의 자전 속도의 두 배인 속도로 모성을 돌고 있다 — 어떤 이유로 이처럼 고속 회전을 하게 된 것인가? 모든 관련 자료를 종합하건대, 천계의 충돌설(celestial collision)이 가능성이 가장 큰 유일한 대안으로 제시되었다. 앞서 언급한 『사이언스』지의 토론에 참석한 과학자들은, 위성 형성 당시의 상황이 천왕성이 그토록 커다란 경사각(98°)을 만들었던 사건에 의해 영향을 받았을 것이라고 언급하였다. 쉽게 말해 문제의 '달들'이 천왕성의 측면을 강타했던 충돌 사건의 결과로 태어났다는 것이다. NASA 과학자들은 과감하게도 시속 6만 4천킬로미터로 돌진했던 지구 크기 정도의 천체와의 충돌로 이 격변이 일어날 수 있었다고 추측하였다. 이어 이 사건은 아마 40억 년 전에 일어났을 것이라고도 하였다.

그런데 이 모든 정보가 이미 수메르에서 원본이 기록되었던 〈창조의 서사시〉에 나타나 있는 것이다. 천왕성Uranus은 옛 메소포타미아의 천공의 왕 안/아누에게 헌정된 별이었다. 그리스의 천공의 신이며 대지의 어머니 가이아의 남편 이름이 그대로 영어 이름이 된 것이다.

그리고 1989년 8월 TV 화면에 생생한 암청색 해왕성의 모습이 처음 클로즈업 되었던 순간이 마치 엊그제 같다. 그 뒤 며칠 동안 뉴스 매체에서 이 행성 이야기가 계속 나왔다.

해왕성의 고리들
과다하게 노출시켜 찍은 사진. 두 개의 주요 고리가 있고 안쪽의 희미한 고리도 있고,
주요 두 고리 사이에서 부터 시작된 퍼짐 면도 있다.

1846년, 베를린 대학의 J. G. 갈레가 그때까지 집적되었던 프랑스의 위르뱅 J. 르베리에와 영국의 J. C. 애덤즈의 예측 자료를 근거로 발견한 이 행성은 어떤 점에서는 쌍둥이인 천왕성보다 더 흥미로운 별이었다. 원래 전에 발견되었던 2개의 위성과 1개의 고리에 더하여 보이저 2호는 6개의 위성과 적어도 3개의 고리를 추가하였다. 당시 핵심적인 의문들 가운데 하나는 해왕성의 이상(異常, anomaly)들이 천왕성과는 별개인 충돌(bangs)의 결과인가, 아니면 모든 외행성들에 함께 영향을 미쳤던 단 1회의 대격변의 결과였던가 하는 문제였다. 보이저 2호 이전에는 오직 2개의 위성, 곧 트

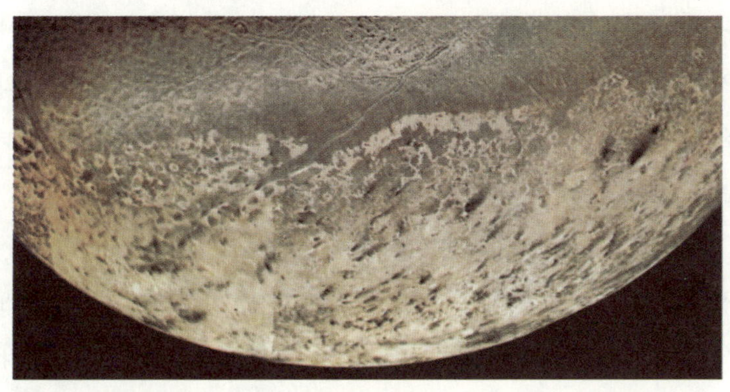

트라이톤의 남극
크레이터들은 태양계 형성 초기 때의 특징인 폭격에 의해 생겨난 것임.

라이톤과 네레이드만이 알려졌다(이들은 모두 그리스 신화의 해신 포세이돈 Poseidon(=해왕성 — 로마 신화의 넵튠)의 시종들이었다). 네레이드의 궤도는 모성의 적도면에 대해 28°나 기울어진 데다가, 그 궤도가 모성에서 160만-960만 킬로미터나 되는 길쭉한 편심(偏心) 궤도이고, 형태는 정상적으로 행성이 이루어지는 과정처럼 구형이 아니라 꽈배기 도너츠처럼 이상한 모습을 가지고 있다. 또 한 쪽 면은 밝게 빛나지만 다른 면은 칠흑처럼 검다.

1987년 6월 2일자 『네이처』지의 기고문에서 B. E. 쉐퍼는 "네레이드는 모성 주위 궤도에서 하나의 위성으로 고착되었으며, 트라이톤과 더불어 어떤 거대한 천체나 행성에 강타당하여 지금과 같은 비정상적인 궤도를 가지게끔 되었다."고 결론지었다. 곧 목성이나 토성의 위성처럼 정상 위성이었으나, 다른 어떤 천체가 끼어 들어 커다란 섭동(攝動) 현상을 일으켰다는 것이다. 또 트라이톤의 길죽한 역행(逆行; 시계 방향) 궤도도 충돌 사건으로 해명된다. 대충돌로 인해 운동 방향이 완전히 뒤바뀌었다는 것이다.

『사이언스』지에 기고한 캘리포니아 공과대학의 P. 골드버그, N. 머레이, P. Y. 롱가레티 등은 "트라이톤이 원래 태양 중심 궤도를 가지고 해왕성 지근거리에 머무르던 중 해왕성의 위성 한 개와 충돌한 결과 태양 궤도를 이탈했던 것이며, 당시 충돌했던 위성은 이 트라이톤에게 탐욕스레 잡혀 먹혔을 터이지만, 충돌의 위력이 그토록 강렬했던 까닭에 트라이톤의 궤도 에너지를 충분히 무력화시켜 마침내 해왕성의 중력에 포착되게끔 했던 것"이라고 추론하였다. 뒤에 슈메이커-레비 혜성의 발견자가 된 NASA의 유진 슈메이커는 "그렇다면 이 미지의 충돌 물체들은 원래 어디에서 왔는가?"라고 반문하였다. 그러나 아무런 해답도 없었다.

아이로니컬하고 또 감사하게도 이 모든 의문에 대한 해답은 옛 수메르의 우주 창생 이야기에 준비되어 있었다. 이 기록은 단순하면서도 포괄적으로 한 사건을 언급하고 있다. 이에 따르면 태양계라는 우주가 의도적으로 '창조' 되었으며, 그 뒤 성장하여 오늘날까지 '진화' 했다는 것, 곧 창조론과 진화론을 동시에 설명하며 또 만족시킨다.

마지막으로 명왕성은 그 이름인 플루토 Pluto〔로마 신화의 명계(冥界)의 왕, 그리스어로는 하데스 Hades〕가 암시하듯이 먼 외계

허블 망원경으로 찍은 명왕성과 위성 카론

의 끝에 위치한 행성이다. 1930년에야 미국의 클라이드 톰보(UFO 목격자로도 유명한 천문학자로 1997년 초 사망)에 의해 발견된 이 별은 그 궤도와 물리적 성질이 다른 행성들과는 많은 점에서 다르다. 곧 궤도가 해왕성의 그것을 침범할 만큼 찌그러져 태양에 가까이 접근하기도 하고(1979~1999년간), 또 황도면에 대해 다른 행성들은 7° 가량 궤도 상하 변동폭을 가진 반면 명왕성은 17° 나 된다. 이 모든 점으로 미루어 보아 명왕성은 행성이라기보다는 목성형의 위성을 닮았으며, 일부 학자들은 초기에 해왕성의 위성이었다가 떨어져 나온 행성이라고 추측한다. 이것은 〈창조의 서사시〉의 기록과 일정 부분 일치한다.

곧 원래 목성과 토성 사이에 있던 토성의 위성이었는데, 니비루(마루둑)가 타아마트를 처치하고 돌아오는 길에 '가가 GA.GA' 〔명왕성 — 안샤르 (= 토성)의 '자문' 겸 '사절')를 자신을 낳아 준 에아/누딤무드(해왕성) — 수메르 신화에서 에야(엔키)는 마르둑의 아버지였다. — 와 어머니 담키나에게 선물로 준다. 부모의 조언에 따라 니비루/마르둑은 이 위성을 우주 심연의 끝으로 보내어 외계의 손님을 맞이하는 집사로 임명하였다.

수메르어로 새로이 명명된 '이시무드 ISIMUD'는 '끝, 꼭대기, 바로 끝'이란 의미이고, 아카드어의 '우스무 Usmu'는 '두 개의 얼굴을 가졌다'는 뜻이다. 이것은 절묘한 이름이다. 곧 첫째로 명왕성이 자신의 궤도를 벗어나 해왕성의 궤도를 넘어 사실상 제 8행성(현재의 행성 순서로 보아)의 역할을 맡기도 한다는 의미이고, 둘째로 명왕성 자체가 일종의 이중(二重) 행성 역할을 맡음을 암시하기도 한다. 곧 명왕성의 위성 카론 Charon — 사자의 영혼을 심판하기 위해 스튁스 강 건너 명계로 실어 나르던 뱃사공 — 은 1978년 6월, 미 해군 천문대의 제임스 크리스티에 의해 발견되었는데, 그 크기가 위성이라기에는 너무나 커서 마치 형제와 같다. 곧 명왕성은 직경이 2,320 킬로미터이고, 카론은 1,270킬로미터다. 둘 사이의 거리도 1만 7,500킬로미터에 불과하다.

<h1>3 다시 보는 〈창조의 서사시〉 — 재확인되는 고대 전승</h1>

주로 1970년대와 80년대에 들어 태양계의 목성 바깥의 외행성들에 대한 지식을 보완해 줄 정보가 실로 6천 년 전에 이미 알려졌다는 것은 충격적인 일이다. 더욱이 1990년 4월, 지구 궤도에 올려졌던 허블 우주 망원경(HST) — 순회 중 고장이 나서 1994년 1월에 수리, 재가동되었다. — 은 태양계뿐 아니라 먼 외계 우주 전체에 걸쳐 실로 방대한 자료를 송신했던 것이다. 우리는 피라미드가 보여 주는 천문학과 지구과학 정보나, 또는 남미 잉카 족의 놀라운 거석 건조 공법에 놀라고 경탄하겠지만, 이러한 지식들은 실제로 우리 일상 생활과 동떨어져 있거나 너무나 생소하여 그다지 친근감을 느끼지 않는다. 그에 비하면 옛 중동의 과학 지식들은 훨씬 가깝게 와 닿는다. 그러면 〈창조의 서사시〉와 같은 고전 텍스트의 내용을 특히 현대 천문학이 밝혀낸 정보와 다시금 단편적으로나마 비교해 보자.

앞서 〈창조의 서사시〉에서 길게 언급했지만, 처음 태양계에는 압수(태양)와 그 시종 뭄무(수성) 및 저 멀리 티아마트가 있었을 뿐이었다. 약 40억 년 전보다 훨씬 이전의 일이었다. 이 두 주인들은 서로 '몸을 섞어' (상호 중력 작용), 그 결과 압수의 몸이 일부 찢어져 나가 자식들 — 천계의 신들 곧 행성들 — 이 태어나기 시작하였다. 이처럼 남성이 먼저 희생되는 것으로 보아 이때가 여권 우세 시대였다고 생각하는 초심리학자들이 있다. '신' 들은 처음부터 한 쌍씩 태어났다. 곧 금성·화성이 뭄무와 티아마트 사이에서(내행성), 그 다음 티아마트 너머에 목성·토성과 천왕성·해왕성이 태어났다. 태어나자마자 이들은 불안정하게 요동하기를 계속하였다. 이것을 다스리고 그 요동의 주모자인 티아마트를 처벌하기 위해 먼 외계 '심연' 에서 침입자인 니비루/마르둑이 출현하였다.

태양계 언저리에 접근하자마자 그는 행성들을 (중력으로) 이끌기 시작하였다. 그 첫 상대는 에아/누딤무드 곧 해왕성이었다. "주님을 낳으신 자는 에아였다." 곧 태양계로의 첫 안내자가 된 것이다 [또 전통적으로 에아/엔키는 마르둑의 아버지이며, 신바빌로니아(칼데아) 시대에 숭배되었던 '나부' (또는 네부)는 그 손자였다]. 우주의 제왕처럼 고상하고 빛나는 위용을 과시하는 이 '주님' 이 해왕성과 천왕성을 스쳐가자, 번개가 번쩍였다. 그런 과정에서 그는 자신의 위성들을 동반하고 왔든가, 또는 위성을 외행성들로 잡아당겨 자기 것으로 했을 것이다. 곧 "완전한 인원들이며 … 그의 눈은 넷이고 귀도 넷이었을지니라."의 눈, 귀가 작은 규모의 위성을 상징하는 것이다.

"'주님'이 에아(해왕성)에 근접하자, 그의 옆구리가 부풀기 시작하여 또 하나의 머리처럼 보였다." 이 부풀어 오른 부분이 분리되어 해왕성의 달 트라이톤이 되었을 것인가? 이는 사실인 듯하다. '주님'은 애초 태양계에 역행하며(시계 방향) 진입했으므로, 트라이톤과 다른 위성과 혜성들이 똑같은 방향으로 이끌려 기다란 타원형(또는 포물선) 궤도를 그리며 돌고 있음을 설명할 수 있는 것 같다.

그가 아누(천왕성)을 지나자, 더 많은 위성들이 생겨났다. "아누는 네 바람을 낳았다." 곧 '주님'과의 중력 작용으로 천왕성의 네 주요 위성들이 태어났다. '주님' 자신도 이 조우에서 세 위성을 더 얻었다. '주님'의 중력이 그토록 강했기 때문에 천왕성은 지축이 기울어져 납작하게 되었던 듯하다. 그 다음 안샤르(토성)과 키샤르(목성)과의 중력적 접근에서도 더욱 많은 부하들을 끌어 모았다. 그가 "토성 근처에서 전투 준비를 위해 우뚝 섰을 때 두 신들 — '주님'과 토성 — 은 서로 입을 맞췄다." 그 영향으로 바로 그때 '주님'의 궤도가 영구적으로 변형되어 태양쪽으로 기울어진 것이다.

동시에 토성의 으뜸 위성 '가가'가 '주님'의 (역행) 궤도에 끌려 화성과 금성 사이로 이동한다. 그 다음 커다란 타원형을 그리며 결국 태양계의 가장 외곽으로 보내졌다. 도중에 그는 해왕성과 천왕성에게 "인사를 드렸다." 곧 (주기적으로) 고유 궤도를 벗어나 해왕성의 길을 넘어 안쪽의 천왕성에까지 접근하게 된 것이다.

'주님'의 새로운 '운명' 곧 궤도는 이제 불가피하게 노련한 티아마트에게 향하게끔 잡혀졌다. 그때까지 생성의 초기인 태양계 전체, 특히 티아마트의 세력권 일대는 아직 불안정하였다. 다른 가까운 행성들이 궤도의 불안정으로 요동하고 있는 동안, 티아마트는 그녀와 태양 사이의 더 작은 두 행성들 및 그녀 너머 두 거인 행성들 사이에서 서로 이끌리고 있었다. 그녀는 찢어지기는커녕 오히려 주위의 작은 위성들을 긁어 모아 대비하였다. 이들은 제각기 천계의 '신'들 곧 행성들인 양 괴물처럼 으르렁거리며 그녀 주위를 맴돌았다. 특히 다른 행성들에게 가장 위험한 것은 이 패거리들 사이에서 지도자가 출현했다는 점이다. 그는 거의 행성 크기로 자라서 독자적 '운명'을 개척하려는 — 독립된 공전 궤도를 얻으려고 기도하는 — 단단하고 커다란 위성이었다. 티아마트는 "그에게 주문(呪文)을 쏟아 부어 천계의 신들의 왕으로 승격시켰다." 그는 킹구('위대한 사자', 나중의 달)였다.

그 다음 일어난 것은 천계의 대격전이었다. 그리스의 고전 비극처럼, 이 천계의 전투는 우주적 중력과 자기력(磁氣力)으로 냉혹하게 연주되는, 피할 수 없는 비극이었다. 결국 '주님'의 일곱 '바람'들과 킹구가 거느린 11명의 패거리들 사이가 근접하자마자 순식간에 충돌이 일어났다. 그런데 시계 반대 방향으로 도는 티아마트와 시계 방향으로 도는 '주님'이 직접 충돌 한 게 아니라 그가 거느린 '바람'들이 그녀에게 돌진했던 것이다. 그는 일곱 바람들뿐 아니라 번개와 중력의 '그물'로 그녀를 에워싸려 하였다. 두 적대자의 무리가 접근하자, '주님'은 무서운 신의 번개(행성 전기)를 쏘아대며 중력으로 포위하려 하였다. 그녀는 "찬란한 빛으로 가득차며 속도가 떨어져 뜨거워지며 부풀어 올랐다." 곧 그녀의 지각에 커다란 균열이 일어나며 필시 수증기와 화산성 물질이 분출했을 것이다. 그 속으로 '주님'은 '사악한 바람' 곧 위성 한 개를 던졌다. "그녀의 배가 갈라지며 내장을 찢어 놓고 자궁을 꿰뚫었다." 그런 다음 그녀의 잔당을 처치하였다. 킹구를 제외한 나머지 무리들은 "두려움에 떨며 등을 돌려(반대 방향으로 궤도를 바꾸며) 목숨을 보전하려 하였다." 이로써 혜성들이 창조되었던 것이다. 킹구는 생명 없는 흙덩어리가 되어 별도의 '운명'을 지니게끔 강제되어 결국 지구의 위성이 된 것이다.

어떤 연구가는 이러한 사건이 신화적인 남성 우위 시대의 시작이라고 비유한다. 또 '티아마트 = 여성 괴물'이란 개념은 바빌로니아와 성서 시대를 거쳐 근대에 이르기까지 여성 = 악마 관념과 마녀 사냥(witch hunting)의 신화적 근거가 된 것이리라. 나아가 이 천계의 투쟁은 동양 사상과는 다른 서양의 이원론(二元論)의 신화적 기초가 되었을 것이다. 천. 지. 인 삼재(三才)의 동등성과 일체성을 강조하며, 절대악이란 있을 수 없다는〔따라서 선(善)의 반대는 악(惡)이 아닌 불선(不善)〕 동양의 전통 사상과는 달리, 이원론은 말하자면 우주와 세상 만사를 흑백의 양자로 엄격히 나누며 서로 화합하기를 거부한다.

티아마트를 처치한 '주님'은 먼저 토성과 조우했을 때, 태양계 안에서 자신에게 주어진 새 '운명'(궤도)에 따라 태양 주위를 한 바퀴 순항한 다음(정확히는 소행성대 언저리가 근일점이다), 먼 우주로 되돌아가는 길을 재촉하였다. 티아마트와의 결전장이었던 곳에서 그녀의 시체를 몸소 눌러서 그 한 조각으로는 '망치질하여 늘린 팔찌,' 곧 소행성대를, 남은 하나는 별도의 운명을 부여하여 결국 지구를 '창조' 한다. 그런 뒤 그는 태양계의 외곽을 향해 허공을 가로질러 해왕성 및 천왕성과 다시금 조우하여 이들에게 새로운 외모와 형태를 갖추도록 작업을 완료하였다.

마지막으로 가가(명왕성)에게 최종적인 '운명' 을 갖추도록 하여 해왕성 너머 '심연' 에서 태양계로 진입하려는 자들을 안내하는 역할을 맡겼다. 이로써 태양계의 모든 신들의 위치가 결정되었다. 그런 다음 자신의 거처를 두 군데에 마련했으니, 그 하나는 고대 텍스트에서 '창공' 으로 불렸던 소행성대 곧 현대 천문학자들이 근지점(perigee)이라고 부르는 곳이고, 또 하나는 '위대한/머나먼 거처' 를 의미하는 '에 샤르라 E.SHARRA' (지배자의 집/거처)였다. 이것이 원지점(apagee)이다.

1950년대 초, 임마뉴엘 벨리콥스키는 『충돌하는 우주 *Worlds in Collision*』에서 이 우주 창생 전승과 비슷한 이론을 제시하였다. 곧 금성이 거대한 혜성에 의해 몇 천 년 전 외행성계에서 현재의 위치로 옮겨졌다는 이야기다. 이것의 옳고 그름은 별 문제로 치고, 분명히 인류의 집단 무의식 가운데에 태고적에 핼리 혜성과 같은 거대하고 신비한 하늘의 물체가 날아와, 공포와 더불어 인간 생활에 일대 변혁의 전기를 가져왔다는 믿음이 거의 신앙화되었을 정도로 뿌리박혀 왔다. 특히 옛 중동에서 그러하였다. 그 가장 큰 연원이 옛 수메르/바빌로니아와 유대 민족의 『구약성서』에 수없이 기록된 우리 태양계의 열두 번째 멤버 — 태양과 달을 포함하여 — 라는, 현재로서는 미지의 천체다. 이것이 보통 행성이 아니라 핼리 혜성과 같은 행성이었다는 점이 특이하였다. 그렇다면 열두 번째 행성 — 혜성 같은 존재로서의 — 은 과연 있었을까? 이 의문을 풀기에 앞서 혜성을 비롯한 소천체들의 실체를 파악해 보자.

4 | 혜성은 생명 창조의 전달자인가?

수메르 신화에 의하면, 태양계의 왕인 니비루가 황도 — 지구에서 보아 태양이 지구를 중심으로 운행하는 것처럼 보이는 하늘의 큰 원 — 의 아래 동남 방향에서 출현하여 황도 위로 솟아 호(arc)를 이루었다가 다시 황도 밑으로 내려가 귀환했다고 한다. 이것은 주기 76년의 핼리 혜성을 포함한 많은 혜성에 공통되는 것이고, 또 역행 궤도를 가지고 있다. 핼리 혜성과는 달리 비주기 혜성들, 곧 방대한 쌍곡선 또는 포물선 궤도를 가지고 있어서 그 주기를 계산하는 것이 불가능한 것들도 일정한 황도 경사각을 가지고 있고, 또 그 절반 가량이 역행 궤도를 가진다. 또한 지금까지 관측되어 목록에 오른 600개 이상의 주기 혜성들 가운데 200년 이상의 장주기를 가진 500개 가량이 핼리 혜성과 유사한 경사각을 갖고 있으며, 그 절반 이상이 역행 궤도를 가지고 있고, 중간 주기(20~200년)와 단주기(20년 이하) 혜성은 평균 18° 가량의 경사각을 갖고 원일점인 목성 일대의 강력한 행성 중력 효과에도 불구하고 역행 궤도를 유지하고 있다.

이들 혜성은 어디에서 오며, 어떤 이유로 그처럼 천문학자들에게 이상하게 보이는 특이한 궤도를 가지게 된 것인가? 1820년대에 프랑스의 천문학자이자 우주론자였던 P. S. 드 라플라스 후작은 혜성이 머리(coma, 핵)와 얼음으로 이루어진 꼬리는 태양에 가까워지면 물이 증발되어 생기는 것으로 추측하였다. 그러나 소행성들이 발견되면서 혜성은 파괴된 그 잔해로서 마치 모래 덩어리와 같은 것이라고 수정되었다. 1950년대가 되어서 하버드 대학의 프레드 휘플은 혜성이 얼음과 모래가 혼합된 것 같은 '더러운 눈덩어리' 라고 주장하고, 네덜란드의 얀 오르트는 장주기 혜성들이 태양과 그 이웃의 항성(태양처럼 스스로 빛나는 거대한 붙박이별) 사이에 있는 거대한 '저수지' 에서 생겨난다고 제안하였다.

곧 혜성이 모든 방향에서 나타나 순행 또는 역행하는 것으로 보아, 이 거대한 혜성의 저수지는 벨트나 토성의 띠가 아니라 태양계를 둘러싼 공 모양으로 가상하고 이 구체를 '오르트 혜성운'(Oort cloud)이라고 이름지었다. 이것과 태양까지의 평균 거리가 10만 천문 단위(AU ; 지구 — 태양간 거리인 1억 4천 950만 킬로미터)로 예상하였다. 또한 항성의 섭동과 혜성 사이의 충돌로 인해 일부 혜성 무리들은 더욱 가까이 곧 5만 AU 정도로 태양에 근접했을 것으로 또한 상상하였다. 이 거리는 아직도 태양 — 목성 간 거리의 1만 배다. 그리고 지나치는 별들이 수시로 이 혜성들에 영향을 주어 태양 가까이 날려 보냈다. 그 일부는 행성, 특히 목성의 영향으로 중간 주기 또는 단주기 혜성이 되고 더욱 강한 섭동을 받았을 경우 궤도가 바뀐 것으로 상정되었다.

1950년대 이래 관측 기술의 진보로 혜성 관측 수가 50% 이상 증가되었고, 또 컴퓨터 기술로 이들의 운동 궤도를 계측하여 그 근원을 수색하는 것이 가능하게 되었다. 하버드 대학 스미소니언 천문대의 브라이언 마스덴 관측팀은 250년 이상의 장주기 혜성들 가운데 관측된 200개 가량을 이런 테크닉으로 조사한 결과, 태양계 외부에서 진입해 온 것은 10%에 불과하고 90% 이상(180개 이상)이 시종 태양 초점 궤도에서 회전하고 있었던 것으로 드러났다. 곧 소수의 예외를 빼놓고 혜성들은 거의 전부 태양계에 중력으로 묶여 있었던 것이다. 1988년 2월, 보스턴 대학의 앤디 디오카스는 오르트 혜성운의 실체에 의문을 던지며, 그것이 실제로 태양계 외곽에서 오는 새로운 혜성들의 고향이었던가에 대해서 의문을 제기하였다. 그 대안으로, 아마도 혜성들이 태양에 비교적 가까운, 명왕성 궤도 바로 너머에 존재하고 있는 게 아니냐는 아이디어도 나왔다.

오르트 자신도 혜성들이 대체로 태양계의 일부였지, 무작위적으로 태양계로 '던져지는' 국외자가 아니었다고 생각하였다. 단지 오르트 혜성운이 궤도 계측이 불가능한 쌍곡선과 포물선 궤도 혜성체의 연원으로 이런 가설을 제기했던 것이지, 이것을 이론화시킨

것은 아니었다. 이 '오르트 혜성운' 만으로도 그는 유명해졌던 것이다. 그는 '혜성과 소행성이 동일한 종으로서 같은 기원을 가진 것으로 봄이 논리적으로 타당하다' 고 제안하며 결론짓기를, '거대한 혜성운의 존재는 혜성들(및 소행성들)이 태양계 생성 초기에 소행성의 고리로부터 이탈하여 생겨난 것이라면 자연스레 설명될 것이다' 라고 했다 — 이 혜성의 생성의 시작은 〈창조의 서사시〉처럼 들린다.

혜성이 소행성대 안에서 생성되고 또 소행성들과 같은 '종(種)' 임을 생각할 때, 이 천체들은 어떻게 창조되었고 어떤 이유로 그처럼 어긋난 경사각을 가지고 역행 회전을 하게 되었는지가 의문이다. 이에 대한 파격적 연구 결과가 1978년 워싱턴 D. C.의 미 해군 천문대의 톰 밴 플랜던에 의해 발표되었다.

그는 〈혜성의 근원은 전(前)의 소행성급 행성?〉 이란 연구 논문에서, 19세기에 있었던 행성 폭발설을 지지하면서 또 오르트의 설의 요점을 강조하여, 그(오르트)로서는 당시(1950년대) 모든 증거를 근거로 태양계가 소행성대를 탄생시켰던 사건과 연관지어 볼 때 혜성 탄생의 모체라는 가정이 가장 설득력이 있다고 언급하였다. 그는 더 나아가 1972년, 캐나다의 M. W. 오븐덴에 의해 소개되었던 '최소 상호 작용 이론' 을 인용하여, 이것은 당연한 추론으로서 화성과 목성 사이에 지구 질량의 90% 가량 되는 행성이 비교적 최근, 아마도 1천만 년 전에 '사라졌다' 고 추론 하였다. 더욱이 오븐덴은 1975년 〈보데의 법칙 — 사실인가 추론인가?〉에서 '우주 창생 신화상의 이론은 천체들이 역행뿐 아니라 순행해야 한다는 필연성을 만족시키는 유일한 방식이다'라고 설명하였다. 1978년 자신의 연구를 요약한 논문에서 밴 플랜던은 다음과 같이 결론지었다.

"… 혜성들은 태양계 내의 대격변으로 생성되었다. 모든 가능성으로 미루어 볼 때, 이 사건은 소행성대와 오늘날 눈에 보이는 대부분의 운석을 생성시킨 것과 동일한 사건이었다."

그러나 이 사건이 또한 각기 화성과 목성의 바깥쪽 위성들을 별도로 태어나게 했던가에 대해서는 분명하지 않으며, 이 사건은 아마도 500만 년 전에 일어났다고 말하였다. 또 의심할 바 없이 그 물리적, 화학적, 역학적 상황으로 보아 이 폭발 사건은 오늘날 소행성대에 있었던 대행성이 분해되어 일어난 것이라고 강조하였다. 하지만 어떤 원인으로 이 대행성이 폭발, 분쇄되었으며, 또 이 시나리오 전반에 걸쳐 가장 빈번히 언급되는 것으로서 행성이 실제로 어떻게 폭발할 수 있는지에 대해 밴 플랜던은 '만족할 만한 답이 없다'고 인정하였다. 수메르 신화의 니비루/마르둑과 티아마트 사이의 '천계의 전투' 외에는 …….

이 폭발설에 대한 주된 비판은 그 잔해들의 행방에 관한 문제였다. 알려진 소행성들과 혜성들의 총질량을 합친다고 해도 오브덴의 계산처럼 지구의 90%가 아니라 단지 일부분에 지나지 않는다. 이에 대한 그의 응답은, 소실된 질량이 아마도 목성에 의해 흡수되었을 것이며, 소행성과 목성 자체의 모든 역행 위성들을 합친 계산 결과 목성의 질량은 지구의 130배나 증가한다는 것이다. 이 두 수치, 곧 지구의 90배와 130배라는 수학적 불일치에 관해서는 다른 논문, 곧 목성의 질량이 과거 언제인가 감소되었다는 연구 결과를 인용하였다. 애초 먼저 목성의 크기가 팽창했다가 다시 위축한다는 것이 아니라, 파괴된 행성의 가정적인 크기가 위축되었다는 것이 옳다는 지적이다.

이것은 수메르 텍스트에서 설명되는 것이다. 곧 만일 지구가 티아마트의 남은 반쪽이라면, 티아마트는 대충 지구 크기의 90배가 아니라 2배였을 것이다. 소행성대를 관측한 결과 그 일부가 목성에 도달했을 뿐 아니라, 가정된 소행성들의 원 위치인 2.8AU의 거리에서 확산하여 1.8-4AU에 달하는 광대한 공간을 차지하고 있음이 발견되었다. 심지어 1980년대 중반에 목성과 토성 사이에서 발견된 2060 키론 Chiron은 13.6AU의 거리 곧 토성 — 천왕성 사이에 위치하고 있었다. 그러므로 문제의 대충돌은 실로 극도로 파멸적이고 강렬했을 것이다.

떼 지어 있는 소행성의 무리들 사이에는 커크우드 틈새 Kirkwood gap니 헤쿠바 틈새 Hecuba gap니 하는 틈새(벌어진 곳)가 있다. 이 틈새에도 소행성들이 있었지만 먼 외계로 튕겨 나갔을 것이다. 그 예외로서 일부는 목성과 같은 외행성들의 중력에 휩쓸려 갔으며, 또한 아마도 일부는 '파멸적 대충돌로 파괴되었다' 고 1983년도 판 『맥그로우 힐 천문학 대사전』에 기록되어 있다. 이런 축출과 대격변을 입증할 객관적 증거가 없는 한, 이것을 설명한 단

하나의 근거는 수메르 텍스트에 기록된 것이 있을 뿐이다. 더욱이 이런 충돌의 주체는 혜성처럼 방대한 타원형 궤도(수메르의 니비루 별은 3,600년 주기이다)를 가진 천체 — 역행한다면 더욱 좋다 — 만이 가능한 것이다. 고대 텍스트에 의하면 티아마트와 그 외곽의 목성을 니비루/마르둑이 이 틈새만한 넓이의 천공을 반복하여 왕래했던 것으로 되어 있다. 곧 이 '튕겨 냄'과 틈새를 '쓸어 냄'이 그런 과정에서 이루어졌던 것이다.

니비루가 주기적으로 돌아옴을 알게 되면 소행성대의 '잃어 버린 물질'의 수수께끼가 풀릴듯하다. 이것은 또한 목성이 비교적 최근에(수백만 년 전에) 외계 물질이 집적하여 부피가 증가했다는 주장에도 설득력을 보태어 준다. 대충 니비루의 근일점에 있는 목성의 위치에 있는 이 집적체들은 니비루의 각기 조금씩 다른 통과 궤도에 의해 영향을 받았을 것이며, 반드시 티아마트와의 충돌이라는 단발성 사건으로만 그 위치 이동과 소실 사건이 일어났던 것은 아니었을 것이다. 실제로 소행성의 스펙트럼 분석 결과, 그 일정 부분이 태양계 생성 이후 첫 수백만 년 사이에 그 자체를 녹여 버릴 만큼 강렬한 고열을 받았던 것으로 드러났으며, 그 결과 철 성분이 중심핵으로 가라앉아 강한 암석 – 철 코어를 형성했고, 더 가벼운 현무암질 용암은 표면으로 떠올라서 베스타와 같은 소행성을 만든 것으로 추측된다(『맥그로우 힐 천문학 대사전』). 가정된 대파멸의 시기는 태양계 생성 뒤 약 5억 년이 되었을 때이다.

현대 천문학과 천체물리학의 정보는 또한 '우주는 물로 충만해 있다'는 고대의 가르침과 일치하고 있다. 실제로 물은 앞서도 언급한 행성과 위성은 물론 소행성과 혜성의 주요 성분이다. 대부분의 소행성들은 두 군(群)으로 분류되는데, 전체의 약 15%는 불그스레한 표면이 규산염과 금속철로 된 S. 타입이고 75%는 탄화물로 구성되어 있고 또 물이 포함된 것이 발견된다. 이런 소행성에서 발견된 물은 액체가 아닌데, 소행성들에 대기가 없으므로 물이 있었다고 해도 급격히 증발되므로 성분은 아닌 것으로 추측되었다. 이 표면 금속 성분에서 발견된 물 분자는 소행성이 허공에서 포착하여 포함하고 있는 것이다.

이 사실은 1982년 8월, 작은 소행성이 지구 대기권에 진입했을 때, '하늘을 가로지르는 긴 꼬리를 가진 무지개'가 발견되어 직접 입증되었다. 무지개는 물의 집합체, 예컨대 비, 안개, 또는 분무 상태에서 나타난다. 최초로 발견된 최대의 소행성 세레스는 적외선 스펙트럼 분석 결과 액체상의 물이 발견됐는데, 진공 중에서는 물이 급속히 사라지므로 과학자들은 소행성 내부에서 샘솟는 물이 있는 것으로 결론지었다.

흥미 있는 2060 키론이란 천체는 아마도 태고적 천계의 전투의 잔해인 물을 지니고 있음을 확신시켜 주는 듯하다. 팔로마 산의 헤일 천문대의 찰리 코왈이 1977년 11월 이 천체를 발견했을 때, 그는 그 정체를 파악할 수 없어서 자그마한 미행성으로 상상하고 임시로 O. K.(Object Kowal, 코왈 천체)란 이름을 붙였다. 여러 주일 동안 집중적인 탐색 결과, 이것이 미소 행성보다 더 긴 타원 궤도를

1986년 봄에 출현했던 핼리 혜성

가진 혜성을 닮았음을 밝혀 내었고, 그 뒤 1981년 천왕성·해왕성 궤도를 넘는 소행성으로 정체가 밝혀졌다. 1989년, 애리조나 주 키트 피크 천문대의 추가 조사에서 이 작은 천체가 혜성에 가까움을 보여 주듯이 주위에 두터운 탄산가스와 먼지층이 있음을 탐지하였다. 최종 결론은, 키론이 기본적으로 물과 먼지 및 CO_2(이산화탄소 = 탄산 가스)의 빙결체를 포함한 더러운 눈덩어리라는 것이다.

더욱이 최근에 혜성은 유독한 황화수소와 시안 화합물을 다량 포함한 것도 있지만, 기본적으로 물이 그 주성분임이 드러나고 있다. 1974년의 코후테크 혜성은 물의 존재를 직접 관측 제시했고, 이에 대해 독일 뮌헨의 막스 플랑크 물리학 및 천체물리학 연구소에서는 '태양계 생성에 있어서 물이 가장 오래되었고 기본적으로 변하

핼리 혜성의 핵
핵의 어두운 부분은 가장 긴 쪽이 15km이고 짧은 쪽이 8km이다.

지 않는 물질'이라고 평가하였다.

1986년, 핼리 혜성의 접근은 실로 76년 만에 재연된 일대 기념비적 천체 현상으로 기대되었다. 그 해 1월 무렵, 핼리는 방대한 꼬리와 실로 태양 직경의 15배나 되는 수소 가스의 광휘(halo)를 발했으며, 그 근일점에서 초당 70톤의 물이 증발되었음이 판명되었지만, 그 정도로도 수천 번 이상 궤도를 계속 선회할 만큼 엄청난 양의 물이 있음이 발견되었다.

또한 당시 유럽 우주국(ESA)에서 공동 설계, 발사했던 지오토 탐사선은 혜성의 중심부를 통과하며 새로운 사실을 발견하였다. 곧 그 핵이 석탄보다 더 새카맣고 크기도 생각보다 크며, 마치 감자 알처럼 불규칙하고 콩깍지에 콩 두 알이 들어 있어서 불룩한 것처럼 생겼음이 드러났다. 모든 관련 연구의 결론으로 1986년 5월 15일~21일자 ≪네이처≫지는, 물이 혜성의 주성분이고 탄화수소 복합체가 그 다음이라고 확정지었다. 이것은 더 최근에 발견된 혜성들, 예컨대 1992년의 스위프트 – 터틀 혜성, 94년 여름 거대한 일곱 조각이 되어 목성을 강타했던 슈메이커 – 레비 혜성, 96년의 하쿠타케 혜성과 97년 밤 하늘을 장식했던 금세기 최대의 헤일 – 봅 혜성 등에게도 동일하게 적용된다.

그렇다면 이렇듯이 소행성과 혜성들의 주성분으로 되어 있는 물은 애당초 어디에서 생성되었는가? 이에 관한 여러 구구한 이론들은 젖혀 놓고, 이 천체들의 물이 태초에 '물의 행성' — 수메르인의 표현을 빌리면 — 이라는 티아마트에 있었다고 가정하자. 이 태고적 행성이 처음 크게 두 조각으로 갈라졌다고 해도 그 각각이 중력을 상실하는 것은 아니었을 것이다. 그러나 한 조각은 오랜 세월 자전을 계속하여 구형이 되고, 다른 한 조각은 산산히 파괴되어 그것의 물의 일부는 이미 극도의 고열로 수증기가 되어 공간을 떠돌고

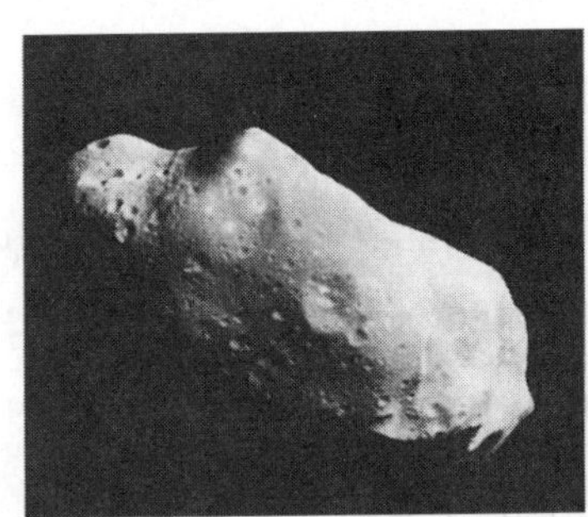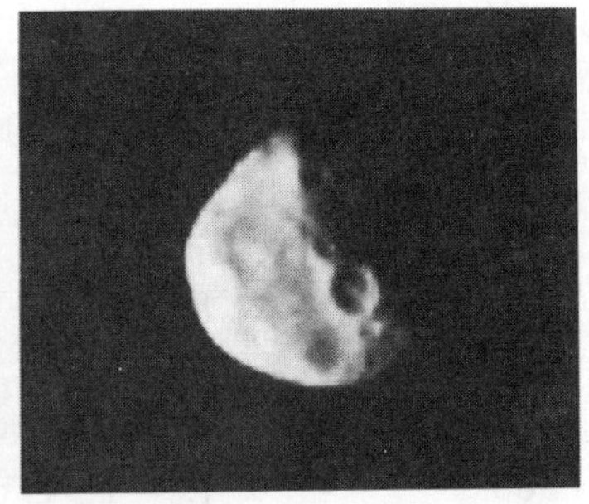

이다(Ida 왼쪽)와 그 위성 닥틸(Dactyl 오른쪽)

있었고, 일부는 암석에 뒤섞여 보존되었을 것이다. 소행성 세레스의 경우가 그러했을 것이다.

더욱이 위성들이 상당히 강한 중력을 가진 것으로 알려졌는데, 그 예로서 최근 발견된 불규칙한 형태의 작은 목성의 위성 '이다'는 자체 위성을 가진 것이 발견되었다. 모성에 비하면 손자 위성인 셈이다. 그런 중력에 더하여 극도로 낮은 외계 온도로 인해 물질 분자의 활동이 매우 둔해져서 표면에 물(얼음)의 층을 가지게 되었을 것이다. 혜성들이 태양 궤도를 공전하는 동안 자체 중력으로 공간의 물 분자를 끌어들여 크게 성장한 것이다.

신화와 역사의 견지에서 볼 때 혜성은 길조라기보다는 불길한 것이라는 믿음이 인간의 역사를 일관하여 우세했던 듯하다. 천문학 전통이 두드러졌던 옛 바빌로니아에서는 혜성이 공포와 함께 새로운 주(主)의 출현이라는 믿음을 이루어주는 천체로 인식되었다. 이것은 아마도 중동 역사상 수없이 많은 고문서 텍스트에 기술된 '열두 번째 행성', 곧 니비루/마르둑의 별에 연관된 심층의식으로 인한 것이었으리라. 그러나 아득한 옛날 6천 5백만 년 전, 소행성의 낙하와 폭발로 공룡이 지상에서 전멸했던 이래 혜성은 길조와 행운이라기보다는 역병, 전쟁, 천재지변, 기근, 한발, 왕들의 죽음 등 재난의 상징으로 기억되어 왔던 것이다.

역사상 최초로 누가 혜성 — 특히 핼리 혜성 — 을 발견하고 기록을 남겼던 것일까? 중국의 춘추전국 시대인 서기전 467년, 곧 진(晋) 제 10년 밤 하늘에 '빗자루 별(彗星)'이 나타났다는 사마천의 《사기(史記)》 기록이 가장 오래인 듯하다. 더욱이 1972년, 하남성 장사(長史)의 마왕퇴(馬王堆) 묘 내부에서 발견된 혜성 그림이 세계 최초의 핼리 혜성의 묘사라고 중국 학자들은 주장하고 있다. 우리나라에서도 신라의 시조 박혁거세 왕 9년, 곧 서기전 49년 3월 혜성이 왕량이라는 별자리 — 카시오페아 자리 오른쪽 반 부분 — 에 나타났다고 기록한다. 긴 꼬리를 끌며 갑자기 나타나는 혜성의 모습은 바빌론 사람들에게는 하늘의 수염, 그리스인들에게는 하늘을 나는 머리털, 아랍인들에게는 불의 칼자루로 비유되었다.

『구약성서』에는 특히 자세히 언급되어 있다. 〈민수기〉 24 : 17에, 이스라엘인들이 시나이 사막에서 방랑을 끝내고 가나안으로 진입하려 하자, 모압 왕은 예언자 빌람으로 하여금 그들에게 저주를 내리도록 명하였다. 하지만 빌람은 이스라엘인들의 침입이 신의 뜻인 줄 깨닫고 대신 그들에게 축복을 내렸다. "비록 지금 가까이 보이지 않을 지라도 야곱의 별이 달려오리라, 이스라엘의 왕홀(王笏)이 일어서리라."라고 그는 선언하였다. 〈열왕기〉 상 21 : 16에는, "다윗 왕이 보니 주위 천사들이 하늘과 땅 사이에서 예루살렘을 향해 뻗은 손에 칼을 들고 있었다."고 나와 있다.

서기 전후의 유대인 역사가 요세푸스는 이 칼을 혜성에 비유하였다. 히브리어로 혜성을 '코카브 샤비트 Kokhav shavit', 곧 '왕홀의 별'(scepter star)이라고 하는 것이 여기에서 연원한 것이다. 아시리아 왕국은 핼리 혜성 출현 7년 전인 서기전 612년에 멸망했으며, 더 후대에 로마의 율리우스 시이저는 혜성과 인연이 깊었던 것으로 조작되었는지, 그가 폼페이를 공격할 때 혜성이 나타났고, 또 브루투스에게 암살되었던 해에도 오리온 성좌에 나타나, 그의 추종자들은 그가 이 별을 타고 하늘로 올라갔다는 이야기를 유포했다고 한다.

중국에서는 전국 시대인 제(齊) 나라 시대에 혜성이 나타나자, 왕은 재앙을 재우도록 하늘에 빌라고 명령하였다. 이에 안자(晏子)가 "혜성은 하늘의 오물을 쓸어 버리기 위함이니 임금에게 좋지 아니한 행동이 없다면 어찌 빌 필요가 있으며, 그런 행동이 있다 한들 빌어서 무슨 쓸모가 있겠습니까."라고 하였다. 당시로서는 놀랄 만큼 합리적인 생각이었지만, 인간의 심리는 그 뒤에도 혜성에 대해 아주 오랫동안 불합리한 불안을 떨쳐 버릴 수 없었다. 실제로 비교적 근대인 조선 시대에도 이런 하늘의 이상을 재이(災異)라 하여 세종대왕을 비롯한 임금들이 사직단(社稷壇)에서 하늘에 빌며 자신의 부덕을 탓하였다. 아이로니컬하게도 세종 시대에 이런 재이가 가장 많았다고 한다. 그만큼 자중하는 마음으로 정치를 하고 백성을 안심시켰다는 것이다.

또한 전국 시대에 연(燕) 나라에서 진(秦) 나라 하늘에 걸쳐 열 발이나 되는 혜성이 나타나 그 10년 뒤 진이 연을 멸망시키리라는 예언이 적중되었다. 고구려가 멸망한 보장왕 27년에도, 장보고의 죽음에도 혜성이 출현하여 예언되었다고 한다. 근래에 들어 조선 시대에는 세조 때 성삼문 등 사육신의 사망, 남이 장군이 유자광의 모함으로 횡사한 것(예종 1년)도 혜성으로 예언되었다.

조선 후기가 되서야 실학자 이익(李翼)이 혜성을 제대로 보기 시작하였다. 그는 혜성의 혜(慧)란 빗자루처럼 재앙을 쓸어버리기에 불길한 별이 아닌 고마운 별로서 도둑을 알리는 개로 비유하였다. 독자들에게 잘 알려지지 않고 있지만, 영조·정조 시대에 살았던 성주덕(成周德)은 저서인 『서운관지(書雲觀志)』에서, '혜성의 빛은 태양 빛에 의해 생기며, 따라서 저녁에 (서쪽에) 보이는 것은 (그 꼬리가) 동쪽을 가리키고 새벽에 (동쪽에) 보이는 것은 서쪽을 향한다'고 기록하며 과학적인 혜성의 관측 방법도 기록했는데, 그 합리적 내용이 현대 천문학 방법과도 일치할 정도이다.

당시만 해도 서양은 과학적 관측 방법은 고사하고, 혜성에 대한 미신적 공포가 아직도 강하게 잠재되어 있었다. 1347년, 페스트(흑사병)가 퍼지기 시작하여 하느님의 분노의 사자(使者)가 출현했다고 사람들은 공포에 떨었다. 1456년에는 오토만 (투르크) 제국의 군대가 이스탄불을 함락시킨지 3년 만에 베오그라드를 포위하여 이교도의 위협이 임박한 전조로 생각되었다. 1618년, 신구교도의 분열로 인한 30년 전쟁이 시작되었다. 1755년에는 리스본에 대지진이 일어났다. 이런 공포는 드디어 1910년 5월, 거대한 꼬리가 창공의 절반을 가로지르며 나타났을 때 대영제국의 에드워드 7세가 별세하는 것으로 절정에 달하는 듯하였다. 과학자들의 확신적 설득에도 불구하고 사람들은 유독한 청산가스가 함유된 꼬리가 지구를 엄습하는 순간 세계의 종말이 일어나리라는 생각으로 절망에 빠졌다. 그러나 실제로 아무것도 일어나지 않았다. 그 4년 뒤 늦여름에 종말적인 제 1차 세계대전이 일어난 것 외에는 …….

이런 미신적인 공포는 아직 완전히 사라지지 않은 것 같다. 1997년 3월~4월 사이에 밤 하늘에 나타났던 헤일 – 봅 혜성은, 그 핵의 크기가 핼리 혜성의 3배가 넘는 거대한 혜성이었다(핵의 지름 약 40킬로미터). 그런데 이 혜성의 출현이 미국 서남부 애리조나 주 오지에서 살고 있으며, 서기 2012년 12월 세계가 종말을 맞이하게 되리라고 예언했다는 멕시코 남부 키체 – 마야 족의 사촌 쯤 되는 인디언인 호피 족에게는 세상의 종말을 뜻하는 확실한 조짐으로 간주되고 있다고 1997년 3월 12일자 〈애리조나 리퍼블릭〉지가 보도했다고 한다.

호피 족은 마야 족과 마찬가지로 자기네들의 전승을 끔직히 아끼며, 이 세계를 창조한 것은 어떤 대단히 지적(知的)인 존재로, 이 존재가 과거 현재 및 미래를 예언해 주었다고 믿는다. 그들은 이미 200년 전 먼 거리를 단숨에 가로지르는 '하늘의 길'(항공로)이 열려 거미줄처럼 세계의 곳곳이 이어질 것이며, '쇠로 만들어진 움직이는 집'(자동차)이 들어차고 사람들은 '거미줄'(전화선)을 통해 대화를 나눌 것이라고 선조들이 예언했다고 말한다. 또 이 선조들은 세상의 종말이 닥치기 7년 전 하늘에 밝은 황색 별이 나타날 것이라고 했다면서 헤일 – 봅 혜성이 바로 이 별이라고 믿고 있다고 한다. 정말 그러할까? 더욱이 어떤 연로한 사람들은 1900년대 초기에 폭발한 별이 있어서 이것이 또한 종말을 알리는 전조였다고 말한다. 혹시 이 별이 시베리아의 퉁구스카에 떨어져 광대한 무인 삼림지대를 황폐화시켰던 대운석(또는 소행성?)이 아니었을까? 이런 원시적 부족의 예언이 뉴스 매체를 타고 거의 순식간에 전세계로 번져서 잠재되었던 공포 심리를 들쑤시는 것 같다.

그러나 이런 비합리적인 상상은 잠시 접어 두고 지구의 생명이 외계에서 기원했으며, 혜성이 성간(星間) 생명체 전달의 운반자 역할을 했다는, 최근 과학계 일부에서도 받아들여지고 있는 설에도 잠시 귀를 기울이자.

5 | 혜성―생명의 씨앗의 운반자

지난 20여 년 동안 지구 생명의 기원에 대한 연구가 축적되면서 생명체의 외계 기원설이 이제 거의 정설로 굳어지는 것 같다. 그러나 애당초 과학자들이 이런 성급하고 도피적인 이론에 집착했던 것은 아니었다. 1953년, 미국의 스탠리 밀러는 원시 지구 대기로 가정한 메탄, 암모니아, 수증기 등 환원성 기체의 혼합물에 불꽃 방전을 하는 실험을 통해 단백질 성분인 아미노산이 합성됨을 관측하여 생명의 기원 문제는 풀리는 듯하였다. 그러나 80년대 이후 상황이 달라졌다. 과학자들은 원시 대기의 주성분이 이산화탄소, 질소, 수증기이고 일산화탄소와 수소가 조금 함유된 약한 환원성 또는 중성 대기였다고 믿기 시작한 것이다. 문제는 약한 환원성 기체에서는 불꽃 방전을 해도 생체 분자가 거의 생성되지 않는다는 것이다. 이 딜레마에 대한 해답은 생명이 애당초 외계 우주에서 왔다는 것이다.

　실제로 1961년, 휴스턴 대학의 후안 호로는 과거 수십억 년 간 지구에 충돌한 1백 개 이상의 혜성의 물질들이 지구의 화학적 진화의 원동력이 됐다는 연구 결과를 발표하였다. 혜성은 물, 일산화탄소, 이산화탄소의 얼음이 주된 성분이며, 여기에 소량의 메틸 시안, 시안화수소 등 유기 분자가 있어서 태양에 접근하면 그 열로 이런 물질들이 녹아 물과 혼합되어 원시 생명의 근원이 되었다는 주장이었다.

　노벨상을 수상했던 영국의 프랜시스 크릭 경과 레슬리 오겔은 1973년 '의도된 범종설(凡種說)'(Directed panspermia)을 발표하면서, 생명의 씨앗이 우연이 아닌 의도적 계획에 의해 외계에서 지구로 운반되었다는 설을 제창하였다. 이것은 실제로 일찍이 1908년 스웨덴의 노벨 화학상 수상자 스반테 아레니우스의 주장, 곧 생명을 갖춘 세균들이 햇빛의 광압에 의해 다른 태양계에서 지구로 운반되었다는 '판스페르미아 이론'을 좀더 과학적인 근거로써 보강한 것이었다. 더욱이 영국의 천체물리학자 프레드 호일 경과 인도의 찬드라 위크라마싱지는 1977년 11월 《뉴 사이언티스트》지의 기고문에서, "지구상의 생명은 방랑하는 혜성들이 운반하는 '기초물질'에 의해 원시 지구에 운반되었으며, 약 40억 년 전 최초로 지구에 도착하였다."고 언급하였다.

　일부에서는 혜성의 생명 운반체 이론을 정면으로 부정하며, 혜성이 지구에 충돌하는 상대 속도가 최대 72킬로미터에 달하므로 혜성 내부에 축적된 유기 물질이 모두 파괴된다고 반박하였다. 그러나 혜성의 대기 충돌 입사각(入射角)이 낮은 것이 많아 소형 혜성이라면 대기와의 마찰로 더욱 감속된다는 주장이 제기되어 혜성의 생명 운반체 이론은 되살아났다. 미국의 우주항공 기업인 마틴 마리에타 연구소의 F. 클라크가 이 이론의 선두 주자였다.

그에 의하면, 혜성 충돌 지점에 유기탄소분자와 무기 화합물이 풍부한 '혜성 연못'이 생겨난다. 핵이 직경 30미터 가량되는 자그만 혜성이 안착했다고 가정하고 컴퓨터 모의 실험을 해보면, 최대 깊이 7.5미터, 지름 수십 미터의 유기 물질로 덮힌 연못이 태어난다. 이 연못의 물에는 이산화탄소, 일산화탄소, 메탄, 포름알데히드, 시안화수소, 메틸시안, 탄산 등 유기 분자는 물론 다량의 원소들을 다른 해양보다 훨씬 많은 비율로 가지고 있다. 코발트는 약 1백만 배, 셀레늄, 주석, 카드뮴, 아연 등은 1만 배, 그리고 세포 합성에 필수적인 몰리브덴은 3백 배에 이르는 것으로 추정된다. 이는 예컨대 스탠리 밀러가 추정했던 태초의 '생명 수프'보다 훨씬 진하다고 할 수 있다. 이런 다양성을 가진 '혜성 연못'은 다른 어떤 해양보다 열역학적으로도 변화의 폭이 크고 넓어서 화학적, 생리학적 진화의 최적지라고 할 수 있다.

실제로 시카고 대학과 코넬 대학의 연구에 의하면, 지구가 형성된 뒤 약 7억 년 동안 운석과 혜성이 원시 지구로 운반해 온 유기탄소 화합물의 양은 60조 톤이나 된다고 한다. 이 양은 현재 지구 생물권의 유기탄소 총량 6천억 톤의 100배나 된다. 이 유기 화합물들, 곧 아미노산, 탄화수소, 염기 등이 지구를 '폭격'하여 생명을

배링거 크레이터(Barringer Crater)
지름이 50m 정도 되는 철로 이루어진 유성이 5만 년 전 애리조나의 들판을 강타했다.

탄생시켰을 것이다. NASA는 1996년 2월, 무인 탐사선 '니어 NEAR' (Near Earth Asteroid Rendezvous, 지구 근접 소행성 조사선)를 발사한 것으로 시작하여 탐사선을 혜성과 소행성에 근접, 안착시켜 그곳의 유기 화합물을 분석하면 생명의 기원을 밝히는 데 결정적인 정보가 입수될 것으로 전망된다. 이와 동일한 계획이 일본(2002년 1월 '무세스' 발사)과 유럽 항공우주국(2003년 '로세타' 발사 예정)에 의해 계획되고 있다. 이들의 탐사 목표인 혜성과 소행성들은 열, 바람, 화산, 중력 등의 영향을 거의 받지 않아 원시 상태의 지구의 모습을 그대로 보존하고 있기에 46억 년 전의 태양계 탄생의 수수께끼를 푸는 중요한 단서가 된다.

유기 화합물은 비록 외계에서 왔지만, 이들로부터 생명체가 만들어진 곳은 지구다. 캘리포니아 공대와 스탠퍼드 대학 연구진은 40억 년 전부터 소행성과의 충돌이 차츰 약화되어 40억~39억 년 전 시원(始源) 생명체가 태어났으리라고 발표하였다. 연구진 가운데 일부는 소형 혜성이나 소행성이 바다에 '충돌' 했을 경우, 빛이 미치는 수심 100미터 깊이의 층까지 모든 생물을 전멸시킬 수 있었기 때문에 더 깊고 안전한 수백 미터 깊이의 바다 속에서 1억 년 이상의 시간을 두고 생명이 태어났으리라고 주장한다. 곧 바다 밑 온천의 열수구(熱水口)에서 분출하는 350도 이상의 열수가 가진 열 에너지가 생명 합성에 매우 중요한 에너지원이 되었을 것이고, 더욱이 이산화탄소 외에 수소, 질소, 황화수소, 메탄 등 유기 분자 화합물이며 철, 망간, 아연, 코발트 등 금속 이온들도 있어서 바다 밑 온천 지대에서 유기 화합물 – 단백질 합성의 기초 재료 – 의 합성이 가능하다는 것이다. 하여튼 지구의 생명은 지구가 우주의 한 부분으로서 지닌 화학적 성질로 말미암아 일어난 (우연이 아닌) '필연적' 사건이었음이 분명하다.

또한 이러한 기초 단계가 아니라 생명체나 세균 – 복잡한 단백질의 합성체 – 이 직접 외계에서 왔다는 주장도 있다. 앞서 언급한 바 있는 프랜시스 크릭 경은 1981년 10월 26일자 〈뉴욕 타임스〉지 기고문에서, 의도된 성간(星間) 생명체 운반설을 보충 설명하며 (외계인의) 우주선에 의한 생명체 — 고등 생물의 정자와 난자를 포함한 — 의 이동도 실제로 가능하다고 언급하였다. 1985년, 네덜란드의 라이덴 대학 연구팀은 '세균' – 복잡한 유기체 – 이 외계의 방사선과 극도의 저온에 견딜 수 있는 실험을 성공적으로 실시했으며, 이를 확인하듯이 《네이처》지에 '세균' 들이 물, 메탄, 암모니아, 일산화탄소 등 외계 천체에 보편적으로 존재하는 물질들로 둘러싸인 보호막 안에서 외계의 저온과 방사선에 견딜수 있다는 과학자들의 보고가 게재되었다.

또한 제임스 러브록과 더불어 '가이아 가설' 의 제창자인 진화생물학자 린 마굴리스는 한 걸음 더 나아가 1989년 10월 2일자 《뉴스위크》지와의 인터뷰에서, 유기체들이 적대적인 거친 환경에 노출되었을 경우 자그맣고 튼튼한 자체의 '보호 덮개' 를 마련한다고 말하였다. 그녀는 이것을 '프로파굴레스 Propagules' 라고 명명하고, 이것은 물질 내의 유전 물질들을 스스로 더 안전한 환경으로 감싸는 생물학적 메카니즘이라고 주장하였다. 요컨대 유기체들이 천체 사이의 공간 같은 적대적 환경에 노출되든지, 그런 환경을 통해 운반될 경우 스스로 적응, 변용하는 메카니즘을 가지고 있으며, 이것은 이를테면 다른 태양계의 생명체가 지구로 운반, 이동되어 정착했을 경우 반드시 그 원산지의 모습과 동일하지 않을 수 있음을 시사하는 것이다.

실로 인류 역사상 '생명의 씨앗' 이 우주 공간에 보편적으로 존재하고 있어서 어디든지 적절한 환경을 만나면 생명을 창조한다는 상상은 서기전 500년~420년경 고대 그리스 철학자 아낙사고라스가 처음으로 창안하였다. 그는 애당초 생명의 종자 전체가 서로 섞여 혼돈된 상태였는데, 정신(누스 Nous) ― 창조적 정신 혹은 최고 신이라 해도 좋지만 ― 이 이것에 성운과 같은 소용돌이 운동을 가하여 분리시켜 질서의 세계(코스모스)를 만들었다고 주장하였다. 피타고라스, 데모크리토스 등 다른 많은 고대 그리스 과학자, 철학자들과 마찬가지로 아낙사고라스는 이러한 철학의 뼈대를 소아시아에서 얻었으며, 이것의 근원은 멀리 옛 메소포타미아 곧 수메르로 이어진다고 할 수 있다.

실제로 많은 수메르 텍스트들이 보여 주듯이 태고적 옛날 외계인들이 당시의 지구 인류에게 많은 과학과 철학 지식이며 종교 · 신앙을 전수해 주었다면, 이들은 또한 '생명의 씨앗' 의 지구 전파에 관한 기초 지식과 함께 유전공학적으로 진보된, 스펠트와 엠메르밀과 같은 안샨 Anshan(곡물)과 라하르 Lahar(털을 얻는 가축들), 예컨대 양, 염소, 소 등의 '씨앗' 도 함께 내려보내 주었을 것이라고 생각하는 것이 결코 지나친 논리의 비약은 아니다. 이러한 신화 전승과 현대 과학의 발견들이 일치할 때 우리는 얼마나 큰 기쁨을 맛볼 것인가?

여기에 방향을 잃고 자유주의란 이름 아래 제멋대로 가고 있는 현대 과학이 지향해야 할 하나의 새로운 패러다임이 엿보이는 듯하다. 과학이란 어디까지나 '지금, 여기에' 증명된 사실만을 근거로 스스로 범위를 국한시키려는 학문 체계인 반면, 신화는 아직 증명되지 않은 것까지 모두 포함한, 포괄적인 역사적 사실을 포용하는 것이다. 따라서 신화와 과학이 서로 만나 접점을 찾아 새로운 패러다임의 정립을 시도하는 것은 매우 가치 있는 일일 것이다.

'우주는 완벽하게 합리적이고도 논리적인 장(場)이다. 이것을 부정하는 사람은 중세의 미신으로 되돌아갈 것이다' 라고 할 수 있는 많은 현대 과학자들의 의식 체계는 이제 변해야 할 것이다.

다음 장에서는 이 책의 주제 곧 메소포타미아의 우주 창생 신화에 있어서 핵심적이고도 가장 큰 의문인 '열두 번째 행성'이 과연 존재하는 것인가 하는 문제를 지금까지 발견된 과학적 사실들과 비교하여 설명하려고 한다.

제5장

열두 번째 행성

1 | 카이퍼 벨트

이 책의 주제인 우주 창생 이야기에 있어서 가장 핵심적인 화두이자 의문은 '과연 문제의 '열두 번째 행성'이 오늘날에도 존재하며 궤도를 돌고 있는 것인가' 하는 것이다. 이 의문은 제카리아 시친뿐만 아니라 많은 그의 독자들과 또한 고대 인류의 신앙에 관해 깊이 천착해 본 연구가들과 천문학자들이 한결같이 품고 있는 문제일 것이다.

먼저 12라는 숫자가 가지는 신성함과 또한 '행운의 숫자' 라는 생각에 대해 설명한다. 그 역사상의 근원은 수메르 시대까지 거슬러 올라간다. 오래된 수메르 문헌을 보면, 하늘에 '아누(최고신)의 길'에는 12개의 천체로 이루어진 행성들이 궤도를 돈다' 는 말이 있다. 또 1년은 12개월, 하루는 각 2시간씩의 12시간이란 개념이 있었다(또 이 각각의 달과 시간이 주요한 열두 신의 특정한 신과 연관되었다고 생각하였다). 그리고 지상에서는 수메르의 열두 지역 — 우리

나라의 도나 군에 해당하는 — 들이 각기 12황도궁 가운데 특정한 궁을 상징한다고 생각하였다. 아키투 축제에서는 최고신의 찬가를 열두 번 반복하여 낭송하였다. 이런 개념과 습관에서 12는 신성한 수이며 행운과 직결된 수라는 믿음이 고착되었던 것이다. 이스라엘은 원래 열두 부족으로 된 나라였고, 예수는 열두 제자를 거느렸으며, 옛 그리스의 열두 신이며, 중국의 열두 지(支) — 자, 축, 인, 묘, 진, 사, 오, 미, 신, 유, 술, 해 등 12개의 동물로 상징되는 시간 개념의 일종 — 도 그 연원은 다를지언정 중동과 유사한 개념에서 시작되었을 것이다.

인간의 자연스런 계산 방식은 10진법이지만 12진법은 아직도 널리 쓰여지고 있다. 영어에서도 11은 eleven, 12는 twelve이고 12개 한 묶음은 한 다스(dozen)로 불린다. 그 다음 13은 thirteen, 곧 10 + 3, 14는 fourteen, 곧 10 + 4 …로 되돌아온다. 사실 1년을 12개월이 아닌 10개월로, 하루를 24시간(12×2)이 아닌 20시간으로 계산함이 더욱 편리했을지 모른다. 그럼에도 불구하고 인류 역사는 그처럼 단순한 합리주의에서 시작했던 것이 아니었을 것이다. 아니, 합리와 불합리를 모두 포용하는 우주적인 포괄성에서 시작되었을지 모른다. 그렇다면 열두 번째 행성은 과연 존재하는가?

천문학에 지식이 있는 독자들은 이미 알고 있겠지만, 1781년의 천왕성 및 1846년의 해왕성의 발견은 천왕성의 경우 그 가까운 내행성인 토성, 해왕성의 경우는 천왕성의 장기간에 걸친 궤도 운동이 다소 구부러지듯 불규칙함을 확인한 데서 단서를 얻어 오랜 관측 끝에 발견할 수 있었다. 이처럼 한 천체가 다른 지근 천체에 중력적 영향을 주어 궤도에 변화를 일으키는 현상을 섭동(攝動, pertubation)이라고 부른다. 1972년, 미국의 로렌스 리버모어 연구소의 조셉 L. 브래디는 핼리 혜성의 궤도가 미세하게 구부러짐을 관측하여 아마 미지의 행성이 섭동을 일으키기에 그런 것이라고 추측하며, 이 천체는 질량이 토성의 3배, 궤도 크기는 지구의 60배, 공전 주기는 464년 가량이라고 예측하였다. 그러나 이 정도 크기의 행성이 있다면 핼리 혜성뿐아니라 다른 행성들의 궤도에도 크게 영향을 미칠 터인데 이를 설명하지 못했고, 또한 예정된 위치에서 새로운 행성이 발견되지 않았기 때문에 이 주장은 곧 무시되었다.

1986년, 옛 소련의 천문학자 라체프스키는 행성의 영향을 받기 쉬운 장주기 혜성의 궤도를 관측한 결과, 명왕성 밖으로 적어도 두 개의 행성이 존재한다는 가설을 발표하였다. 1987년에는 파이오니어 호가 관측한 사실을 근거로 새로운 행성의 존재가 예측되었다. NASA의 존 D. 앤더슨에 의하면, 1,500년 전부터 관측된 자료를 조사해보니 천왕성과 해왕성 사이가 약간 멀어지고 있다는 것이 판명되었다. 따라서 행성 X(열두 번째 행성)가 있어서 이 두행성 궤도에 영향을 준 것이 아닌가 하는 추측이 나왔고, 이 미지의 행성은 질량이 지구의 5배, 공전 주기는 700년~1천 년, 궤도는 불규칙한 것 같다고 추정되었다.

미 해군 천문대의 로버트 해링톤은 이 가상의 행성 X가 궤도상에 있다면 천왕성에까지 영향을 미칠 수 있음을 컴퓨터 모의 실험으로 밝혀냈다. 1988년, 그는 이 행성의 위치가 궁수좌(Sagittarius)와 전갈좌(Scorpius) 사이에 있을 것이라고 가정했다(이것은 『구약성서』에 여러 군데 기록되거나 암시되어 있다). 또한 해왕성의 궤도 이탈도 행성 X가 존재함을 증명할지 모른다고 추정하는 근거가 되었다.

하지만 89년 보이저 2호의 관측 결과, 이 이탈 현상은 결코 그 정도로 두드러지지 않는다는 사실이 판명되었다. 단지 이 현상을 제대로 이해하지 못했던 그의 오류가 문제였다. 그 직후 그는 런던에서 열렸던 왕립 천문학회 모임에서 자신의 계산 방법을 바꾸어 이 변화된 사실을 합리화하려고 하였다. 그러면서 그는 행성 X가 타원형 궤도에 공전 주기가 1천 년으로, 3백 년 전 태양에 가장 가까이 근접했다고 주장하였다. 또한 이 행성이 명왕성보다 50% 더 먼 곳에 있으며, 황도면에 대해 30도 가량 기울어져 있다고 부언하였다. 이 계산 결과, 그는 행성 X가 켄타우루스 Centaurus(人馬宮)과 바닷뱀 자리 Hydra 사이에 있는 것으로 추정하고 관측에 적합한 뉴질랜드의 블랙 버치에 있는 천체 망원경을 사용해 이 지역을 집중 관찰했으나 결국 실패했던 것이다. 그래서 최근 1993년에는 행성 X가 천왕성의 부스러기이든가, 그 위성의 잔해일지 모른다고 조심스럽게 이야기하였다.

런던 웨스트필드 대학의 마이클 로완 로빈슨은 또한 적외석 관측 위성(IRAS)으로 이 행성 X를 관측한 결과, "나는 이 행성이 존재하지 않는다고 70% 정도 확신할 수 있다."고 비관적으로 언급하였다. 만일 천왕성에까지 영향을 줄 만큼 큰 행성이 있었다면, 그만한 적외선을 방출하여 적외선 관측 위성에 포착되었을 것이었음에도 불구하고 말이다. 그는 실제로 IRAS에 탑재한 냉각제인 액체 헬륨이 소모될 때까지, 또 행성 X가 있다고 해도 찾아내기 힘든 은하 중심부만 제외하고 거의 우주 전 영역을 관측하였다. 그러나 그 결과 역시 비관적이었던 것이다. 결국 현재로서는 행성 X가 없다는 사실은 명백해진다. 사실 해링턴이 지적했던 지역에서 로빈슨은 아무것도 찾아내지 못한 것이다. [이 점에서 Z. 시친 역시 오류를 범하였다. 그는 1990년, 자신의 저서 『다시 찾아본 천지 창조의 현장 *Genesis Revisited*』에서 해링턴 등의 주장을 지나치게 옹호하여 마치 행성 X(제12행성 가운데)가 실재하는 것 같은 인상을 독자들에게 주었던 것이다.]

이 미지의 행성 X 대신 천문학계에서는 꿩 대신 닭이란 말처럼 다른 의외의 천문학적 발견을 천왕성 – 명왕성 밖의 외계에서 이루었던 것이다. 그것은 지금 설명하려는 '카이퍼 벨트'라는 것이다. 제 2차 세계 대전 뒤 새로이 등장한 전파천문학의 선구적 연구자들 가운데 한 사람이었던 네덜란드의 라이덴 대학 천문학 교수 얀 H. 오르트는 1950년, 태양계를 둘러싼 광대한 혜성의 '저수지'가 있다는 구상을 처음으로 제안하였다. 혜성들이 모든 방향에서 나타나 순행 또는 역행하는 것으로 보아 이 거대한 저수지는 띠가 아닌 공처럼 태양계를 둘러싸고 있으며, 그 반경은 약 1광년 거리쯤 된다고 말했다(이곳이 주로 장주기 혜성의 근원지로 인식되었던 것이다). 그러나 이 혜성운에서 공급되는 혜성 수는 실제적 관측에 의한 혜성 수보다 10분의 1 내지 100분의 1 정도로 적은 것임이 판명되었다. 그렇다면 대부분의 혜성의 고향을 다른 곳에서 찾을 수밖에 없다.

여기에 새로이 등장한 후보지가 또한 이미 1950년대에 역시 네덜란드 태생의 천문학자 제랄드 카이퍼 Gerald Kuiper가 제안했던 '카이퍼 벨트' 다. 실제로 1992년부터 천문학자들은 해왕성 너머 태양 주위를 도는 이 띠에 속하는 것이 분명한 수많은 소천체들을 발견했던 것이다. 이들은 때때로 해왕성 궤도 안쪽까지 들어오며, 궤도가 대부분 황도에서 상하 몇 도 정도에 걸쳐 국한되어 있다. 쉽게 말해 우리 태양계 행성들의 궤도면과 큰 차이가 없는 궤도를 가지고 있고, 또 태양 주위에 고리나 띠처럼 이어진 것이다. 카이퍼 벨트가 존재한다면 실제로 우리 태양계의 영역은 3-5배 이상 확장되는 것이다.

1992년 8월, 하와이 대학의 데이비드 주이트와 하버드 대학 스미소니언 연구소 천체물리학 센터의 제인 루우는 하와이 마우나케아 산정에서 직경 2.2미터 망원경을 이용하여 5년 간의 노력 끝에 대단히 느리게 움직이는 특이한 천체를 발견하여 1992QB1로 명명하였다. 이 천체는 궤도 주기가 291년(명왕성은 248년)이며, 태양으로부터 41AU(천문단위) 떨어진 직경 약 200-250킬로미터에 광도 24등급의 어두운 소천체임이 천문학자 브라이언 마스덴의 연구로 밝혀졌다. 1993년 봄에는 두 번째 카이퍼 벨트 후보인

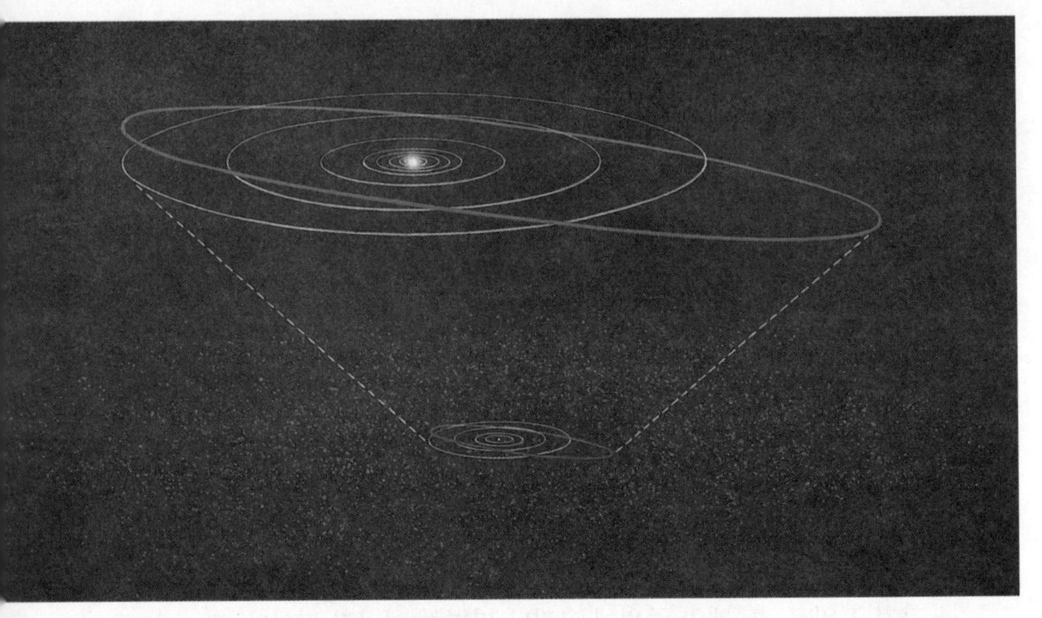

카이퍼 벨트의 혜성들이 명왕성에서부터 태양에서 500 AU 떨어진 곳까지 퍼져 있다. 2억 개 정도로
추산되는 혜성들 대부분은 황도와 같은 면의 궤도를 가진 걸로 보여진다.
일부 천문학자들은 명왕성과 카론을 카이퍼 벨트에 소속된 혜성으로 보기도 한다.

1993FW가 하와이 대학 연구팀의 망원경으로 발견되었다. 그 밖에
도 영국 팀의 직경 2.5미터인 허셀 망원경으로 1993RO, 1993RP,
1993SB를, 앨런 피츠시먼즈의 오스트레일리아 팀에 의해 1993SC
가 발견되어 태양계의 새로운 영역에 대한 연구가 또 하나의 르네
상스 시기를 맞이한 듯하였다.

더욱이 1994년 8월 하순부터 시작된 허블 우주망원경(HST)의
관측 결과는 더욱 놀라운 결과를 가져오기 시작하였다. 곧 46억 년

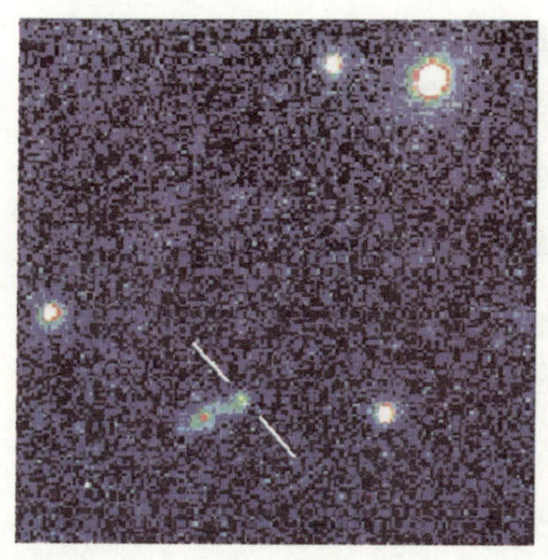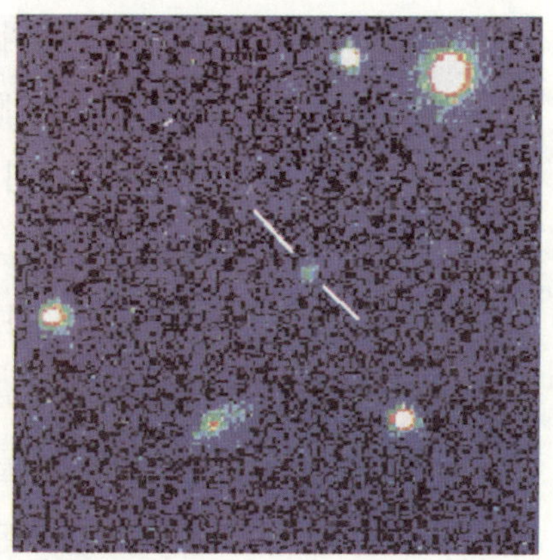

1993SC

1993년에 찍힌 이 사진들은 40여 개가 넘는 카이퍼 벨트 물체들 중의 하나인 1993SC(화살표)를 보여 준다. 다른 별들을 배경으로 찍고(좌측) 4.6시간 지나서 또 찍은 결과 이동한 것을 보여 준다.

전 태양계 생성 당시의 우리 태양계의 원시적인 모습을 그대로 보여 주게 된 것이다. 또 NASA에 소속한 합동 연구팀을 이끄는 천문학자 애니타 코크란에 의하면, 이 벨트에 최소한 2억 개 이상의 혜성이 있는 것으로 추측되며, 지름 100킬로미터 이상의 물체가 적어도 3만 5천 개 이상 있는 것 같다고 하였다. 1996TL66을 발견하는 데 사용되었던 고강도 CCD 카메라(전하 결합 소자 카메라)는 명왕성 외곽의 모습을 보여 주기 위해 최대한 유효한 기기로 사용되고 있다.

뉴스 매체에서는 이러한 소천체들이 발견될 때마다 '제 10 행성 (열두 번째 행성) 발견 임박했다'는 타이틀의 기사로 보도한 바 있다. 드디어 1997년 6월 5일자 《네이처》지 기사에 의하면, 앞서의

1996TL66이 카이퍼 벨트 안의 최대 물체임이 판명되었다. 곧 이 천체를 처음 발견했던 매사추세츠 주 케임브리지 소재 하바드대학 스미소니언 천체물리학 센터의 제인 루우 연구원은 '현재의 기술로는 관측할 수 없다고 생각된 우주 무인 지대에서 발견된 최초의 천체' 라고 하면서, 이것이 텍사스 주와 비슷한 크기인 직경 480킬로미터에 타원형 궤도를 가지고 원일점이 명왕성까지 거리의 3배쯤 된다고 하였다. 이 천체는 물, 이산화탄소, 메탄 기타 등 물질이 모두 얼어붙은 고체라고 추측된다. 물론 과학자들은 이러한 태양계 가장 외곽의 '미니 행성' 은 단 하나가 아니며, 이만한 크기의 천체가 적어도 수백 개는 될 것으로 추측하고 있다. 또한 현재 천문학 지식으로 판단되는 한, 이 천체들은 오르트 혜성운이라기보다는 천체역학적 측면에서 보아 우리 태양계 행성들과 같은 궤도면을 가진 카이퍼 벨트에 속해 있다고 보는 것이 타당할 것이다.

24 열두 번째 행성은 어디에 있을까

그렇다면 제 열두 번째 행성은 과연 존재하는가? 전승에 의하면 서기전까지 수천 년 간 오리엔트의 종교 신앙은 물론 일상 생활에서도 이 별은 천신 가운데 최고신의 상징으로 숭배되어 왔다. 이 최고신과 그 일족은 문자 그대로 태양계와 인간을 완벽하게 창조했고, 온갖 지혜와 지식을 가르쳐 주었다. 물론 대홍수와 같은 시련을 내려 준 일도 있었지만, 무엇보다도 별을 헤아려 우주의 운명을 깨닫게 하고(예컨대 달력과 세차에 관한 지식 등) 또한 농작물의 씨앗과 쟁기와 같은 농사 도구를 내려 주어 인간 스스로 먹을 거리를 마련하는 인류 문화의 첫 단계인 농경 사회를 이룩하도록 지도해 주었다(수메르/바빌론 신화에서 최고신 안/아누의 손자인 니누르타가 농업의 신으로 추앙되었다고 한다).

이러한 고대 오리엔트 세계의 신앙은 일신론적 다신교라고 할 수 있었던 것이다. 이것이 유대인들에게 계승되어, 더 고등한 일신교인 유대-기독교 신앙으로 발전적으로 승화하여 오늘날 서양 사회의 근간 신앙으로 자리잡게 된 것이다[종교와 신앙에 관해서는 그렇다고 해도 문화는 반드시 그렇지 않았다. 예컨대 그리스 알파벳의 근원이 되었던 히브리어 알파벳은 설형(쐐기) 문자에서 그대로 진화한 게 아니라 '우가리트 문자'라는 중간 단계를 거쳐 성립되었던 것이다].

『열두 번째 행성』의 저자 Z. 시친에 의하면, 이 니비루/마르둑 별은 분명히 약 1만 3천 년 전 대홍수 무렵에 지구 지근 거리에 출현했다고 하며, 이것을 입증하는 많은 옛 고전 텍스트와 『구약성서』의 구절들을 제시하고 있다. 이 별의 궤도 주기가 약 3,600년이므로, 그 다음 출현 시기는 서기전 7400년 전으로 중석기 시대 쯤인 듯하다. 그러나 당시에 역사 시대와 거리가 먼 이른바 '초고대 문명'의 기술이 아닌 분명히 근대적 문명 기술의 산물이 발견되었다.

예를 들어 1995년 터키의 동남부 티그리스 강 상류 지역 유물 탐사 현장에서 9천 년 전 사람의 손으로 짠 것으로 보이는 가로 7.6 센티미터, 세로 3.8 센티미터의 삼베 조각이 발견되었다. 또한 최근인 1998년 1월, 미국의 조사팀은 역시 거의 동일한 지역에서 처음으로 인간이 재배한 밀과 보리 종자의 원형을 미토콘드리아-DNA기법을 이용하여 발견했다는 뉴스가 전해졌다. 이 지역은 수메르 신화에서 '대홍수 이후 농업이 동쪽(자그로스 산맥 일대)에서 시작되었다'는 기록과 일치하는 곳이다.

그 다음은 서기전 3800년경으로(약 5천 8백 년 전), 이해하기 어려운 일이지만, 수메르 자체는 물론 역사의 여명기에 있었던 다른 많은 지역의 신화 전승에서도 이 별의 출현이 기록되거나 구전(口傳)되고 있지 않다. 인류 역사상 그토록 의미심장하다고 해야 할 우주와 인간 창조와 직결된 상징적인 천체가 사라진 것이다.

다만 수메르 신화에서는 최고신 안의 공식 혹은 비공식 방문시 열렬한 환영을 받았다든가, 그를 기념하는 신전이 우루크(『구약성서』 〈창세기〉의 에레크)에 18번이나 계속 재건축되었음을 입증하는 단층이 나타난 것으로 보아, 이 최고신 숭배는 실로 대단히 오랫동안 지속되었던 것이 분명하다.

이것은 홍수 훨씬 이전부터 시작되었던 것 같았다. 이 신전은 '안(아누)의 집/거처'를 뜻하는 에안나 E.ANNA로 불리는 대단히 높고 호화스러운 신전이었다고 한다. 아마도 그의 지구 방문은, 제12행성의 태양계 진입 때에는 앞서 설명했던 바와 같은 방식을 택했을 것이고, 그 이외의 비공식 방문이라면 필시 왕복에 수개월이 걸리는 이온 로켓과 같은 초고속 장거리 우주선을 이용했을 것이다.

그럼에도 불구하고 이 신성하고 외경(畏敬)스러운 별은 두 번 다시 나타나지 않았다(만약 나타났더라면 중동뿐 아니라 그 밖에 세계 각지의 신화 전승이나 고대 문헌에 크게 각인되었을 것이다). 그러나 그 이유를 짐작하기는 어렵지 않다.

첫째로, 천체물리학적 측면에서 보자. 이 별이 가장 최근 밤하늘에 출현했던 시기는 '대홍수' 이후 현대까지 이어지는 인류 문명의 여명기였을 것이고, 그 뒤 또 다시 출현하여 자칫 잘못했다간 지구에 다시금 적절한 거리 이하로 접근하여 뜻밖의 지각 이동이나 기후 변화를 유발시켜 또다시 인류에게 일대 충격을 주어서는 안 되었을 것으로 가상할 수 있었으리란 것이다.

둘째로, 종교·신앙적 측면에서 보자. 모든 종교는 그 보편적 가치에도 불구하고 인류 역사상 유한한 '수명'을 가졌음에 유의해야 한다. 그 한 예를 들어 보자. 석가모니 붓다가 임종시 이르기를, 자신의 사후 첫 500년 간은 정법(正法) 시대요, 그 다음 1천 년 간은 상법(像法) 시대, 곧 자신을 닮은 우상(불상)을 만들어 절하며 그나마 사람들이 불심(佛心)을 가지고 있었던 시대요, 마지막 1천 년간은 말법(末法) 시대(합계 2500년)로 그 직후 불교의 시대는 종말을 고한다고 하였다. 태고적 제 12행성의 외계인들도 이러한 신앙의 생성-소멸의 법칙을 모를 리 없었을 것이고, 따라서 그토록 인류 사상 크게 인류의 뇌리에 각인되어 신앙화되었던 제 12행성의 존재를 더 이상 드러낼 필요도 이유도 없었을 것이라고 가정할 수 있다.

사실 그들 외계인들로서는 자신의 모성(母星)이 지난 수만 년~수십만 년 간 지구의 밤하늘에 출현하여 정신적 야만기에 처해 있었던 인류에게 온갖 물질적 도움과 정신적 가르침을 베풂으로써 그 뒤 수천 년 간 인류의 의식에 '가장 높은 천계의 신'으로 군림하는 것으로 소기의 목적을 달성했을 것이다. 아마도 서기전 7400년 무렵의 대접근으로 이것을 완수했을 것이다. 그 뒤 적어도 서기전 후 – 약 2천 년 전 – 까지 그들은 신으로 군림하였다. 사실 수메르인들의 안/아누 숭배 신앙은 헤아릴 수 없이 오래되었다고 한다.

더욱이 인간의 지혜가 나날이 늘어감에 따라 신앙은 미신적이 되기 쉬운 다신교에서 일신교로 진보되었고, 따라서 외계인들의 입장에서는 이러한 인류의 지혜의 진보가 자신들의 신성(神性)을 유지하는 데 도움을 주기는 고사하고 방해물이 될지도 모를 일이었다. 실제로 『구약성서』 〈창세기〉를 보면 '야훼 엘로힘'이 단수가 아닌 명백히 복수를 의미하는 구절이 많으며〔'엘로힘'이란 말 자체가 복수로 '신들'(deifies)이란 뜻이다〕, 『구약성서』 자체가 은연 중 다신교 신앙에서 일신교로 변화하는 모습을 보여 주고 있다.

그렇다면 도대체 이 제 열두 번째 행성의 행방은 어찌된 것이었던가? 실로 역사상 수없이 많은 고대 텍스트에 기록되었고 신앙의 대상으로 숭배되었던 이 별이, 혹시 아직 우리가 알지 못하고 있는 어떤 천체물리학적 메카니즘에 의해 우리 태양계에서 사라져 다른 이웃 태양계로 향했던 것인가? 아니면 자폭하든가, 혹은 다른 '침입자'와의 충돌로 폭발해 그 잔해가 오늘날 오르트 혜성운이나 카이퍼 벨트로 남아 있는 것인가? 그러나 이것을 뒷받침해 줄 증거는 없다.

지금 이 의문에 상상이 가능한 해답을 제시하기 위해 필자는 좀 황당하지만 SF와 같은 접근법을 시도하고자 한다.

〈창조의 서사시〉를 순수한 신화가 아닌 합리적 과학의 눈으로 볼 때, 독자들은 무엇보다 먼저 한 가지 큰 의문에 부딪힐 것이다. 곧 유년기를 지나 안정기를 맞이한 우리 태양계에 낯선 침입자가 들어와 행성들의 궤도를 다시금 조정하고 또 지구를 '창조' 했다는 것이 천체물리학적 견지에서 보아 있음직한 일일까 하는 상상이다. 이에 대해 SF 작가이며 현재 스리랑카 대학교의 명예총장인 아더 클라크는 일찍이 "충분히 고도로 발달된 과학 기술 문명은 우리가 보기에 마술과 같은 것이다."라고 하였다. 그렇기는 해도 하나의 행성 — 그 중력은 알려진 태양계의 최대 행성의 중력보다는 확실히 작았을 것임에도 불구하고 — 이 어느 한 항성(태양과 같은 붙박이별)의 중력을 이탈하여 마치 황야의 늑대처럼 떠돌다가 우리 태양계에 진입했던 것이 상상 가능한 일이었을까?

그러나 잠시 이런 의문을 걷어 내고 발상을 바꿔 혹시 과거 언젠가 이러한 '행성 이동' 에 관하여 상상했던 과학자가 있었을까 찾아보자. 꼭 1세기 전인 1895년 러시아의 우주 개발의 선구자이자 실제적인 로켓 기술을 구상했던 콘스탄틴 E. 치올코프스키는 저서에서 다음과 같이 기술하였다.

지구 중력권을 벗어난 인류는 달과 화성을 비롯한 태양계 전 행성들을 탐험하고 정복할 것이다. … 작은 소행성은 태양계의 '말(馬)' 이 될 것이다. 태양으로부터의 에너지를 사용하여 — 예를 들어 강력한 태양 전지를 동력원으로 이용하여 — 우리들은 소행성들을 '탈 것' 으로 이용하게 될 것이다. 당장에는 어렵지만 과학 기술은 누부시게 발전할 것이다.

얼마나 눈부시게 발전했느냐고? 굳이 거대한 새턴 로켓이나 허블 우주망원경, 또는 보이저 2호나 무인 토성 탐사선 카시니 호를 예로 들 것도 없이 우리 주변의 컴퓨터의 발달을 보자. 1981년 마이크로소프트사 사장 빌 게이츠는 PC에서 640KB(킬로비트) 정도라면 모든 사람에게 충분한 용량이라고 예측하였다. 하지만 지금은 메가가 아닌 기가(10억) 비트 용량의 PC가 나와 있다. 또 1968년 IBM의 한 엔지니어는 마이크로프로세서라는 것이 도대체 무슨 쓸모가 있는가하고 푸념하였다. 그러나 이런 그의 예상도 완전히 빗나갔다. 더욱이 1997년 2월 18일자 〈뉴욕 타임스〉지는 이제 우리는 양자 컴퓨터(quantum computer)를 만들 수 있으며, 다음 번의 위대한 도약, 곧 세상을 원자들 속에 집어넣는 작업을 하고 '아주 강력한 정보 처리 기술을 개발하여 기존의 컴퓨터가 아무것도 아닌 것으로 보이게 만들 것' 이라고 예측하였다.

마찬가지로 고등 기술 문명이 우주 탐험과 우주의 식민지화에 있어 현재 우리가 상상하는 범위를 훨씬 뛰어넘는 고도의 기술 능력을 가지고 있다고 상상하는 것이 그다지 무리한 일은 아닐 것이다. 앞서 언급한 치올코프스키의 소행성이라는 '탈 것'(space vehicle)도 이를테면 소행성에 깊고 가는 구멍을 뚫어 초소형 핵무기를 폭발시켜 그 반동으로 궤도를 바꾸든가, 또는 강력한 반중력 부양빔(levitation beam)을 발사하여 이동시킬 수 있는 것으로, 현재의 기술로도 충분히 상상이 가능한 일이다.

일찍이 독일의 저명한 천문학자 제바스티안 폰 회르너 Sebastian von Hoerner는 1973년 미국 천문학회 전문지 《이카루스

Icarus》에 인류와 통신이 가능한 외계 지성체의 존재 여부를 논하면서 옛 소련의 전파천문학자 니콜라이 S. 카르다셰프가 제안했던 우주 문명의 기술적 발전 단계에 관한 분류법을 다음과 같이 소개하였다.

> 제 1단계 — 우리 지구와 거의 같은 정도의 동력 — 예를 들어 지구 자체가 가진 에너지 총량 — 을 만들어 낼 수 있는 단계의 기술 문명.
> 제 2단계 — 제 1단계보다 수준이 높아 항성과 같은 밝기(明度)를 자유롭게 조작할 수 있다.
> 제 3단계 — 가장 발달된 단계로, 은하계 전체와 동등한 출력을 이용할 수 있는 기술 수준의 문명.

달리 다른 대안 없이 이상과 같은 제안 — 가상적이기는 하지만 — 을 받아들인다고 할 때, 〈창조의 서사시〉의 주인공으로 등장했던 별의 지배자들은 아마도 제 1단계와 2단계의 중간 단계에 도달했던 수준의 문명을 보유하고 있지 않았을까 하는 것이 필자의 상상이다. 이미 수십억 년 전, 그들은 자신들이 거주했던 행성의 궤도를 이동시키는 단계를 넘어 태양계 행성들을 재배치할 수 있었던 능력을 보유하고 있었을 것이다.

물론 이만한 능력은 앞서의 아더 클라크의 감탄어린 표현을 훨씬 뛰어넘는, 우리 범상한 지구인들에게는 그야말로 수많은 신들 가운데 으뜸 신의 능력으로 대접해야 마땅한 기술 수준이었을 것이 틀림없다. 아니, 이 주제에 과학보다는 종교적 차원에서의 접근법이 오히려 더욱 이해하기가 빠를지 모른다. 또한 더욱이 수만 년 전 지구에 원정왔던 이 '제 12행성'의 외계인들은 필시 그들이 보여 주었던 기술 수준에 어울리는 정신적, 영적 균형을 잃지 않았을 것이다. 그러면서도 그들은 지상의 인간들에게 너무나 초연하여 거리감이 생기지 않게끔 스스로 세심하게 인간처럼 행동하는 연극을 했을지도 모를 일이었다. 곧 그들 자신이 마치 16세기 중남미를 정복하며 살육과 약탈을 자행했던 스페인의 콩키스타도레스(정복자)들처럼 방자하기 않고, 진정 신으로서 인간을 영적으로 계도(啓導)하는 사명을 가졌다고 가정하자. 지상의 인간들은 그러나 단시일 내에 각성하여 이들 외계의 교육자들처럼 우주적 인격체가 될 수 없었고, 또 되지도 않았을 것이다(아마도 고대 텍스트에 나오는 극소수의 선택받은 인간들 — 예컨대 수메르의 에타나 혹은 에녹과 같은 — 을 제외한다면). 아니, 그렇게 되기 위해서 실로 몇 천 년을 더 가혹한 시련을 겪으며 기다려야 하였다.

이 기나긴 인간 역사에서 온갖 선과 악, 증오와 사랑, 행복과 불행, 전쟁과 평화, 화합과 불화, 지복(至福)의 천상계(天上界)와 어두운 명계(冥界), 탄생과 죽음 등 온갖 삶과 역사의 시련을 극복하게 하기 위해서 그들 외계인들은 신의 가면을 벗어버리고 세속적 인간처럼 시종일관 행동하며 일종의 모범을 보였을 것이다. 요약하건대 신들도 인간처럼 사고하며 행동했다는 것이다(anthropomorphism, 神人同形說).

좀더 알기 쉬운 예로 그리스 신화의 올림포스의 신들을 보자. 신들의 왕 제우스는 그 엄청난 체구와 세계를 단숨에 초토화시킬 수 있는 불화살을 지녔음에도 불구하고 유년기부터 부모에 반항하고 형제들과 싸웠으며, 사랑하고 질투하며 많은 여인들을 농락하면서도 민중의 뇌리에 위엄 있는 존재로 시종 각인되어 왔다. 그의 밑의 신들, 특히 전쟁의 신 아레스(로마 신화의 마르스)와 사랑의 여신 아프로디테(비너스) 역시 그러하였다. 물론 이러한 신들의 인간적인 속성은 자유스러웠던 옛 그리스의 풍토와 민중의 사고 방식에서 우러나온 자연스런 결론이라고 할 수 있을 것이지만, 이것만으로는 완전한 설득력을 가질 수 없다고 본다. 아니, 옛 수메르/바빌론의 신들의 속성 중 위엄 있는 우주와 세계의 질서의 주재자라는 속성은 유대인들에게 의해 계승되어 결국 엄격한 유일신 신앙인 유대 - 기독교 신앙의 핵심이 되었고, 자유스러웠던 속성은 그리스/헬레니즘의 신들의 성격으로 이어졌던 것이다.

결론지어 말하자면 "신들이 인간 같았을 때"가 있었다는 이야기다. 이러한 드라마를 사실로 받아들인다면 — 물론 황당하고 공상적이기는 해도 — '신들' 이야 말로 위대한 설계자이자 진정한 배우였을 것이 틀림없다. 결국 신들은 인간의 모습을 가졌던, 인간과 같은 위대한 배우로서 인간의 행동과 역사를 막후에서 은연중 조작했던 초월적 존재였다. 그리고 지구에 생명이 최초로 '파종' 되어 진화론적으로 오늘날까지 성장, 진화한 것은 우연의 일치 또는 우발적인 우주적 사건이 아니었을 것이다.

천체물리학자 고(故) 칼 세이건은 이미 30년 전에 '태양계를 지배하며 생명을 파종하고 그 성장을 감시하는 성간(星間) 감시단은 은하계 우주 전체를 감시하기에는 너무 소수인 데다가 우주가 광대하게 넓어 이를 일일이 통제(scanning)하는 것은 불가능할지 모른다’고 간단히 수학적으로 결론을 내렸다. 그렇기는 하더라도, 이처럼 외계 우주인들이 광대한 우주를 정찰하고 점거하며 감시하리라는 그의 추론 자체가 외계인의 그런 외계 원정 의도가 우발적이 아닌 ‘의도된’ 계획일 수 있음을 암시한다.

새로운 시대, 새로운 신앙

대전쟁과 대량 살상, 파괴, 약탈, 압제 등 인간이 상상할 수 있는 모든 악이 자행되어온 20세기는 이제 종언을 고하고 새로운 천년기(Millennium)를 맞이하려는 지금, 우리 인류가 과거 수천 년 동안 간직해 온 우주 창생 신화를 다시금 상기할 필요가 있을까? 하고 필자는 자문한다. 그 대답은 "예"이다. 왜냐하면 인간이 지난 긴 기간 동안 지녀온 정신적, 영적 타성에서 이제라도 탈피하여 더 높은 영성(靈性)을 가진 존재로 거듭날 계기가 마련되지 않는 한 인류사는 지난 수십 세기보다 오히려 영적, 정신적으로 지체, 퇴보되든가 — 정신 문명과 물질 문명의 기형적 불균형이 점차 격차가 벌어져 — 고작해야 최소한 현재와 같은 상황이 지속될 것이기 때문에, 인간은 바로 '지금, 여기'에서 창생 이래의 신화와 역사를 되돌아보며 검증할 필요가 있는 것이다.

이 책에서 가장 역점을 두고 강조한 것은 지구 인류와 우주 외계간의 연계성(cosmic-terrestrial connection)이다. 사실 인류가 기록한 가장 오래된 역사 이야기인 수메르 서사시에 의하면, 약 43만여 년 전부터 인류는 지속적으로 외계인과 연관을 맺어 왔다. 아니, 인류라는 종(種) 자체가 외계인에 의해 '창조' 되었다는 사실이다(이것을 믿든가 말든가는 각자의 선택에 따르지만). 그 이래 인간은 많은 물질적 발달과 영적 진화를 그들 외계인을 통해 달성하였다. 그런 까닭에 필자는 '우주 창생 신화' 라는 주제를 기술함에 있어서 당연히 외계인의 활동을 기술하는 데 이 책의 많은 부분을 할애하였다. 곧 머리글과 제 1장에서는 본론에 앞서 내용에 대한 암시를, 제 3장 우주 창생 신화에서는 실제적이고 기술적인 부분까지 상세하게 소개한 외계인들의 지구 원정 외계 여행을 설명했으며, 또 제 4장에서는 고대의 과학 — 특히 천문학 — 이 현대의 과학적 발견들과 어떻게 일치하는가를 광범위한 예를 제시하여 기술하였다.

여기에서 필자는 자신조차 놀라움을 금할 수 없는 정보를 얻게 되었다. 그 한 보기로서, 고대인들이 물이 우주를 구성하는 주요한 성분이었다는 것을 믿고 있었다는 사실인데, 이것은 실제로 최근의 과학적 발견과 일치한다. 1998년 5월의 외신에 의하면, 오리온 자리의 한 곳에 실로 지구의 모든 대양의 물의 총량보다 80배 이상 많은 물이 존재함이 발견되었다고 하며, 한 과학자는 이 발견에 감탄한 나머지 "실로 물은 태초 이래 우주 공간에 존재해 왔다."고 말하였다. 언뜻 보면 북극일수(北極一水)니 하는 형이상학적이고 추상적인 의미로서만 이해된 물이 실제로 우주의 주요 구성 요소들 중 하나인 것이다.

둘째로, 외계 인류와 지구 인류는 실제로 '피로 맺어진' 혈연적 관계를 가지고 있다는 점이다. 이것은 수메르의 인류 창조 이야기에 나타나 있다.

> 신과 인간은 흙으로 함께 묶여질 것이다. … '영혼' 으로 하여금 피의 인연으로 서로 묶여지게 하라.

그렇다면 인간이 가진 정신적, 영적 가치관은 우주적인 보편성을 가진 것이 아닌가? 예를 들어 인류의 종교 신앙은 본질적으로 우주적 가치관을 포함하는 것이 아닌가? 그럼에도 불구하고 인간은 지구상에서 태어나 번식한 이래 수많은 카인과 아벨로 갈라져서, 서로 화합하며 공존하기보다는 잔인한 적자 생존의 논리로써 이기적으로 살아왔다. 오늘날 그 가장 두드러진 한 예로서, 서구인들은 제 3세계의 이슬람 교도들을 적대시하며 지배하려고 끊임없이 기도하고 있는데, 실제로 이슬람 교도는 본질적으로 서구인들보다 훨씬 영적 측면을 중시하는 균형 잡힌 정신적 감각을 가지고 있다. 역사적인 예를 들더라도 이슬람 교도들은 서구인들이 증오하고 멸시했던 유대인들에 대해서 훨씬 관용적 감각을 가지고 있다.

예컨대, 십자군 전쟁은 공격적이었던 기독교 세력에 대한 이슬람의 방어전이었고, 그 와중에서 유대인들은 이들의 보호를 받았으며, 14세기부터 시작되었던 셀주크 투르크의 유럽 침공에서도 유대인은 박해 대신 오히려 포용되고 보호를 받았다. 이슬람 역사에는 '포그롬'(유대인 박해)이나 아우슈비츠와 같은 예가 없었다. 이 모든 것이 『구약성서』〈창세기〉에 아브라함의 아들 이삭(유대 민족의 선조)과 이슈마엘(아랍민족의 선조)이 비록 배는 달랐어도 형제였다는 점을 이슬람교도들이 받아들인 데서 연원한 것이다.

필자는 이런 예를 들어 생각하면서 서구 문명의 종말이 조만간 도래하리라고 믿는다. 그렇지 않아도 문명 자체가 생성 – 번영 – 쇠락 – 멸망의 주기적 변환을 거치지 않았던 예가 인류 역사상 어디에 있었던가? 20세기 말은 그런 점에서 가장 극단적인 시기일지 모른다. 곧 눈부시게 하루하루 발전을 거듭하는 첨단 과학과 기술에도 불구하고 학살, 박해, 약탈, 극심한 빈부의 차이 등 인류가 자행할 수 있는 온갖 악행이 거의 저지됨이 없이 저질러지고 있다. 필자는 여기에서 그 해결책으로 강증산이 주장했던 원시반본(原始返本) 사상을 제시한다. 이 말은 문자 그대로는 인류가 태초의 시대로, 태초의 정신으로 복귀하자는 의미다.

우리 전통 신앙에서 하늘(天), 땅(地), 사람(人)은 세상사를 흑·백으로 양분하는 서양의 대립적인 이원론(二元論, dualism)과는 달리 우주만물의 근원을 큰 하나(一)에서 하늘·땅(二)과 다시 사람(三)이 갈라져 나온 것으로 상정하고 모든 것을 포용하는 신앙과 사상 체계로 발전하였다. 또 우주와 관련하여 인간 세계의 주기를 크게 선천, 후천으로 갈라 서로 교체한다고 믿어서, 이제 낡고 병든 선천 세상이 끝나고 후천 세계가 도래한다고 믿고 있다. 이 과정에서 인간에게 요구되는 정신적 자세는 '태초의 근본(마음가짐)으로 돌아간다(原始返本)'라는 것이다. 지금이라도 병든 지구와 인류를 치료하려면 각자의 창생 신화를 되집어 태초의 정신으로 복귀하자는 것이다.

증산도(甑山道)에서 경전으로 삼고 있는 『도전(道典)』을 보면, 선천과 후천, 그리고 원시반본의 의미가 명확하게 설명되어 있을 뿐 아니라 인간과 우주, 혹은 외계 인류의 존재를 보여 주는 구절이 실로 열일곱 군데에서 발견된다.

> "하늘도 수천 리이고 수많은 나라가 있지, 그들은 이런 (지구와 같은) 평지에 사는 것과 똑같다." (『도전』 5: 189).

> "하늘은 하나인 듯싶어도 몇 천 덩어리거늘 하늘은 모두 하늘이지, 하늘은 끝간 데가 없느니라." (『도전』 4: 70).

또한 지구와 외계 문명의 관계에 대해 "지하신(地下神)(곧 사후에 남아 있는 영혼들?)이 천상(외계)에 올라가(다른 별에서 태어나) 모든 기묘한 법을 받아 내려 사람에게 '알음 귀'를 열어 주어 세상의 모든 학술과 정교한 기계를 발명케 하여 천국의 모형을 본떴나니, 이것이 바로 현대의 문명이라, 서양의 문명 이기(利器)는 천상문명을 본받은 것이니라"(『도전』 5: 26)고 하여 현대 서구의 물질 문명이 천상 외계 문명에서 비롯되었다는 충격적인(그러나 필자에게는 상식적인) 내용도 있다. 특히 인간이 윤회 · 전생을 통하여 다른 별의 생명체로 태어난다는 것은 주목할 만한 내용이다. 사실 기독교를 종합한 모든 고등 종교는 영혼의 윤회와 전생을 암시하고 있다.

요약하건대, 기독교의 『성서』에 기록된 에제키엘의 UFO 이야기는 이미 2천 5백년 전 옛날의 이야기였고, 그 뒤 서양 문명의 조류가 정신적으로 하늘로부터 점차 멀어진, 일방적 물질 문명의 시대로 나아갔다면, 증산 사상은 체계화된 신앙으로써 이러한 멀어짐을 중지시켜 인류로 하여금 다시 하늘과 일체가 되게끔 하려는 위대한 선각 사상이었다고 할 수 있다. 더욱이 증산 사상은 후천 개벽 후의 세계상을, 이를테면 편리하고 공해가 없는 교통 수단, 부(富)의 골고른 편재(遍在), 평등한 남녀 관계 등 구체적인 일상 생활에 이르기까지 상세하게 천명하고 있다.

마지막으로 수메르 민족에 관한 그 동안의 필자의 연구 한 조각을 소개한다. 서울 고전 고문헌 연구소 소장으로 160여 개 언어를 해독하는 능력을 가진 박기용(朴起用) 박사에 의하면, 수메르어와 한국어 사이에는 서로 대조 가능한 문법 범주가 상당히 많이 발견된다고 한다. 곧 이 두 언어는 문법 범주상의 유사성을 비롯한 각종 언어유형론적(言語類型論的) 공통성을 가지고 있기에, 나아가 이것을 근거로 두 언어의 계통을 함께 확인할 수 있는 가능성이 높다는 것이다.

예컨대 그것이 가진 교착어적(膠着語的) 특성은 서양인들에게는 매우 낯선 것이지만, 우리에게는 낯익은 것이라고 한다[이것이 그의 최근 저서 『말』(규장각 펴냄, 1997년, 10월)에 정리, 소개되어 있다]. 요컨대 박 박사는 수메르어는 지금껏 사어(死語)나 현존 언어를 막론하고 어떠한 개별 언어와도 문법적 유연성을 가지지 않고 있다는 기존 역사 및 언어학계의 고정관념에 반대하며, 동시에 우리말의 주류가 북방계통설(우랄 – 알타이어족 설)이라는 굴레를 벗어나 남방계(예를 들어 드라비다어)에도 중점을 두어야 한다고 주장하였다.

그렇다면 앞서 언젠가 시사했듯이 수메르인 = 동남 아시아 계통설이 옳은 것이며, 여기에 좀 비약된 논리이지만, 그들은 『한단고기』에서 보이듯이 먼 고조선 이전 시대 혹은 초기 시대에 남방으로 이주했던 우리 동이족의 한 파가 아니었던가 하는 것이 필자의 생각이다. 이런 가상은 전혀 근거가 없는 것이 아니며, 조만간 사실 여부가 밝혀지리라 믿는다. 만일 그렇다면 (수메르인을 포함한) 고대 한국인은 멀리 1만 년 전 해빙기까지 거슬러 올라가는 현생 인류 시대에 최초로 신화가 아닌 실제적 인류문명의 빗장을 열었던 민족이 아니었을까.

감사의 글

한 사람이 번역뿐 아니라 순전히 자신의 개인적 집념과 연구의 결실로서 한 권의 책을 펴내는 것은 참으로 피를 말리는 일이며, 언제 끝장을 볼지 모르는 시간과의 싸움입니다. 그런 까닭에 한 권의 저서를 쓰는 것을 끝낸 뒤에는 언제나 '두 번 다시 이런 일을 안 하겠다'고 스스로 다짐하지만, 그러한 다짐은 어느새 사라지고 그 대신에 전의 작품들만도 못한 졸작이 태어났습니다.

하지만, 이번 작품은 뜻밖의 발병으로 오랫동안 투병하는 가운데 씌어졌기에 앞서 나온 두 책보다도 훨씬 더 난산(難産)이었던 것이 사실입니다. 아울러 다시 책을 내면서 먼저 안홍균님께 전과 다름없이 감사드리며, 형님과 자료 준비에 충실히 응해 준 LG상사의 아우, 그리고 막내 처제 내외에게도 고마운 마음을 전하고 싶습니다. 끝으로 대원출판의 사장님과 편집부 여러분께 당연히 사례의 말씀을 드려야겠습니다. 그 분들의 적극적인 요청과 기다림이 없었더라면, 이 책은 결코 태어나지 못했을 것입니다.

1999년 7월 김진영

참고문헌

「코스모스」, 칼 세이건, 학원사, 1987.

「시간의 역사」, S. 호킹, 삼성당, 1990.

「혜성의 신비」, 조경철, 겸지사, 1993.

The Sirius Mystery, Robert. K. G. Temple, Destiny Pub. Co., 1990.

「시리우스 커넥션」, Murry Hope, 김진영 옮김, 대원출판사, 1998.

History Begins at Sumer, 4th edition, Pensylvania 대학 출판부, 1989.

The Twelveth Planet, Z. Sitchin, Avon Books, 1978.

The Wars of Gods and Men, Z. Sitchin, Avon Books, 1983.

Genesis Revisited, Z. Sitchin, Bear & Co, 1990.

The Lost Realms, Z. Sitchin, Avon Books, 1980.

When Time Bagan, Z. Sitchin, Avon Books, 1991.

The Divine Encounters, Z. Sitchin, Avon Books, 1995.

The Orion Mystery, Robert Bauval & Adrian Gilbert, Mandarin Books, 1995.

「인간과 우주」, 박창범, 가람기획, 1995.

「우주와 역사 – 영겁회귀의 신화」, M. 엘리아데, 정진홍 옮김, 현대사상사, 1976.

Oxford Dictionary of World Mythology, Arthur Cotterell, Oxford 대학 출판부.

『종교사 개론』, 1986, M. 엘리아데, 이재실 옮김, 까치, 1993.

『그림으로 보는 세계 문화상징 사전』, 진 쿠퍼, 이윤기 옮김, 까치, 1994.

『不死의 신화와 사상』, 정재서, 민음사, 1994.

『신화의 힘』, 조셉 캠벨, 이윤기 옮김. 고려원, 1992.

『환상적인 중국 문화』, C. A. S. 윌리엄스. 이용찬 외 옮김, 평단문화사, 1985.

『카오스와 문명』, 김상일, 동아출판사, 1994.

『한국의 창세신화』, 김헌선, 길벗, 1994.

『세계의 유사신화』, J. F. 버얼레인, 현준만 옮김, 세종서적, 1996.

『수메르 신화』, 조철수, 서해문집, 1996.

『고조선-우리의 미래가 보인다』, 윤내현. 민음사, 1995.

『생명조류』, 라이엘 왓슨, 박용욱 옮김, 고려원, 1990.

『그리스-로마 신화』, T. 불핀치, 한백우 옮김, 홍신문화사, 1993.

『중국의 신화』, 을유문화사.

The Mayan Prophecies, M. Cofferell & A. Gilbert, Element. Co. 1993. 김진영 옮김, 『마야의 예언』, 넥서스, 1996.

『초고대 문명』, 상, 하. 맹성렬. 넥서스, 1997.

외 다수.